河南省普通高等教育"十二五"规划教材
教育部物理基础课程教学指导分委员会教改项目资助教材

大学物理学

（下 册）

主　编　尹国盛　顾玉宗
副主编　党玉敬　王素莲
参　编　赵遵成　高海燕
　　　　孙献文　程秀英

华中科技大学出版社
中国·武汉

内容提要

本书是河南大学"十二五"规划教材、河南省普通高等教育"十二五"规划教材和教育部高等学校物理基础课程教学指导分委员会教改项目资助教材。全书分为上、下两册,上册包括力学和电磁学,下册包括热学、波动与光学、量子物理基础和相对论简介。全书共分 12 章,书中有例题、思考题、习题,书末附有习题参考答案。

本书可作为高等学校理工科非物理类专业(包括函授与自考等成人教育)的教材,也可供大学物理教师和有关的读者参考。

图书在版编目(CIP)数据

大学物理学(下册)/尹国盛,顾玉宗主编.—武汉:华中科技大学出版社,2012.9(2021.1 重印)
ISBN 978-7-5609-8054-6

Ⅰ.①大… Ⅱ.①尹… ②顾… Ⅲ.①物理学-高等学校-教材 Ⅳ.①O4

中国版本图书馆 CIP 数据核字(2012)第 112260 号

大学物理学(下册) 尹国盛 顾玉宗 主编

策划编辑:	周芬娜
责任编辑:	周芬娜 李 琴
封面设计:	刘 卉
责任校对:	代晓莺
责任监印:	周治超
出版发行:	华中科技大学出版社(中国·武汉) 电话:(027)81321913
	武汉市东湖新技术开发区华工科技园 邮编:430223
录 排:	武汉正风天下文化发展有限公司
印 刷:	武汉科源印刷设计有限公司
开 本:	710 mm×1000 mm 1/16
印 张:	18
字 数:	380 千字
版 次:	2021 年 1 月第 1 版第 6 次印刷
定 价:	39.00 元

本书若有印装质量问题,请向出版社营销中心调换
全国免费服务热线:400-6679-118 竭诚为您服务
版权所有 侵权必究

前　言

本书是在尹国盛、夏晓智和郑海务主编的《大学物理简明教程》(上、下册)的基础上,参照国家教育部新制定的《理工科类大学物理课程教学基本要求》(2010年版)(以下简称"要求"),结合河南大学的实际情况修订而成的。该书是河南大学"十二五"规划教材、河南省普通高等教育"十二五"规划教材和教育部高等学校物理基础课程教学指导分委员会教改项目资助教材。它与2010年8月出版的《大学物理》(上、下册)、2011年1月出版的《大学物理基础教程》(全一册)和2011年8月出版的《大学物理思考题和习题选解》以及《大学物理简明教程》同属一套系列教材。

本书的特色主要是"联系实际",即大学物理的理论,既紧密联系生产、生活和工程技术尤其是现代科学与高新技术的实际,又联系现在中学教材实行新课标后的实际;既联系教育部"要求"的实际,又联系学校和学生的实际。

本书分上、下两册,上册包括力学和电磁学,下册包括热学、波动与光学、量子物理基础和相对论简介。基本内容是按96学时安排的(不含带"*"的),多于或少于此学时的专业,可根据实际情况进行适当增减。

全书共分12章,上册由尹国盛、张伟风担任主编,黄明举、杨毅担任副主编;下册由尹国盛、顾玉宗担任主编,党玉敬、王素莲担任副主编。编写人员的具体分工为:尹国盛,第1章和第2章;杨毅,第3章;孙建敏,第4章;李卓,第5章和第6章;王素莲,第7章;赵遵成,第8章;程秀英,第9章;高海燕(华北水利水电学院),第10章;孙献文,第11章;党玉敬,第12章和附录(数学基础)。全书由尹国盛教授统稿并定稿。

参加《大学物理简明教程》编写的人员有尹国盛、夏晓智、郑海务、杨毅、翟俊梅、周呈方、张华荣、任凤竹、李天锋、彭成晓、张新安、闫玉丽、张大蔚等。

为本书的编写提过宝贵建议的有李若平老师、张华荣博士、张光彪博士、彭成晓博士和做了大量工作的骆慧敏老师等,在此向他们表示由衷的感谢。

本书出版之际,适逢河南大学建校100周年,谨以此书作为献礼!

编　者
2012年7月

目 录

第 7 章 气体动理论 ……………………………………………… (1)
7.1 平衡态 温度和理想气体物态方程 …………………… (1)
7.1.1 热力学系统 平衡态 态参量 ………………… (1)
7.1.2 温度 热力学第零定律 温标 ………………… (3)
7.1.3 理想气体物态方程 ……………………………… (4)
7.2 理想气体压强 温度的微观意义 ……………………… (5)
7.2.1 理想气体的微观模型 …………………………… (5)
7.2.2 理想气体的压强 ………………………………… (6)
7.2.3 温度的微观意义 ………………………………… (8)
7.3 能量均分定理 理想气体的内能 ……………………… (9)
7.3.1 自由度 …………………………………………… (9)
7.3.2 能量均分定理 …………………………………… (11)
7.3.3 理想气体的内能 ………………………………… (12)
7.4 麦克斯韦速率分布律 …………………………………… (13)
7.4.1 速率分布函数 …………………………………… (13)
7.4.2 麦克斯韦速率分布律 …………………………… (14)
7.4.3 三种统计速率 …………………………………… (15)
*7.5 气体的输运现象 分子的碰撞 ………………………… (19)
7.5.1 分子的平均碰撞频率 …………………………… (20)
7.5.2 平均自由程 ……………………………………… (20)
7.5.3 黏滞现象 ………………………………………… (21)
7.5.4 热传导现象 ……………………………………… (22)
7.5.5 扩散现象 ………………………………………… (23)
提要 ……………………………………………………………… (25)
思考题 …………………………………………………………… (26)
习题 ……………………………………………………………… (27)

第 8 章 热力学基础 …………………………………………… (29)
8.1 热力学第一定律 ………………………………………… (29)
8.1.1 准静态过程 ……………………………………… (29)
8.1.2 功 热量 内能 ………………………………… (31)

8.1.3　热力学第一定律 …………………………………………… (34)
　　　8.1.4　摩尔热容 ………………………………………………… (35)
　8.2　理想气体的几个特殊过程 ……………………………………………… (36)
　　　8.2.1　等容过程——气体的摩尔定容热容 …………………… (36)
　　　8.2.2　等压过程——气体的摩尔定压热容 …………………… (38)
　　　8.2.3　等温过程 ………………………………………………… (39)
　　　8.2.4　绝热过程 ………………………………………………… (42)
　　*8.2.5　多方过程 ………………………………………………… (45)
　8.3　循环过程　卡诺循环 …………………………………………………… (48)
　　　8.3.1　循环过程 ………………………………………………… (48)
　　　8.3.2　热机　制冷机与热泵 …………………………………… (49)
　　　8.3.3　卡诺循环 ………………………………………………… (52)
　8.4　热力学第二定律 ………………………………………………………… (57)
　　　8.4.1　自然过程的方向 …………………………………………… (57)
　　　8.4.2　可逆过程和不可逆过程 …………………………………… (58)
　　　8.4.3　热力学第二定律的两种主要表述 ………………………… (58)
　　*8.4.4　开尔文表述与克劳修斯表述的等效性 ………………… (59)
*8.5　卡诺定理 ………………………………………………………………… (60)
　　　8.5.1　卡诺定理 ………………………………………………… (60)
　　　8.5.2　卡诺定理的证明 …………………………………………… (61)
*8.6　熵与熵增加原理 ………………………………………………………… (62)
　　　8.6.1　克劳修斯等式 ……………………………………………… (62)
　　　8.6.2　熵 …………………………………………………………… (63)
　　　8.6.3　克劳修斯不等式 …………………………………………… (64)
　　　8.6.4　熵增加原理 ………………………………………………… (65)
*8.7　热力学第二定律的本质和熵的统计意义 ……………………………… (65)
　　　8.7.1　几个重要概念 ……………………………………………… (65)
　　　8.7.2　热力学第二定律的本质 …………………………………… (67)
　　　8.7.3　熵的统计意义 ……………………………………………… (68)
　　　8.7.4　熵变的计算 ………………………………………………… (68)
　提要 ……………………………………………………………………………… (70)
　思考题 …………………………………………………………………………… (71)
　习题 ……………………………………………………………………………… (73)

第9章　振动和波 ……………………………………………………………… (78)
　9.1　简谐运动 ………………………………………………………………… (78)
　　　9.1.1　简谐运动的特征 …………………………………………… (78)
　　　9.1.2　简谐运动的特征物理量 …………………………………… (81)

*9.1.3　简谐运动的旋转矢量表示法 ……………………………… (82)
　　9.1.4　几种常见的简谐运动 …………………………………… (86)
　　9.1.5　简谐运动的能量 ………………………………………… (88)
*9.2　阻尼振动　受迫振动　共振 ……………………………………… (90)
　　9.2.1　阻尼振动 ………………………………………………… (90)
　　9.2.2　受迫振动 ………………………………………………… (92)
　　9.2.3　共振 ……………………………………………………… (93)
9.3　振动的合成 …………………………………………………………… (93)
　　9.3.1　两个同方向同频率简谐运动的合成 …………………… (94)
　　9.3.2　两个同方向不同频率简谐运动的合成 ………………… (95)
　　*9.3.3　两个同频率相互垂直简谐运动的合成 ………………… (97)
9.4　简谐波 ………………………………………………………………… (99)
　　9.4.1　机械波的产生 …………………………………………… (99)
　　9.4.2　简谐波的波函数 ………………………………………… (103)
　　9.4.3　简谐波的能量 …………………………………………… (107)
9.5　波的叠加　驻波 ……………………………………………………… (110)
　　9.5.1　惠更斯原理 ……………………………………………… (110)
　　9.5.2　波的干涉 ………………………………………………… (111)
　　9.5.3　驻波 ……………………………………………………… (115)
*9.6　声波 …………………………………………………………………… (119)
　　9.6.1　声波 ……………………………………………………… (119)
　　9.6.2　超声波 …………………………………………………… (119)
　　9.6.3　次声波 …………………………………………………… (121)
提要 …………………………………………………………………………… (121)
思考题 ………………………………………………………………………… (122)
习题 …………………………………………………………………………… (124)

第10章　波动光学 ……………………………………………………… (128)

10.1　光的干涉 ……………………………………………………………… (129)
　　10.1.1　光源 ……………………………………………………… (129)
　　10.1.2　相干光 …………………………………………………… (129)
　　10.1.3　获得相干光的方法 ……………………………………… (129)
　　10.1.4　光程　光程差 …………………………………………… (130)
10.2　杨氏双缝干涉 ………………………………………………………… (132)
　　10.2.1　杨氏双缝干涉实验 ……………………………………… (133)
　　*10.2.2　光波的空间相干性 ……………………………………… (135)
　　*10.2.3　劳埃德镜 ………………………………………………… (136)

10.3 薄膜干涉 (137)
10.3.1 薄膜干涉 (137)
10.3.2 劈尖　牛顿环 (141)
*10.3.3 迈克耳孙干涉仪 (148)

10.4 光的衍射 (151)
10.4.1 光的衍射现象 (151)
10.4.2 惠更斯-菲涅耳原理 (152)
10.4.3 衍射的分类 (154)

10.5 夫琅禾费衍射 (154)
10.5.1 单缝衍射 (154)
10.5.2 圆孔衍射　光学仪器的分辨本领 (159)

10.6 光栅衍射 (161)
10.6.1 衍射光栅 (162)
10.6.2 光栅方程 (163)
10.6.3 谱线的缺级 (165)
*10.6.4 衍射光谱 (167)

10.7 光的偏振 (168)
10.7.1 自然光与偏振光 (168)
10.7.2 偏振光的应用 (170)

10.8 马吕斯定律 (170)
10.8.1 起偏和检偏 (170)
10.8.2 马吕斯定律 (171)

10.9 反射光和折射光的偏振 (172)
10.9.1 反射起偏 (173)
10.9.2 布儒斯特定律 (173)
10.9.3 透射起偏 (174)

*10.10 双折射 (175)
10.10.1 o光和e光 (175)
10.10.2 人工双折射 (176)

提要 (177)

思考题 (180)

习题 (182)

第11章 量子物理基础 (186)
11.1 热辐射　普朗克能量子假说 (187)
11.1.1 热辐射现象 (187)
11.1.2 研究热辐射的理想模型——黑体 (188)

11.1.3　黑体辐射的实验定律 …………………………………… (188)
　　　11.1.4　经典物理学遇到的困难 ………………………………… (190)
　　　11.1.5　普朗克的能量子假说和黑体辐射公式 ………………… (191)
　11.2　光电效应　康普顿效应 …………………………………………… (192)
　　　11.2.1　光电效应 ………………………………………………… (192)
　　　11.2.2　康普顿效应 ……………………………………………… (197)
　　　11.2.3　光电效应与康普顿效应的关系 ………………………… (202)
　11.3　物质的本性 …………………………………………………………… (202)
　　　11.3.1　光的波粒二象性 ………………………………………… (202)
　　　11.3.2　德布罗意波 ……………………………………………… (203)
　　　11.3.3　德布罗意假设的实验证明 ……………………………… (205)
*11.4　玻尔的氢原子理论 ………………………………………………… (207)
　　　11.4.1　玻尔氢原子理论思想的来源 …………………………… (207)
　　　11.4.2　玻尔的氢原子理论 ……………………………………… (210)
　11.5　薛定谔方程 …………………………………………………………… (213)
　　　11.5.1　不确定关系 ……………………………………………… (213)
　　　11.5.2　波函数及其统计解释 …………………………………… (216)
　　　11.5.3　薛定谔方程 ……………………………………………… (217)
　11.6　薛定谔方程的应用举例 …………………………………………… (220)
　　　11.6.1　一维无限深势阱 ………………………………………… (221)
　　　11.6.2　一维方势垒　隧道效应 ………………………………… (223)
　　　*11.6.3　量子力学中的原子结构问题 …………………………… (224)
*11.7　激光原理 …………………………………………………………… (227)
　　　11.7.1　激光产生的物理基础 …………………………………… (227)
　　　11.7.2　激光器 …………………………………………………… (230)
　　　11.7.3　激光束的特性和应用 …………………………………… (231)
　提要 …………………………………………………………………………… (233)
　思考题 ………………………………………………………………………… (236)
　习题 …………………………………………………………………………… (238)
第 12 章　狭义相对论简介 …………………………………………………… (241)
　12.1　经典力学的时空观 ………………………………………………… (241)
　　　12.1.1　伽利略变换　经典力学相对性原理 …………………… (241)
　　　12.1.2　经典力学的时空观 ……………………………………… (242)
*12.2　迈克耳孙-莫雷实验 ………………………………………………… (243)
　　　12.2.1　寻找以太的努力 ………………………………………… (243)
　　　12.2.2　迈克耳孙-莫雷实验 ……………………………………… (243)

12.3 狭义相对论的基本原理 ……………………………………… (245)
12.4 狭义相对论的时空观 ……………………………………… (246)
    12.4.1 必须修改经典力学的时空观 …………………………… (246)
    12.4.2 同时的相对性 …………………………………………… (247)
    12.4.3 长度的相对性 …………………………………………… (249)
12.5 洛伦兹变换 ………………………………………………… (250)
    12.5.1 洛伦兹坐标变换 ………………………………………… (250)
    12.5.2 洛伦兹速度变换 ………………………………………… (251)
*12.6 支持洛伦兹变换的实验 …………………………………… (252)
    12.6.1 地球上的 μ 子流 ……………………………………… (252)
    12.6.2 π 介子的寿命 ………………………………………… (252)
    12.6.3 斯坦辐直线加速器中的电子 …………………………… (252)
    12.6.4 双胞胎效应 ……………………………………………… (252)
12.7 狭义相对论的动量和能量 ………………………………… (253)
    12.7.1 动量与速度的关系 ……………………………………… (253)
    12.7.2 狭义相对论力学的基本方程 …………………………… (254)
    12.7.3 质量与能量的关系 ……………………………………… (254)
    *12.7.4 动量与能量的关系 ……………………………………… (255)
提要 …………………………………………………………………… (257)
思考题 ………………………………………………………………… (257)
习题 …………………………………………………………………… (258)
附录 数学基础 …………………………………………………… (259)
习题参考答案 …………………………………………………… (266)
参考文献 ………………………………………………………… (272)

下册的量和单位

热学的量和单位

量		单位	
名称	符号	名称	符号
热力学温度	T	开[尔文]	K
摄氏温度	t	摄氏度	℃
压强	p	帕[斯卡]	Pa
分子质量	m	千克	kg
摩尔质量	M	千克每摩[尔]	kg/mol
热量	Q	焦[耳]	J
内能	E	焦[耳]	J
分子自由程	λ	米	m
分子碰撞频率	Z	次每秒	1/s
热容	C_m	焦[耳]每开[尔文]	J/K
比热容	c	焦[耳]每千克开[尔文]	J/(kg·K)
摩尔定体热容	$C_{V,m}$	焦[耳]每摩[尔]开[尔文]	J/(mol·K)
摩尔定压热容	$C_{p,m}$	焦[耳]每摩[尔]开[尔文]	J/(mol·K)
比热容比	γ		
热机效率	η		
制冷系数	ε		
熵	S	焦[耳]每开[尔文]	J/K

振动和波的量和单位

量		单位	
名称	符号	名称	符号
振幅	A	米	m
周期	T	秒	s
频率	ν	赫[兹]	Hz
角频率	ω	弧度每秒	rad/s
相位	φ	弧度	rad
振动位移	x, y	米	m
振动速度	v	米每秒	m/s
波长	λ	米	m
波速	v, u	米每秒	m/s
角波数	k	弧度每米	rad/m
波的强度	I	瓦[特]每平方米	W/m²
声强级	L_I	贝[尔]	B

光学的量和单位

量		单位	
名称	符号	名称	符号
折射率	n		
光程	Δ	米	m
光程差	δ	米	m
相位差	$\Delta\varphi$	弧度	rad
光栅常量	d	米	m
透光部分	a	米	m
遮光部分	b	米	m
光栅宽度	L	米	m
分辨本领	P		

量子物理基础的量和单位

量		单位	
名称	符号	名称	符号
辐出度	M	瓦[特]每平方米	W/m^2
单色辐出度	M_λ	瓦[特]每平方米赫[兹]	$W/(m^2 \cdot Hz)$
辐射能	W	焦[耳]	J
辐射能密度	w	焦[耳]每立方米	J/m^3
频率	ν	赫[兹]	Hz
逸出功	A	焦[耳]	J
半径	r	米	m
速度	v	米每秒	m/s
能量	E	焦[耳]	J
动能	E_k	焦[耳]	J
势能	E_p	焦[耳]	J
波函数	ψ		

相对论的量和单位

量		单位	
名称	符号	名称	符号
长度	L	米	m
速度	v, u	米每秒	m/s
能量	E	焦[耳]	J
质量	m	千克	kg
静止质量	m_0	千克	kg
动量	p	千克米每秒	$kg \cdot m/s$
力	F	牛[顿]	N

第 7 章 气体动理论

物质的运动形式是多种多样、丰富多彩的。在力学部分已经研究了物质最简单的运动形式——机械运动,并用牛顿力学对机械运动所遵从的规律进行了深入探讨。在本章和第 8 章中将介绍物质的热运动,讨论与热现象有关的性质和规律。从宏观上看热现象是与温度有关的现象,从微观上看热现象与物体中原子的热运动有关。研究热现象规律的方法有微观的统计力学和宏观的热力学两种。统计力学方法是从宏观物体由大量微观粒子(原子、分子等)所构成、粒子又不停地做热运动的观点出发,运用概率论研究大量微观粒子的热运动规律的方法,本章气体动理论将讨论这方面的问题。热力学方法,则是从能量观点出发,以大量实验观测为基础,来研究物质热现象的宏观基本规律及其应用的方法,这将在第 8 章讨论。统计力学和热力学是从不同角度研究物质热运动规律的,它们相辅相成,互为补充。

气体动理论是统计力学的一个组成部分,它是由麦克斯韦、玻耳兹曼等人在 19 世纪中叶建立起来的。这一理论从气体的微观结构模型出发,根据大量分子运动所表现出来的统计规律,解释气体的宏观热性质,从而揭示气体所表现出来的宏观热现象的本质。

本章首先引入热力学平衡态的概念,通过平衡态引入态参量和理想气体的物态方程;然后利用理想气体的微观模型,采用统计的方法导出理想气体的压强公式,解释温度的微观本质,讨论能量均分定理和麦克斯韦气体分子速率分布律;最后介绍气体的输运过程和分子的平均自由程。

7.1 平衡态 温度和理想气体物态方程

7.1.1 热力学系统 平衡态 态参量

热学研究的是一切与热现象有关的问题,其研究对象可以是固体、液体或气体,这些大量微观粒子(原子、分子)组成的宏观物体,称为热力学系统,简称系统。与系统发生相互作用的外部环境物质称为外界。按照系统与外界的交换特点,可将系统分为孤立系统、封闭系统和开放系统。如果一个热力学系统与外界不发生任何物质和能量的交换,则该系统称为孤立系统;如果一个热力学系统与外界只有能量交换而无物质交换,则该系统称为封闭系统;如果一个热力学系统与外界同时有能量交换和物质交换,则该系统称为开放系统。

按照系统所处状态可将系统分为平衡态系统和非平衡态系统。人们在实践中发现,一个不受外界影响的系统,最终总会达到宏观性质不随时间变化而变化且处处均匀一致的状态。我们把在不受外界影响的条件下系统处于宏观性质不随时间改变的稳定状态,称为热力学平衡态,简称平衡态。而不满足上述条件的系统状态称为非平衡态。例如,有一密闭容器,中间用一隔板隔开,将其分成 A、B 两室,其中 A 充满某种气体,B 为真空室,如图 7.1(a)所示。最初 A 中气体处在平衡态,其宏观性质不随时间变化而变化,然后将隔板抽去,A 中气体向 B 中扩散。由于气体在扩散过程中,气体体积、压强不断变化,因此扩散过程中的每一中间态都是非平衡态。随着时间的推移,气体充满整个容器,扩散停止,此时系统的宏观性质不再随时间变化而变化,系统达到了新的平衡态,如图 7.1(b)所示。

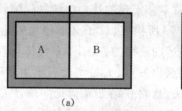
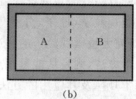

图 7.1

需注意,如果系统与外界有能量交换,即使系统的宏观性质不随时间变化,也不能断定系统是否处于平衡态。例如,将铁棒的一端与高温热源相接触,另一端与低温热源相接触,在经过足够长的时间后,铁棒上每一点的宏观性质不会随时间变化,但由于铁棒不是孤立系统,受到外界条件的影响,因此这不是平衡态,而是一种稳衡态。

平衡态是一理想概念,因为任何一个系统不可能不受到外界的影响。一个实际系统处于平衡态时需要满足:

(1) 系统与外界没有物质交换,且其能量交换可以略去不计;

(2) 平衡态下系统的宏观性质不随时间变化。

系统平衡态是一种动态平衡,宏观性质不随时间变化,但从微观上看,组成系统的大量粒子的微观运动状态仍处于不停的变化之中,只是大量粒子运动的总效果不变,在宏观上才表现为系统的宏观性质不变。

在力学中研究质点的机械运动时,用位矢和速度来描述质点的运动状态,而在讨论由大量做热运动的气体分子构成的宏观热力学系统状态时,由于包含气体分子数目庞大,且不停地做无规则运动,分子的位矢和速度各不相同,用位矢和速度只能描述单个分子的微观状态,不能描述整个热力学系统的宏观状态。对一定量的气体,其宏观状态可用气体的体积 V、压强 p 和热力学温度 T 来描述。气体的体积、压强和温度这三个物理量称为气体的态参量。其中,体积 V 是几何量,压强 p 是力学量,而热力学温度 T 属热学量,它们都是宏观量。而组成气体的分子都具有各自的质量、速度、动量、能量等,这些描述个别分子的物理量称为微观量。

气体的体积是气体分子所能达到的空间,与气体分子本身体积的总和是完全不同的概念。气体体积的国际单位制单位为 m³（立方米），常用单位有 L（升），换算关系为 1 m³=10³ L。

气体的压强是气体作用在容器器壁单位面积上的指向器壁的垂直作用力，即作用于器壁上单位面积的正压力，$p=F/S$。在国际单位制中，压强的单位为 Pa（帕［斯卡］），简称帕，1 Pa=1 N/m²，其他常用压强单位有标准大气压（atm）、毫米汞柱（mmHg）等，其换算关系为 1 atm=1.013 25×10⁵ Pa=760 mmHg。

7.1.2 温度　热力学第零定律　温标

温度是热力学中一个非常重要和特殊的态参量，用来表征物体的冷热程度，但冷热取决于人们对物体的直接感觉，这种感觉往往是不准确的。例如，在寒冷的冬天，用手触摸温度相等的铁球和木球，会明显感觉到铁球要比木球冷，其中原因不在于物体本身的温度，而在于两种物质导热能力的差异。这种建立在主观感觉上的概念，注定要被严格而科学的定义取代。

假设有两个热力学系统，原来各自处于平衡态，现使两个系统相互接触并能发生传热（称热接触），热接触后的两个系统的状态一般都将发生变化，但经过一段时间后，两个系统的状态便不再变化，这表明两个系统最终达到了一个共同的平衡态。由于这种共同的平衡态是两个系统在发生传热的条件下达到的，所以称两者处于热平衡。当然两个系统即使不进行热接触也能达到热平衡，热接触仅仅为热平衡提供了一定的条件而已。

现在考虑 A、B、C 三个系统，将系统 A 和系统 B 分别与系统 C 接触，经过足够长的时间后，A 和 B 分别与 C 达到了热平衡，然后再将 A 和 B 接触，此时观察不到 A 和 B 状态发生任何变化，这表明 A 和 B 也已处于热平衡。这一实验规律称为热力学第零定律，表述为：如果两个热力学系统中的每一个都与第三个热力学系统处于热平衡，则这两个系统也必然处于热平衡。

热力学第零定律告诉我们，互为热平衡的物体必具有共同的宏观性质。我们定义这个决定一个系统与其他系统是否处于热平衡的宏观性质为温度，它的特征就是一切互为热平衡的系统都具有共同的温度。

热力学第零定律的重要性在于它不仅给出了温度的定义，而且还指出了温度的测量方法。我们可以选择适当的系统作为温度计，测量时使温度计与待测系统热接触，当两者达到热平衡时，温度计所指示的温度就是待测系统的温度。要定量地描述温度，还必须给出温度的数值表示法——温标。同一温度在不同的温标中具有不同的数值。在日常生活中常用的一种温标是摄氏温标，用 t 表示，其单位为℃（摄氏度）。人们将水的冰点定义为摄氏温标的 0 ℃，水的沸点定义为摄氏温标的 100 ℃，并将冰点温度和沸点温度之差的 1% 规定为 1 ℃。在科学技术领域中，常用的是热力学温标，又称开尔文温标，用 T 表示，它的国际单位制单位为 K（开［尔文］），简称开。这种温标是不依赖于任何测温物质和测温属性的理想温标，它避免了测温物质和测温属性对测量温度的影响。它规定水的三相点温度为 273.15 K。

热力学温标的刻度单位与摄氏温标相同，它们之间的换算关系为

$$T = 273.15 + t \tag{7.1}$$

即热力学温标规定 273.15 K 为摄氏温标的零度。

温度没有上限，却有下限，温度的下限是热力学温标的绝对零度。温度可以无限接近于 0 K，但永远不能达到 0 K。目前实验室能够达到的最低温度为 2.4×10^{-11} K。

7.1.3 理想气体物态方程

当质量一定的气体处于平衡态时，其三个态参量 p、V、T 之间并不相互独立，而是存在一定的函数关系，其表达式称为气体的物态方程，一般可表示为

$$f(p, V, T) = 0 \tag{7.2}$$

在热力学部分，气体物态方程的具体形式是由实验来确定的。实验表明，在压强不太高、温度不太低的条件下，各种气体都遵从玻意耳定律、查理定律和盖·吕萨克定律。我们把严格遵从上述三条定律的气体称为理想气体。由气体的三大定律可以得到质量为 m、摩尔质量为 M 的理想气体物态方程为

$$pV = \frac{m}{M} RT \tag{7.3}$$

式中，$R \approx 8.314$ J/(mol·K)。

例题 7.1 氧气瓶的容积为 3.2×10^{-2} m³，其中氧气的压强为 1.30×10^7 Pa，氧气厂规定压强降到 1.00×10^6 Pa 时，就应重新充气，以免经常洗瓶。某小型吹玻璃车间，平均每天用去 0.4 m³ 压强为 1.01×10^5 Pa 的氧气，问一瓶氧气能用多少天（设使用过程中温度不变）？

分析 由于瓶中氧气不可能完全使用，为此可通过两种办法分析求解。

（1）从氧气质量的角度来分析。利用理想气体物态方程求出每天使用的氧气质量 m_3 和可供使用的氧气的质量（即原瓶中氧气的总质量 m_1 和需充气时瓶中剩余氧气的质量 m_2 之差），从而可求得使用天数 $n = (m_1 - m_2)/m_3$。

（2）从容积角度来分析。利用等温膨胀条件将原瓶中氧气由初态（$p_1 = 1.30 \times 10^7$ Pa，$V_1 = 3.2 \times 10^{-2}$ m³）膨胀到充气条件下的终态（$p_2 = 1.00 \times 10^6$ Pa，V_2 待求），比较可得 p_2 状态下实际使用掉的氧气的体积为 $V_2 - V_1$。同样将每天使用的氧气由初态（$p_3 = 1.01 \times 10^5$ Pa，$V_3 = 0.4$ m³）等温压缩到压强为 p_2 的终态，并算出此时的体积 V_2'，由此可得使用天数 $n = (V_2 - V_1)/V_2'$。

解一 根据分析有

$$m_1 = \frac{Mp_1V_1}{RT}, \quad m_2 = \frac{Mp_2V_2}{RT}, \quad m_3 = \frac{Mp_3V_3}{RT}, \quad V_1 = V_2$$

则一瓶氧气可用天数

$$n = \frac{m_1 - m_2}{m_3} = \frac{(p_1 - p_2)V_1}{p_3 V_3} \approx 9.5$$

解二 根据分析,由理想气体物态方程得等温膨胀后瓶内氧气在压强为 $p_2 = 1.00 \times 10^6$ Pa 时的体积为

$$V_2 = \frac{p_1 V_1}{p_2}, \quad V_2' = \frac{p_3 V_3}{p_2}$$

每天用去相同状态的氧气容积,则一瓶氧气可用天数

$$n = \frac{V_2 - V_1}{V_2'} = \frac{(p_1 - p_2) V_1}{p_3 V_3} \approx 9.5$$

例题 7.2 一抽气机转速 $\omega = 400$ r/min,抽气机每分钟能抽出气体 20 L,设容器的容积 $V_0 = 2.0$ L,问经过多长时间后才能使容器内的压强由 0.101 MPa 降为 133 Pa,假定抽气过程中温度不变。

分析 抽气机每打开一次活门,容器内气体的容积在等温条件下扩大了 V,因而压强有所降低,活门关上以后容器内气体的容积仍然为 V_0,下一次又如此变化,从而建立递推关系。

解 活门运动第一次,

$$p_0 V_0 = p_1 (V_0 + V), \quad p_1 = \frac{V_0}{V_0 + V} p_0$$

活门运动第二次,

$$p_2 = \frac{V_0}{V_0 + V} p_1 = \left(\frac{V_0}{V_0 + V}\right)^2 p_0$$

活门运动第 n 次,

$$p_{n-1} V_0 = p_n (V_0 + V), \quad p_n = \left(\frac{V_0}{V_0 + V}\right)^n p_0$$

则有

$$n = \frac{\ln \dfrac{p_n}{p_0}}{\ln \dfrac{V_0}{V_0 + V}}$$

抽气机每次抽出气体体积为

$$V = \frac{20}{400} \text{ L} = 0.05 \text{ L}$$

已知 $\quad V_0 = 2.0$ L, $\quad p_0 = 1.01 \times 10^5$ Pa, $\quad p_n = 133$ Pa

将上述数据代入,可得 $n \approx 269$

$$t = \frac{269}{400} \times 60 \text{ s} \approx 40 \text{ s}$$

7.2 理想气体压强 温度的微观意义

7.2.1 理想气体的微观模型

前面给出了从宏观角度描述热力学系统状态的态参量,下面将从微观角度讨论

宏观的态参量的本质。气体动理论是从物质的微观结构出发来阐明热现象规律的。它的主要观点如下：宏观物体都是由大量的微观粒子，即分子或原子所组成，分子或原子具有一定大小和质量；分子或原子处于永不停息的热运动中，热运动的剧烈程度与物体的温度有关；分子或原子之间存在相互作用力，当其相距较远时表现为引力，相距较近时表现为斥力。

从气体动理论的观点出发，探讨理想气体的宏观热现象，需要建立理想气体的微观结构模型。根据实验现象的归纳和总结，可以对理想气体做如下假设：

(1) 气体分子的大小与气体分子之间的平均距离相比要小得多，因此可以略去不计，可将理想气体分子看做质点；

(2) 除分子之间的瞬间碰撞以外，可以略去分子之间的相互作用力，因此分子在相继两次碰撞之间做匀速直线运动；

(3) 分子间的相互碰撞及分子与器壁的碰撞可以看做是完全弹性碰撞。

下面通过简单分析来判断以上假设是否合理。

在标准状况下单位体积内的气体分子数为 $n_0 = 2.69 \times 10^{25}$ m^{-3}，由此可估算出气体分子间的平均距离为 $L = \left(\dfrac{1}{n_0}\right)^{\frac{1}{3}} = 3.3 \times 10^{-9}$ m。而一般气体分子的平衡距离 r_0 的数量级约为 10^{-10} m，$L > 10 r_0$，因此分子之间的相互作用可以略去不计。并且，由于分子之间的距离约为分子本身线度（10^{-10} m）的 10 倍，气体分子本身的体积与气体所占体积相比要小很多，从而可以略去理想气体分子的大小，把理想气体分子当做质点看待。因此，前两条假设是合理的。至于第三条假设，不妨这样设想：如果碰撞是非弹性的，那么每一次碰撞分子动能都有损失，由于分子间碰撞非常频繁，分子的动能损失会很大，经过足够长时间，最终分子的动能将趋于零，这显然与事实不符，因此，第三条假设也是合理的。

从上述理想气体的微观模型可知，理想气体可看做是由大量的、本身体积可以略去不计的、彼此间几乎没有任何相互作用且做着无规则运动的弹性小球所组成。它是实际气体的一种近似，是一个理想模型。

7.2.2　理想气体的压强

气体作用在器壁上的压强是大量分子对容器壁不断地碰撞产生的。虽然单个分子碰撞器壁的作用是短暂的、微弱的、间歇性的，但大量分子碰撞的结果表现为宏观的、均匀而持续的压力。生活中我们都有这样的经验，当撑着雨伞在瓢泼大雨中行走时，会感觉到由于密集的雨点打在雨伞上所产生的压力。其实，构成气体的大量分子与容器壁碰撞产生的效果与雨点打在雨伞上的效果是一样的。下面就从理想气体的微观模型出发，应用力学规律和统计方法，推导出平衡态下理想气体的压强公式。

如图 7.2 所示，边长分别为 L_1、L_2、L_3 的长立方体容器中，有 N 个同种气体分子，分子质量为 m。将气体分子从 1 到 N 进行编号，计算 N 个分子在垂直于 x 轴的

器壁 A_1 面上的压强。

下面对单个气体分子运用力学规律,计算其对器壁的作用,然后应用统计规律计算大量气体分子的集体作用效果,导出系统的压强公式。

首先,考虑编号为 i 的分子与器壁 A_1 碰撞一次施于器壁 A_1 的冲量。

设第 i 个分子的速度为 $\boldsymbol{v}_i = v_{ix}\boldsymbol{i} + v_{iy}\boldsymbol{j} + v_{iz}\boldsymbol{k}$,当其与器壁作完全弹性碰撞时,受到器

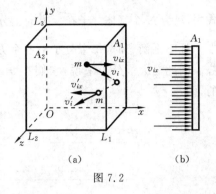

图 7.2

壁给予它的垂直于 A_1 面的作用力,碰后其速度变为 $\boldsymbol{v}'_i = -v_{ix}\boldsymbol{i} + v_{iy}\boldsymbol{j} + v_{iz}\boldsymbol{k}$,根据动量定理,该气体分子受到器壁的冲量为

$$m(-v_{ix}\boldsymbol{i} + v_{iy}\boldsymbol{j} + v_{iz}\boldsymbol{k}) - m(v_{ix}\boldsymbol{i} + v_{iy}\boldsymbol{j} + v_{iz}\boldsymbol{k}) = -2mv_{ix}\boldsymbol{i}$$

根据动量定理及牛顿第三定律,器壁受到气体分子的冲量大小为 $2mv_{ix}$,方向指向器壁。

然后,计算编号为 i 的分子在单位时间内施于器壁 A_1 的冲量。

为简单起见,设分子在运动过程中不与其他气体分子相碰撞。在运动中,分子虽与其他器壁侧面的内壁相碰,但并不会改变它在 x 方向上的运动速度。分子在 x 方向上的运动就像在相距为 L_1 的两个平面间作匀速率的折返跑一样。因此,容易算出第 i 个分子在单位时间内与 A_1 面碰撞的次数为 $\dfrac{v_{ix}}{2L_1}$,则它在单位时间内施于器壁 A_1 的冲量为

$$2mv_{ix} \frac{v_{ix}}{2L_1} = \frac{mv_{ix}^2}{L_1}$$

接下来,计算器壁内的 N 个气体分子在单位时间内施于器壁 A_1 的冲量。

器壁内的所有分子都可能与器壁 A_1 相碰。N 个气体分子在单位时间内施于器壁 A_1 的冲量等于各个分子在单位时间内施于 A_1 的冲量的和,设为 I,则

$$I = \sum_{i=1}^{N} \frac{mv_{ix}^2}{L_1} = \frac{m}{L_1} \sum_{i=1}^{N} v_{ix}^2$$

根据力学中平均冲力的概念,若在 Δt 时间内,力的冲量为 I,则平均冲力 $\overline{F} = \dfrac{I}{\Delta t}$,它在数值上等于单位时间内力的冲量。而压强等于单位面积上的压力。因此,气体分子在单位时间内施于单位面积器壁的冲量即为压强,因此可得 A_1 面上的压强为

$$p = \frac{m}{L_1 L_2 L_3} \sum_{i=1}^{N} v_{ix}^2 = \frac{mN}{V} \frac{\sum_{i=1}^{N} v_{ix}^2}{N} = mn\overline{v_x^2}$$

式中,$\overline{v_x^2}$ 为 N 个气体分子在 x 方向上分速度平方的平均值;$n=\dfrac{N}{L_1L_2L_3}$ 为分子数密度。

处于平衡态时,每个分子沿各个方向运动的概率是相等的,没有哪个方向占有优势。因此对大量分子来说,它们在 x、y、z 三个轴上的速度分量的平均值应是相等的,即

$$\overline{v_x^2}=\overline{v_y^2}=\overline{v_z^2}$$

$$\begin{aligned}\overline{v^2}&=\dfrac{v_1^2+v_2^2+\cdots+v_N^2}{N}\\&=\dfrac{v_{1x}^2+v_{2x}^2+\cdots+v_{Nx}^2+v_{1y}^2+v_{2y}^2+\cdots+v_{Ny}^2+v_{1z}^2+v_{2z}^2+\cdots+v_{Nz}^2}{N}\\&=\overline{v_x^2}+\overline{v_y^2}+\overline{v_z^2}\end{aligned}$$

$$\overline{v^2}=3\,\overline{v_x^2}$$

可得理想气体压强公式为

$$p=\dfrac{1}{3}nm\overline{v^2}=\dfrac{2}{3}n\overline{\varepsilon_k} \tag{7.4}$$

式中,$\overline{\varepsilon_k}=\dfrac{1}{2}m\overline{v^2}$ 为气体分子的平均平动动能。

由式(7.4)可知,压强 p 是描述气体状态的宏观物理量,而分子平均平动动能则是微观量的统计平均值,单位体积内的分子数 n 也是统计平均值。因此,压强公式反映了宏观量与微观量统计平均值之间的关系,压强的微观意义是大量气体分子在单位时间内施于器壁单位面积上的平均冲量。离开了大量和平均的概念,压强就失去了意义,对单个分子来讲谈不上压强这个物理量。

7.2.3 温度的微观意义

将式(7.4)与从实验得到的理想气体物态方程加以比较,可以找出气体的温度与分子平均平动动能之间的重要关系

$$p=\dfrac{\nu}{V}RT=\dfrac{N}{VN_A}RT=n\dfrac{R}{N_A}T=nkT \tag{7.5}$$

式中,$N_A=6.02\times10^{23}\ \text{mol}^{-1}$ 为阿伏加德罗常数,N 为气体分子个数,

$$k=\dfrac{R}{N_A}=1.38\times10^{-23}\ \text{J/K} \tag{7.6}$$

称为玻耳兹曼常数。将式(7.5)与气体压强公式 $p=\dfrac{2}{3}n\overline{\varepsilon_k}$ 相比较,有

$$\overline{\varepsilon_k}=\dfrac{3}{2}kT \tag{7.7}$$

式(7.7)表明,处于平衡态的气体,分子的平均平动动能与气体的温度成正比。气体的温度越高,分子的平均平动动能就越大;分子的平均平动动能越大,分子热运动就越剧烈。由此可见,温度是分子热运动剧烈程度的量度,这正是温度的微观意义。温

度是一个统计物理量,与大量分子的平均平动动能相联系,对少数分子谈其温度是毫无意义的。

从式(7.7)可以看出,温度与分子的平均平动动能成正比,然而按照气体动理论,分子的热运动是永恒的,不会停息,因此系统温度不可能达到 0 K,即绝对零度是不可能达到的。按照现代量子理论,即使在绝对零度附近,微观粒子仍具有能量(称为零点能)。当温度低于 1 K 时,几乎所有气体都已液化或固化,这时式(7.7)已不再适用。

由式(7.7),可以计算出任一温度下气体分子的方均根速率 $\sqrt{\overline{v^2}}$,由 $\frac{1}{2}m\overline{v^2} = \frac{3}{2}kT$,可得 $\overline{v^2} = \frac{3kT}{m}$,故

$$\sqrt{\overline{v^2}} = \sqrt{\frac{3kT}{m}} = \sqrt{\frac{3RT}{M}}$$

由上式可知,方均根速率与气体的种类和温度有关。温度相同时,不同分子(摩尔质量不同)的方均根速率不同。

7.3 能量均分定理 理想气体的内能

在理想气体的微观模型中,我们略去了分子大小和具体结构,把气体分子作为质点处理。实际上,气体分子具有一定的大小和结构。例如,有的气体分子为单原子分子(如 He、Ne),有的为双原子分子(如 N_2、H_2、O_2),有的为多原子分子(如 CH_4、H_2O、NH_3)。因此,气体分子除了平动之外,还可能有转动及分子内原子的振动。为了用统计的方法计算分子的平均转动动能、平均振动动能以及平均总动能,需要引入运动自由度的概念。

7.3.1 自由度

自由度是指物体运动的自由程度。对于固定在空间某点处的质点,完全丧失了运动的自由,其自由度为零;对于约束在空间某一直线或曲线上的质点,物体只能沿定直线或定曲线运动,其自由度为 1,物体的位置用一个位置坐标 x 或 s 即可确定;对于限制在一个平面上的质点,可以独立地沿两个相互垂直的方向运动,如沿 x 轴和 y 轴方向运动,其自由度为 2,物体的位置可由质点的位置坐标 x 和 y 确定。由此可见,物体运动的自由程度与确定物体空间位置的独立的坐标数目有密切关系,是可以量化的。确定物体在空间的位置所必需的独立坐标的数目称为物体的自由度。

对单原子分子,可视其为在三维空间运动的质点,要确定其空间位置,需要 3 个坐标,如 x、y、z,其自由度为 3,这三个自由度称为平动自由度。

对双原子分子,如果原子间的相对位置不变,那么,该分子就可看做由保持一定距离的两个质点组成。这种分子称为刚性双原子分子,或哑铃式双原子分子,如图

7.3(a)所示,两原子 m_1 和 m_2 之间的距离在运动过程中可视为不变,这就好像两原子之间有一根质量不计的刚性细杆相连。设点 C 为双原子分子的质心,并选如图 7.3(b)所示的坐标轴。于是,双原子分子的运动可看做是质心 C 的平动,以及通过点 C 绕 y 轴和 z 轴的转动。

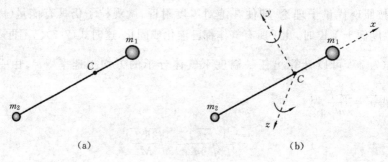

图 7.3

由于质心位置需要由 3 个独立坐标决定,它们属于平动自由度;通过质心 C 绕 y 轴和 z 轴的转动需由 2 个独立坐标决定,这两个是转动自由度,所以刚性双原子分子共有 5 个自由度。如果两个原子间的距离是随时间而改变的,就好像在原子间被一根质量可略去不计的弹簧相连,如图 7.4 所示。这种双原子分子称为非刚性双原子分子。非刚性双原子分子在刚性双原子分子的基础上再增加一个振动自由度,所以非刚性双原子分子共有 6 个自由度。

对于三个及三个以上原子构成的多原子分子,如果原子间的距离保持不变,则称为刚性多原子分子。这里考虑一般情况,即刚性多原子分子为非线性分子。刚性多原子分子可以用刚体模型来处理。刚体的运动一般可分解为刚体随质心的平动和绕质心的转动,如图 7.5 所示。确定质心坐标需要 3 个独立坐标,因此质心具有 3 个平动自由度。接下来考虑刚体的转动自由度。首先确定转轴的方位,转轴的方位需要三个方位角(α、β、γ)来表示,但三个角度并不相互独立,由关系式 $\cos^2\alpha + \cos^2\beta + \cos^2\gamma = 1$ 来约束,因此确定转轴方位的独立坐标只有 2 个,确定转轴后,刚体还可以绕轴

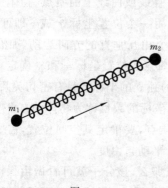

图 7.4

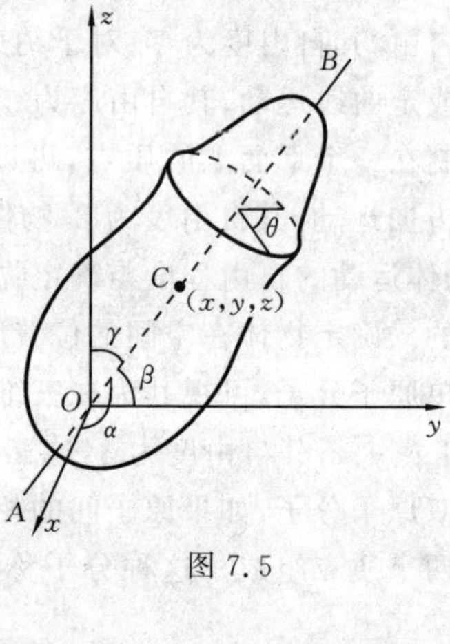

图 7.5

转动，因此还需要 1 个转动自由度。因此刚体具有 3 个平动自由度、3 个转动自由度，共需要 6 个自由度。

如果原子间距离随时间变化，则这些分子称为非刚性多原子分子。如果由 N 个原子构成的非刚性多原子分子（非线性），它的自由度最多有 $3N$ 个，其中平动自由度为 3 个，最多有 3 个转动自由度和 $3N-6$ 个振动自由度。如果在本书中不作特别说明，双原子分子或多原子分子都作为刚性分子处理。

气体分子的自由度如表 7.1 所示。

表 7.1

分子种类	平动自由度 t	转动自由度 r	总自由度 $i(i=t+r)$
单原子分子	3	0	3
刚性双原子分子	3	2	5
刚性多原子分子	3	3	6

7.3.2 能量均分定理

我们已经知道理想气体的平均平动动能与温度的关系为

$$\overline{\varepsilon_k}=\frac{1}{2}m\overline{v^2}=\frac{3}{2}kT$$

由 7.2 节知道 $\overline{v_x^2}=\overline{v_y^2}=\overline{v_z^2}=\frac{1}{3}\overline{v^2}$，因此分子在各个坐标轴方向的平均平动动能

$$\frac{1}{2}m\overline{v_x^2}=\frac{1}{2}m\overline{v_y^2}=\frac{1}{2}m\overline{v_z^2}=\frac{1}{3}\left(\frac{1}{2}m\overline{v^2}\right)=\frac{1}{2}kT$$

上式表明，分子的平均平动动能在每一个平动自由度上分配了相同的能量 $kT/2$。这一结论可以推广到气体分子的转动和振动上去，也可以推广到处于平衡态的液体和固体物质，称为能量按自由度均分定理，简称能量均分定理。能量均分定理可表述为：在温度为 T 的平衡态下，物质分子的每个自由度都有相同的平均动能，其值为 $\frac{1}{2}kT$。按照能量均分定理，如果气体分子有 i 个自由度，则分子的平均动能可表示为

$$\overline{\varepsilon}=\frac{i}{2}kT \tag{7.8}$$

对于刚性分子来说，只有平动自由度和转动自由度，不考虑振动情况。用 t 表示分子的平动自由度，用 r 表示分子的转动自由度，那么气体分子的平均动能为

$$\overline{\varepsilon}=(t+r)\frac{1}{2}kT$$

对于单原子分子来说，$t=3,r=0$，所以 $\overline{\varepsilon}=\frac{3}{2}kT$；对于刚性双原子分子来说，$t=3,r=2$，$\overline{\varepsilon}=\frac{5}{2}kT$；对于刚性多原子分子来说，$t=3,r=3,\overline{\varepsilon}=3kT$。

如果气体分子不是刚性的,那么,除了上述平动自由度和转动自由度外,还存在着振动自由度。对应于每个振动自由度,每个气体分子的振动情况可看做弹簧谐振子的一维简谐振动,除具有 $\frac{1}{2}kT$ 的平均动能外,还具有 $\frac{1}{2}kT$ 的平均势能,所以,每一振动自由度将分配到量值为 kT 的平均能量。如果气体分子是非刚性分子,具有 t 个平动自由度、r 个转动自由度、s 个振动自由度,根据能量均分定理,分子的平均总能量为

$$\bar{\varepsilon} = \frac{1}{2}(t+r+2s)kT$$

能量均分定理是一个统计规律,它是在平衡态条件下对大量分子统计平均的结果。对个别分子来说,在某一瞬间它的各种形式的动能不一定都按自由度均分,但对大量分子整体来说,由于分子的无规则运动和不断碰撞,一个分子的能量可以传递给另一个分子,一种形式的能量可以转化为另一种形式的能量,而且能量还可以从某个自由度转移到另一个自由度,因此,在平衡态时,能量按自由度均匀分配。

7.3.3 理想气体的内能

气体分子热运动的动能和分子之间的相互作用势能构成了气体的内能。但就理想气体而言,由于略去了分子间的相互作用力,因而也就不存在分子间的相互作用势能,所以理想气体的内能只是气体中所有分子的动能总和。

设某种理想气体的分子有 i 个自由度,则 1 mol 理想气体的内能为

$$E = N_A \left(\frac{i}{2}kT \right) = \frac{i}{2}RT$$

质量为 m、摩尔质量为 M 的理想气体的内能为

$$E = \frac{m}{M}\frac{i}{2}RT \tag{7.9}$$

由式(7.9)可知,对于一定量的某种理想气体(m、M、i 一定),内能仅与温度有关,与体积和压强无关。因此理想气体的内能是温度的单值函数,是一个状态量。当温度改变 ΔT 时,内能的改变量为

$$\Delta E = \frac{m}{M}\frac{i}{2}R\Delta T \tag{7.10}$$

显然,理想气体内能的改变只取决于始、末两状态的温度,而与系统状态变化的具体过程无关。

例题 7.3 容器内有某种理想气体,气体温度为 273 K,压强为 1.013×10^5 Pa,密度为 1.24 kg/m³,试求:

(1) 气体分子的方均根速率;
(2) 气体的摩尔质量,并确定它是什么气体;
(3) 该气体分子的平均平动动能和平均转动动能;
(4) 单位体积内分子的平均平动动能;

(5) 若气体的物质的量为 0.3 mol,其内能是多少?

解 (1) 气体分子的方均根速率为 $\sqrt{\overline{v^2}} = \sqrt{\dfrac{3RT}{M}}$,由物态方程 $pV = \dfrac{m}{M}RT$ 和 $\rho = \dfrac{m}{V}$,可得

$$\sqrt{\overline{v^2}} = \sqrt{\dfrac{3p}{\rho}} = \sqrt{\dfrac{3 \times 1.013 \times 10^5}{1.24}} \text{ m/s} \approx 495 \text{ m/s}$$

(2) 根据物态方程得

$$M = \dfrac{m}{V}\dfrac{RT}{p} = \rho\dfrac{RT}{p} = 1.24 \times \dfrac{8.314 \times 273}{1.013 \times 10^5} \text{ kg/mol}$$
$$\approx 28 \times 10^{-3} \text{ kg/mol}$$

因为 N_2 和 CO 的摩尔质量均为 28×10^{-3} kg/mol,所以该气体是 N_2 或 CO 气体。

(3) 根据能量均分定理,分子的每一个自由度的平均能量为 $kT/2$,i 个自由度的能量为 $ikT/2$,N_2 和 CO 均是双原子分子,它们有 3 个平动自由度,所以分子的平均平动动能为

$$\dfrac{3}{2}kT = \dfrac{3}{2} \times 1.38 \times 10^{-23} \times 273 \text{ J} \approx 5.6 \times 10^{-21} \text{ J}$$

分子有 2 个转动自由度,所以分子的平均转动动能为

$$\dfrac{2}{2}kT = 1.38 \times 10^{-23} \times 273 \text{ J} \approx 3.77 \times 10^{-21} \text{ J}$$

(4) 单位体积内分子的平均平动动能为 $n \cdot \dfrac{3}{2}kT$,又因 $n = \dfrac{p}{kT}$,所以单位体积内分子的总平动动能为

$$E_k = \dfrac{3}{2}p = \dfrac{3}{2} \times 1.013 \times 10^5 \text{ J/m}^3 \approx 1.52 \times 10^5 \text{ J/m}^3$$

(5) 根据内能公式 $E = \dfrac{m}{M}\dfrac{i}{2}RT$,系统总内能为

$$E = 0.3 \times \dfrac{5}{2} \times 8.314 \times 273 \text{ J} \approx 1.7 \times 10^3 \text{ J}$$

7.4 麦克斯韦速率分布律

7.4.1 速率分布函数

按照气体动理论,处于热运动中的分子各自以不同的速度做杂乱无章的运动,并且由于相互碰撞,每个分子的速度都在不断地变化着。如果在某一瞬间去考察某一个分子,则它的速度的大小和方向完全是偶然的。然而,就大量分子整体来看,它们的速度分布却遵从一定的统计规律。早在 1859 年,麦克斯韦就用概率证明了在平衡态下,理想气体分子按速度的分布有确定的规律,这个规律称为麦克斯韦速度分布

律。如果不考虑分子运动速度的方向,只考虑分子按速度的大小即速率的分布,则相应的规律称为麦克斯韦速率分布律。下面不考虑速度的方向,仅就平衡态下气体分子的速率进行讨论。

先介绍速率分布函数的意义。从微观上说明一定质量的气体中所有分子的速率状况时,由于分子数众多,且各分子的速率通过碰撞又在不断地改变,所以不可能逐个加以说明。因此就需要采用统计的说明方法,也就是指出在总数为 N 的分子中,具有各种速率的分子各有多少或它们各占分子总数的比率多大。这种说明方法称为给出分子按速率的分布。

按照经典力学的概念,气体分子的速率 v 可以连续地取 0 到无穷大的任何数值。因此,说明分子按速率分布时就需要采取按速率区间分组的办法,例如,可以把速率以 10 m/s 的间隔划分为 $0\sim 10$ m/s,$10\sim 20$ m/s,$20\sim 30$ m/s,$\cdots$ 的区间,然后说明各区间的分子数是多少。一般地讲,速率分布就是要指出速率在 v 到 $v+dv$ 区间的分子数 dN 是多少,或者 dN 占分子总数 N 的比率,即 dN/N 是多少。这一比率在各速率区间是不相同的,即它是速率 v 的函数。同时在速率区间 dv 足够小的情况下,这一比率还应和区间的大小成正比,因此,应该有

$$\frac{dN}{N}=f(v)dv \tag{7.11}$$

或

$$f(v)=\frac{dN}{Ndv} \tag{7.12}$$

式中,函数 $f(v)$ 称为速率分布函数,它的物理意义是,速率在 v 附近的单位速率区间的分子数占分子总数的比率。

将式(7.11)对所有速率区间积分,将得到所有区间的分子数占分子总数比率的总和,它等于 1,因而有

$$\int_0^N \frac{dN}{N}=\int_0^{+\infty} f(v)dv=1 \tag{7.13}$$

所有分布函数必须满足这一条件,该条件称为归一化条件。

速率分布函数的意义还可以用概率的概念来说明。气体分子速率在碰撞过程中不断改变,分子速率可以在 0 到 $+\infty$ 范围内任意取值,一个分子具有各种速率的概率不同。式(7.11)中 dN/N 就是一个分子的速率在 v 附近 dv 区间内的概率,式(7.12)中 $f(v)$ 就是一个分子的速率在速率 v 附近单位速率区间内的概率。它对所有可能的速率积分就是一个分子具有无论什么速率的概率,这个总概率等于 1。

7.4.2 麦克斯韦速率分布律

麦克斯韦速率分布律就是在一定条件下的速率分布函数的具体形式。它指出,在平衡态下,气体分子速率在 v 到 $v+dv$ 区间内的分子数占分子总数的比率为

$$\frac{dN}{N}=4\pi\left(\frac{m}{2\pi kT}\right)^{3/2} v^2 e^{-mv^2/(2kT)} dv \tag{7.14}$$

和式(7.11)对比,可得麦克斯韦速率分布函数为

$$f(v)=4\pi\left(\frac{m}{2\pi kT}\right)^{3/2}v^2\mathrm{e}^{-mv^2/(2kT)} \tag{7.15}$$

式中,T 是气体的热力学温度,m 是一个分子的质量,k 是玻耳兹曼常数。由式(7.15)可知,对一给定的气体(m 一定),麦克斯韦速率分布函数只和温度有关。麦克斯韦速率分布函数的曲线如图 7.6 所示,由式(7.15)可知,图中的分布曲线以下,对应于速率区间 $v\sim v+\mathrm{d}v$ 的小长方形的面积在数值上等于在该速率区间内的分子数占总分子数的比率。图中一较大面积在数值上等于

$$\int_{v_1}^{v_2}f(v)\mathrm{d}v=\int_{v_1}^{v_2}\frac{\mathrm{d}N}{N\mathrm{d}v}\mathrm{d}v=\frac{\Delta N}{N}$$

这表示在平衡态下,理想气体分子速率在 $v_1\sim v_2$ 区间内的分子数占分子总数的比率。

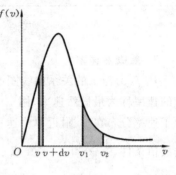

图 7.6

从图 7.6 可以看出,速率分布函数曲线从原点出发,经过一个极大值后随速率的增加而逐渐减小至零,这表示在某一温度下分子速率可取 0 到 $+\infty$ 的一切数值,但速率很小和速率很大的分子出现的概率非常小,而具有中等速率的分子出现的概率较大。

7.4.3 三种统计速率

1. 平均速率

大量分子运动速率的算术平均值称为平均速率,用 $\bar{v}$ 表示,它的定义式为

$$\bar{v}=\frac{\sum_{i=0}^{N}v_i}{N}=\frac{\int_0^\infty v\mathrm{d}N}{N}=\int_0^\infty vf(v)\mathrm{d}v \tag{7.16}$$

将麦克斯韦速率分布函数式(7.15)代入式(7.16),可得平衡态下理想气体分子的平均速率为

$$\bar{v}=\sqrt{\frac{8kT}{\pi m}}=\sqrt{\frac{8RT}{\pi M}}\approx 1.60\sqrt{\frac{RT}{M}} \tag{7.17}$$

表 7.2 给出了一些气体分子在 25℃时的平均速率。

2. 方均根速率

大量分子无规则热运动速率二次方的平均值的平方根称为方均根速率,表示为

$$v_{\mathrm{rms}}=\sqrt{\overline{v^2}},\quad \overline{v^2}=\frac{\int_0^{+\infty}v^2\mathrm{d}N}{N}=\int_0^{+\infty}v^2f(v)\mathrm{d}v \tag{7.18}$$

把麦克斯韦速率分布函数式(7.15)代入式(7.18),计算可得

表 7.2

气体	摩尔质量/(g/mol)	平均速率/(m/s)
H_2	2	1 960
He	4	1 360
H_2O	18	650
N_2	28	520
O_2	32	490
CO_2	44	415

$$\sqrt{\overline{v^2}} = \sqrt{\frac{3kT}{m}} = \sqrt{\frac{3RT}{M}} \approx 1.73\sqrt{\frac{RT}{M}} \tag{7.19}$$

3. 最概然速率

从 $f(v)$ 与 v 的关系曲线图中可以看出，$f(v)$ 有一最大值，与 $f(v)$ 的极大值相对应的速率称为最概然速率，用 v_p 表示。v_p 的物理意义是，在平衡态条件下，理想气体分子速率分布在 v_p 附近单位速率区间内的分子数占气体总分子数的比率最大。根据极值条件，$\left.\frac{\mathrm{d}f(v)}{\mathrm{d}v}\right|_{v=v_p} = 0$ 成立，把麦克斯韦速率分布函数式(7.15)代入极值条件可得最概然速率为

$$v_p = \sqrt{\frac{2kT}{m}} = \sqrt{\frac{2RT}{M}} \approx 1.41\sqrt{\frac{RT}{M}} \tag{7.20}$$

最概然速率 v_p 是反映速率分布特征的物理量，并不是分子运动的最大速率。同一种气体，当温度增加时，最概然速率 v_p 向 v 增大的方向移动，如图 7.7 所示。在温度相同的条件下，不同气体的最概然速率 v_p 随着分子质量 m 的增大而向 v 减小的方向移动。

由上述三种速率公式可以发现，三种速率都含有统计平均的意义，对少量分子无意义，它们都与 $\sqrt{T}$ 成正比，与 $\sqrt{M}$ 成反比。在同一温度下三者大小之比为 $\sqrt{\overline{v^2}} : \overline{v} : v_p \approx 1.73 : 1.60 : 1.41$。由此可知，$\sqrt{\overline{v^2}} > \overline{v} > v_p$，如图 7.8 所示。

这三种速率，就不同的问题有着各自的应用。在讨论速率分布时，就要用到大量

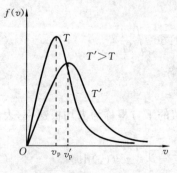

图 7.7

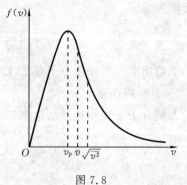

图 7.8

分子的最概然速率;计算分子运动的平均距离时,就要用平均速率;计算分子的平均平动动能时,就要用方均根速率。

例题 7.4 计算在 27 ℃时,氢气和氧气分子的方均根速率 v_{rms}。

解 已知氢气和氧气的摩尔质量分别为 $M_{H_2} = 0.002$ kg/mol,$M_{O_2} = 0.032$ kg/mol,又知 $R = 8.314$ J/(mol·K),$T = 300$ K,把它们分别代入方均根速率公式 $v_{rms} = \sqrt{\overline{v^2}} = \sqrt{\dfrac{3RT}{M}}$,可得氢分子的方均根速率 $v_{rms} \approx 1.93 \times 10^3$ m/s,氧分子的方均根速率 $v'_{rms} \approx 483.6$ m/s。

从以上数值可以看出,通常温度下气体分子的方均根速率是很大的,一般为数百米每秒。在力学中已经知道,地球表面附近的物体要脱离地球引力场的束缚,其逃逸速率为 11.2 km/s。这个速率为氢分子的方均根速率的 6 倍。这样一来似乎在地球的大气层中有可能存在大量的自由氢分子。然而,从观测中发现在地球的大气层中几乎没有自由的氢分子。这是为什么呢?

从麦克斯韦分子速率分布曲线图 7.7 可以看出,有相当数量的一部分气体分子的速率比方均根速率要大得多,当这些分子的速率达到逃逸速率时,它们将逃逸出地球的大气层,因为不断有氢分子逸出大气层,所以在地球大气层中自由的氢分子就很少了,可以认为大气层不存在自由的氢分子。另一方面,氧分子的方均根速率只约为氢分子的方均根速率的 1/4,且只有很少的氧分子能达到逃逸速率,所以在地球大气层中能找到较多的自由氧分子,同样,与氧分子质量差不多的氮分子,也很少能逃逸出地球大气层。

实际上大气气体成分形成现在的比例,其原因是很复杂的,许多因素还不清楚。根据 1963 年人造卫星对大气上层稀薄气体成分的分析,证实在几百千米的高空,其上有一氢层,实际上是质子层。

例题 7.5 假定有 N 个气体分子,它们的速率分布不遵从麦克斯韦速率分布,而是如图 7.9 所示(当 $v > 2v_0$ 时,粒子数为零)。

(1) 用 N 和 v_0 表示出 b;
(2) 求速率在 $1.5v_0$ 和 $2.0v_0$ 之间的分子数;
(3) 求速率在 $1.5v_0$ 和 $2.0v_0$ 之间的分子的平均速率;
(4) 求全部分子的方均根速率。

解 (1) 由速率分布函数归一化条件 $\int_0^{+\infty} f(v) dv = 1$ 知,$\int_0^{+\infty} Nf(v) dv = N$。由图 7.9 知

$$Nf(v) = \begin{cases} \dfrac{b}{v_0} v & (v_0 \geqslant v \geqslant 0) \\ b & (2v_0 \geqslant v > v_0) \\ 0 & (v > 2v_0) \end{cases}$$

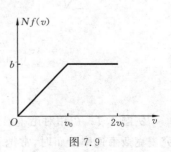

图 7.9

$$\int_0^{v_0} Nf(v)\mathrm{d}v + \int_{v_0}^{2v_0} Nf(v)\mathrm{d}v + \int_{2v_0}^{+\infty} Nf(v)\mathrm{d}v = N$$

$$\int_0^{v_0} \frac{b}{v_0} v \mathrm{d}v + \int_{v_0}^{2v_0} b\mathrm{d}v + \int_{2v_0}^{+\infty} 0\mathrm{d}v = N$$

积分解得 $b = \dfrac{2N}{3v_0}$。

(2) 由 $f(v) = \dfrac{\mathrm{d}N}{N\mathrm{d}v}$ 得 $\mathrm{d}N = Nf(v)\mathrm{d}v$，速率在 $1.5v_0$ 和 $2.0v_0$ 之间的分子数为

$$\Delta N = \int_{1.5v_0}^{2v_0} Nf(v)\mathrm{d}v = \int_{1.5v_0}^{2v_0} b\mathrm{d}v = 0.5v_0 b = \frac{1}{3}N$$

(3) 平均速率公式 $\bar{v} = \dfrac{\int v\mathrm{d}N}{N}$，速率在 $1.5v_0$ 和 $2.0v_0$ 之间的分子的平均速率为

$$\bar{v} = \frac{\int_{1.5v_0}^{2v_0} vNf(v)\mathrm{d}v}{N/3} = \frac{\int_{1.5v_0}^{2v_0} vb\mathrm{d}v}{N/3} = 1.75v_0$$

(4) 气体分子的方均根速率

$$\overline{v^2} = \frac{\int_0^{+\infty} v^2\mathrm{d}N}{N} = \frac{1}{N}\left(\int_0^{v_0} v^2 Nf(v)\mathrm{d}v + \int_{v_0}^{2v_0} v^2 Nf(v)\mathrm{d}v + \int_{2v_0}^{+\infty} v^2 Nf(v)\mathrm{d}v\right)$$

$$= \frac{1}{N}\left(\int_0^{v_0} \frac{b}{v_0} v^3 \mathrm{d}v + \int_{v_0}^{2v_0} bv^2 \mathrm{d}v + \int_{2v_0}^{+\infty} 0\mathrm{d}v\right) = \frac{31}{18}v_0^2$$

$$\sqrt{\overline{v^2}} = \sqrt{\frac{31}{18}}v_0$$

例题 7.6 试计算气体分子热运动速率在 $v_p - \dfrac{v_p}{100}$ 和 $v_p + \dfrac{v_p}{100}$ 之间的分子数占分子总数的比率。

解 速率在 $v_p - \dfrac{v_p}{100}$ 和 $v_p + \dfrac{v_p}{100}$ 之间的分子数所占分子总数的比率是

$$\frac{\Delta N}{N} = \int_{0.99v_p}^{1.01v_p} f(v)\mathrm{d}v$$

因为速率间隔 $\Delta v = 0.02v_p$ 是比较小的，可作近似计算，即

$$\frac{\Delta N}{N} = \int_{0.99v_p}^{1.01v_p} f(v)\mathrm{d}v \approx f(v_p) \times 0.02v_p$$

$$= 4\pi\left(\frac{m}{2\pi kT}\right)^{3/2} \cdot \frac{2kT}{m} \cdot \mathrm{e}^{-\frac{m}{2kT}\frac{2kT}{m}} \times 0.02\left(\frac{2kT}{m}\right)^{1/2}$$

$$= \frac{4}{\sqrt{\pi}} \times \frac{0.02}{\mathrm{e}} \approx 1.66\%$$

例题 7.7 在相对论中已经知道实物粒子的极限速率是真空中的光速 c，而在研究麦克斯韦速率分布时，常把气体分子速率区间定在 $0 \sim +\infty$，例如，分布函数的归

一化条件为 $\int_0^{+\infty} f(v)\mathrm{d}v = 1$，在求气体分子的平均速率时有 $\bar{v} = \int_0^{+\infty} vf(v)\mathrm{d}v$ 等，这岂不是违背了相对论，怎么理解这一看似矛盾之处？

解 麦克斯韦速率分布 $f(v) = 4\pi \left(\dfrac{m}{2\pi kT}\right)^{3/2} \mathrm{e}^{-\frac{mv^2}{2kT}} v^2$ 描述的是在平衡态下气体分子速率在 v 附近单位速率区间内的分子数占分子总数的比率。事实上，速率在增大到某一定值后的区间内分子数的概率几乎为零了。可以通过数值计算的方法估算这个速率最大值 $v_{\max}$ 的数量级。在一定温度下气体分子数 ΔN 占分子总数 N 的概率为

$$\frac{\Delta N}{N} = \int_{v_{\min}}^{v_{\max}} 4\pi \left(\frac{m}{2\pi kT}\right)^{3/2} \mathrm{e}^{-\frac{mv^2}{2kT}} v^2 \mathrm{d}v$$

设定 $v_{\min}$ 和 $v_{\max}$ 后，可以计算任一速率区间内分子数占分子总数的概率。以氢分子为例，编程计算结果如表 7.3 所示，显示室温下氢分子在不同速率范围内的分子数占分子总数的比率。氢分子在室温下（300 K）的最概然速率 v_p 为 1 578 m/s，那么在 $v < v_p$ 范围内分子数的概率为 42.76%；在 $v < 3.3 v_p$ 范围内分子数的概率已达 99.99% 以上；而在 $3 \times 10^4 \sim 3 \times 10^8$ m/s（光速）的速率范围内的概率则降至 4.36×10^{-151}。速率高于 3×10^4 m/s 的概率是如此之小，这意味着速率达到或超过 3×10^4 m/s 的分子极少，因此这部分气体分子对系统各物理量的贡献极小，故可以略去不计。

表 7.3

速率范围		概率
$v_{\min}$/(m/s)	$v_{\max}$/(m/s)	
0	1 578（室温下氢分子的最概然速率 v_p）	0.427 6
0	5 207（大约是 3.3v_p）	0.999 9
3×10^4	3×10^8（光速 c）	4.36×10^{-151}

麦克斯韦速率分布是一统计规律，同在热学中的气体统计规律一样，它们是以概率的方式揭示了自然界某些运动的规律，由于概率是如此之小，所以在实际中是不会发生的。相对论指出一切实物粒子的速率都不可能超过真空中的光速 c，分子运动的速率当然不会趋于无限大，但上面的计算已说明分子运动的速率在远小于光速的一个很大范围内概率已基本为零了，所以把这个最大速率 $v_{\max}$ 定为无限大并不影响计算结果，然而在数学处理上却带来了很大的方便。

*7.5 气体的输运现象　分子的碰撞

表 7.2 列出了常见气体分子在常温下的平均速率，一般都为数百米每秒或上千米每秒。在 19 世纪后半期，从理论上揭示的这一结果曾引起物理学家很大的怀疑。当时不少人认为，气体分子的平均速率既然很高，气体中的一切过程也应该进行得很

快,但实际情况并非如此。生活中,打开香水瓶后,香水味要经过几秒到几十秒的时间才能传过几米的距离。这个矛盾首先被克劳修斯解决,他指出,气体分子的速率虽然很大,但在前进过程中要与其他分子做很多次的碰撞,所走的路程非常曲折,如图 7.10 所示。因此,一个分子从一处移到另一处仍需较长的时间。气体的扩散、热传导等过程进行的快慢都取决于分子相互碰撞的频繁程度。对这些热现象的研究,不仅要考虑分子热运动的因素,还要考虑分子碰撞这一重要因素。研究分子的碰撞,是气体分子动理论的重要问题之一。

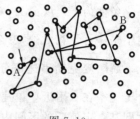

图 7.10

7.5.1 分子的平均碰撞频率

碰撞是气体分子运动的基本特征之一,分子间通过碰撞来实现动量或动能的交换,使热力学系统由非平衡态向平衡态过渡,并保持平衡态的宏观性质不变。单位时间内一个气体分子与其他气体分子发生碰撞的平均次数,称为平均碰撞频率,用 $\bar{Z}$ 表示。

为了确定分子的平均碰撞频率 $\bar{Z}$,可以把所有分子都看做有效直径为 d 的钢球,并且跟踪某一个运动分子 A,而把其他气体分子都看成静止不动。假设分子 A 以平均速率 $\bar{v}$ 运动,在运动过程中,由于它不断地与其他分子碰撞,它的球心轨迹是一条折线。以折线为轴,以分子的有效直径 d 为半径作曲折的圆柱面,显然,只有分子球心在该圆柱面内的分子才能与分子 A 发生碰撞,如图 7.11 所示。

把圆柱面的横截面积 πd^2 称为分子的碰撞截面面积,用 σ 表示,在 Δt 时间内,运动分子平均走过的路程为 $\bar{v}\Delta t$,相应圆柱体的体积为 $\pi d^2 \bar{v}\Delta t$。设分子数密度为 n,则此圆柱体内的分子数为 $n\pi d^2 \bar{v}\Delta t$,这就是分子 A 在 Δt 时间内与其他分子碰撞的次数,单位时间内的平均碰撞次数为

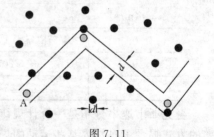

图 7.11

$$\bar{Z} = \frac{n\pi d^2 \bar{v}\Delta t}{\Delta t} = \pi d^2 \bar{v} n \tag{7.21}$$

式(7.21)是在假定一个分子运动,而其他分子都静止不动时所得出的结果。实际上,所有的分子都在运动,考虑到分子间的相对运动遵从麦克斯韦速率分布,故必须对式(7.21)加以修正。如果考虑所有分子都在运动,则分子的平均碰撞频率是式(7.21)的 $\sqrt{2}$ 倍,即

$$\bar{Z} = \sqrt{2}\pi d^2 \bar{v} n \tag{7.22}$$

7.5.2 平均自由程

从图 7.10 可以看出,每发生一次碰撞,分子速度的大小和方向都会发生变化,分

子运动的轨迹为折线。分子在与其他分子发生频繁碰撞的过程中,连续两次碰撞之间自由通过的路程的长度具有偶然性,我们把这一路程的平均值称为平均自由程,用 $\bar{\lambda}$ 表示。显然,在 Δt 时间内,平均速率为 $\bar{v}$ 的分子走过的路程的平均值为 $\bar{v}\Delta t$,碰撞的平均次数为 $\bar{Z}\Delta t$,则分子的平均自由程为

$$\bar{\lambda}=\frac{\bar{v}}{\bar{Z}}=\frac{1}{\sqrt{2}\pi d^2 n} \tag{7.23}$$

由此可见,分子的平均自由程与分子有效直径的平方成反比,与分子数密度成反比。由理想气体物态方程 $p=nkT$,$\bar{\lambda}$ 又可表示为

$$\bar{\lambda}=\frac{kT}{\sqrt{2}\pi d^2 p} \tag{7.24}$$

式(7.24)表明,当温度恒定时,平均自由程与压强成反比,压强越小,气体越稀薄,平均自由程就越长。

对于空气分子,$d\approx 3.5\times 10^{-10}$ m,利用式(7.24)可求出在标准状态下,空气分子的平均自由程 $\bar{\lambda}=6.9\times 10^{-8}$ m,即约为分子直径的 200 倍。这时 $\bar{Z}\approx 6.5\times 10^9$ s^{-1}。每秒钟内一个分子竟平均发生几十亿次碰撞。

在 0 ℃,不同压强下空气分子的平均自由程计算结果如表 7.4 所列。

表 7.4

p/Pa	λ/m
1.01×10^5	6.9×10^{-8}
1.33×10^2	5.2×10^{-5}
1.33	5.2×10^{-3}
1.33×10^{-2}	5.2×10^{-1}
1.33×10^{-4}	52

上述讨论的都是系统处于平衡态下的问题,实际上还常常遇到处于非平衡态的系统。下面简要地讨论几个最简单的非平衡态的问题。如果气体各部分的物理性质原来不是均匀的(如密度、流速或温度等不相同),则由于气体分子不断地相互碰撞和相互掺和,分子之间将经常交换质量、动量和能量,分子速度的大小和方向也不断地改变,最后气体内各部分的物理性质将趋向均匀,气体状态将趋向平衡。这种现象称为气体内的输运现象。

气体的输运现象有三种,即黏滞、热传导和扩散现象。

7.5.3 黏滞现象

如图 7.12 所示,假设气体在 z_0 处的流速为 u,在 z_0+dz 处的流速为 $u+du$,即在 z 方向上存在速度梯度 $\dfrac{du}{dz}$。实验表明,黏滞力正比于速度梯度 $\left(\dfrac{du}{dz}\right)_{z_0}$ 和面元的面

积 dS,即

$$dF = -\eta \left(\frac{du}{dz}\right)_{z_0} dS \quad (7.25)$$

式(7.25)称为牛顿黏滞定律。式中的比例系数 η 称为黏度,单位为 Pa·s(帕[斯卡]秒),其数值取决于气体的性质和状态,其表达式为

$$\eta = \frac{1}{3}\rho\bar{v}\bar{\lambda} \quad (7.26)$$

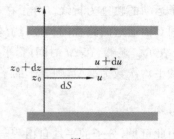

图 7.12

式中,ρ 为气体的密度,$\bar{v}$ 为气体分子的平均速率,$\bar{\lambda}$ 为气体分子的平均自由程。

黏滞现象的微观机理可以用气体动理论来解释,即气体分子流动时,每个分子除具有热运动的动量外还有定向运动的动量,相邻流层之间的分子定向动量不同,但由于分子热运动而使一些分子携带其自身的动量进入相邻流层,借助于分子之间的相互碰撞,不断地交换动量,导致定向动量较大的流层速度减小,定向动量较小的流层速度增大。这种交换的结果是定向动量较大的流层向较小的流层输运,即黏滞现象在微观上是分子热运动过程中输运定向动量的过程,而在宏观上表现出相邻流层之间的黏滞力。

7.5.4 热传导现象

物体内各部分温度不均匀时,将有内能从温度较高处传递到温度较低处,这种现象称为热传导。在这种过程中所传递的内能的多少称为热量。

如图 7.13 所示,假设气体在 z_0 处的温度为 T,在 z_0+dz 处的温度为 $T+dT$,即在 z 方向上存在温度梯度 $\frac{dT}{dz}$。实验表明,在 dt 时间内通过面元 dS,沿 z 轴方向传递的热量正比于温度梯度 $\left(\frac{dT}{dz}\right)_{z_0}$ 和面元的面积 dS,即

$$dQ = -\lambda \left(\frac{dT}{dz}\right)_{z_0} dS dt \quad (7.27)$$

式(7.27)称为傅里叶热传导定律。式中负号表示热量沿温度下降的方向传递,比例系数 λ 称为热导率,单位为 W/(m·K)(瓦[特]每米开[尔文]),其数值取决于物质的性质和状态,其表达式为

图 7.13

$$\lambda = \frac{1}{3}\rho\bar{v}\bar{\lambda}c_V \quad (7.28)$$

式中,ρ 为气体的密度,$\bar{v}$ 为气体分子的平均速率,$\bar{\lambda}$ 为气体分子的平均自由程,c_V 为分子的定容比热容。表 7.5 给出了空气和氧气在不同温度下的热导率。

一般金属的热导率为几十到几百,由此可见,气体是一个不良导热体。

热传导现象的微观机制在固体、液体中与在气体中不同。就气体来说,当气体内

各部分温度不均匀时,在微观上体现为各部分分子热运动的能量不同,分子在热运动的过程中,借助于分子间的相互碰撞而交换热运动的能量,交换的结果导致能量大的部分向能量小的部分进行能量的输运,即分子在热运动过程中输运能量的过程,在宏观上体现为热传导现象。

根据热导率公式可以解释保温瓶为何能够保温。如图 7.14 所示,通常将保温瓶的内胆做成间隔很小的双层结构,并把中间的空气抽出去,形成真空层。由于真空层内空气非常稀薄,以致分子的平均自由程 $\bar{\lambda}$ 大于真空层的间隙厚度 l,因此分子将彼此无碰撞地往返于两壁之间,这时式(7.28)中的 $\bar{\lambda}$ 将由 l 取代,将 $\bar{v}=\sqrt{\dfrac{8kT}{\pi m}}$ 和 $\rho=nm$ 代入式(7.28)可知,在一定温度下,λ 与 n 成正比,即空气越稀薄(n 越小),热导率 λ 越小,保温性能越好。

表 7.5

气体	$t/℃$	$\lambda/(W/(m·K))$
空气	-74	0.018
	38	0.027
O_2	-123	0.013 7
	175	0.038

图 7.14

7.5.5 扩散现象

在气体的内部,当密度不均匀时,气体分子将从密度大的地方向密度小的地方运动,这种现象称为扩散现象。

如图 7.15 所示,假设气体在 z_0 处的密度为 ρ,在 $z_0+\mathrm{d}z$ 处的密度为 $\rho+\mathrm{d}\rho$,即在 z 方向上存在密度梯度 $\dfrac{\mathrm{d}\rho}{\mathrm{d}z}$,实验表明,在 $\mathrm{d}t$ 时间内通过面元 $\mathrm{d}S$,沿 z 轴方向扩散的质量正比于密度梯度 $\left(\dfrac{\mathrm{d}\rho}{\mathrm{d}z}\right)_{z_0}$ 和面元的面积 $\mathrm{d}S$,即

$$\mathrm{d}m=-D\left(\dfrac{\mathrm{d}\rho}{\mathrm{d}z}\right)_{z_0}\mathrm{d}S\mathrm{d}t \tag{7.29}$$

式(7.29)称为菲克扩散定律。式中的负号表示气体质量沿密度下降的方向扩散,比例系数 D 称为扩散系数,单位为 m^2/s(平方米每秒),其数值取决于气体的性质和状态,表达式为

$$D=\dfrac{1}{3}\bar{v}\bar{\lambda} \tag{7.30}$$

式中,$\bar{v}$ 为气体分子热运动的平均速率,$\bar{\lambda}$ 为气体分子运动的平均自由程。

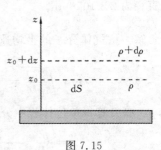

图 7.15

扩散现象的微观机理可以这样理解,当气体内部各部分的密度不均匀时,在分子热运动的过程中,从密度大的地方扩散到密度小的地方的分子数大于从密度小的地方扩散到密度大的地方的分子数,这种交换的结果是气体的质量由密度大的地方向密度小的地方输运,即扩散现象在微观上是气体分子在热运动过程中输运质量的过程。

因为 $\bar{v} = \sqrt{\dfrac{8kT}{\pi m}}$,平均自由程 $\bar{\lambda} = \dfrac{kT}{\sqrt{2}\pi d^2 p}$,从扩散系数 $D = \dfrac{1}{3}\bar{v}\bar{\lambda}$ 可知,D 与 $T^{\frac{3}{2}}$ 成正比,而与压强 p 成反比。这说明,温度越高,气体压强越低,扩散就进行得越快。这个结论可由气体动理论予以解释,温度 T 越高时,分子运动速度越大,压强 p 越低时分子平均自由程 $\bar{\lambda}$ 越大,所以碰撞机会少,扩散进行得越快。此外,还可以看出,在相同温度下,对两种不同质量的气体分子来说,它们的平均速率和它们的质量的平方根成反比,即

$$\frac{\bar{v_1}}{\bar{v_2}} = \frac{\sqrt{\dfrac{8kT}{\pi m_1}}}{\sqrt{\dfrac{8kT}{\pi m_2}}} = \sqrt{\frac{m_2}{m_1}}$$

所以分子质量小的气体扩散得快,而分子质量大的气体扩散得慢。根据这一原理可以分离同位素,例如,天然铀中 ^{238}U 的丰度为 99.3%,^{235}U 的丰度仅为 0.7%。链式反应实际用到的是 ^{238}U,为了把 ^{235}U 从天然铀中分离出来,先将铀变成 UF_6(氟化铀),UF_6 在室温下是气体,将它进行多次扩散最后便得到分离的 ^{235}U 和 ^{238}U。

从上述输运现象可以发现,输运过程具有明显的单方向性。例如,气体中扩散只能沿着从高密度区到低密度区的方向进行,热量只能自动地从高温区向低温区传递。不仅输运过程如此,还有不少的例子也说明过程的单方向性,例如,气体可以自由膨胀,但不能自动地压缩。过程的单方向性,是分子热运动现象的特征,它与分子热运动的无序性和统计性密切相关。这种特征可以用一个新的物理量——熵进行描述,关于熵的内容,见第 8 章相关章节。

例题 7.8 求氢在标准状态下,在 1 s 内分子的平均碰撞次数。已知氢分子的有效直径为 2×10^{-10} m。

解 按气体分子的平均速率公式 $\bar{v} = \sqrt{\dfrac{8RT}{\pi M}}$ 可得

$$\bar{v} = \sqrt{\frac{8RT}{\pi M}} = \sqrt{\frac{8 \times 8.314 \times 273}{3.14 \times 2 \times 10^{-3}}} \text{ m/s} \approx 1.70 \times 10^3 \text{ m/s}$$

按 $p = nkT$ 算得单位体积中分子数为

$$n = \frac{p}{kT} = \frac{1.013 \times 10^5}{1.38 \times 10^{-23} \times 273} \text{ m}^{-3} \approx 2.69 \times 10^{25} \text{ m}^{-3}$$

因此 $\bar{\lambda}=\dfrac{1}{\sqrt{2}\pi d^2 n}=\dfrac{1}{1.41\times 3.14\times(2\times 10^{-10})^2\times 2.69\times 10^{25}}$ m$\approx 2.10\times 10^{-7}$ m

$$\bar{Z}=\dfrac{\bar{v}}{\bar{\lambda}}=\dfrac{1.70\times 10^3}{2.10\times 10^{-7}}\text{ s}^{-1}\approx 8.10\times 10^9\text{ s}^{-1}$$

即在标准状态下，在 1 s 内，一个氢分子的平均碰撞次数约为 80 亿次。

提　要

1. 平衡态

在不受外界影响的条件下，一个系统的宏观性质不随时间改变的状态。

2. 热力学第零定律

如果系统 A 和系统 B 分别都与系统 C 的同一状态处于热平衡，那么当 A 和 B 接触时，它们也必定处于热平衡。

3. 温度

决定一个系统能否与其他系统处于热平衡的宏观性质。处于热平衡的各系统的温度相同。

4. 热力学温标与摄氏温标的关系

$$T=273.15+t$$

5. 理想气体物态方程

在平衡态下，$\qquad pV=\dfrac{m}{M}RT\quad$ 或 $\quad p=nkT$

式中，摩尔气体常数 $R=8.314$ J/(mol·K)，玻耳兹曼常数 $k=1.38\times 10^{-23}$ J/K。

6. 理想气体压强的微观公式

$$p=\dfrac{2}{3}n\bar{\varepsilon_k}$$

7. 温度的微观统计意义

$$\bar{\varepsilon_k}=\dfrac{3}{2}kT$$

8. 能量均分定理

在平衡态下，分子热运动的每个自由度的平均动能都相等，且等于 $\dfrac{1}{2}kT$。以 i 表示分子热运动的自由度，则一个分子的总平均动能为 $\bar{\varepsilon_k}=\dfrac{i}{2}kT$，$\nu$ mol 理想气体的内能为 $E=\dfrac{i}{2}\nu RT$。

9. 速率分布函数

$$f(v)=\dfrac{\mathrm{d}N}{N\mathrm{d}v}$$

麦克斯韦速率分布函数

$$f(v)=4\pi\left(\frac{m}{2\pi kT}\right)^{3/2}v^2\mathrm{e}^{-mv^2/2kT}$$

最概然速率 $\quad v_\mathrm{p}=\sqrt{\dfrac{2kT}{m}}=\sqrt{\dfrac{2RT}{M}}\approx 1.41\sqrt{\dfrac{RT}{M}}$

平均速率 $\quad \bar{v}=\sqrt{\dfrac{8kT}{\pi m}}=\sqrt{\dfrac{8RT}{\pi M}}\approx 1.60\sqrt{\dfrac{RT}{M}}$

方均根速率 $\quad \sqrt{\overline{v^2}}=\sqrt{\dfrac{3kT}{m}}=\sqrt{\dfrac{3RT}{M}}\approx 1.73\sqrt{\dfrac{RT}{M}}$

10. 气体分子的平均自由程

$$\bar{\lambda}=\frac{1}{\sqrt{2}\pi d^2 n}=\frac{kT}{\sqrt{2}\pi d^2 p}$$

*11. 气体的输运现象

黏滞现象(输运分子定向动量)、热传导现象(输运分子无规则运动能量)、扩散现象(输运分子质量)。三种现象的宏观规律和系数的微观表示式如下：

黏滞现象 $\quad \mathrm{d}F=\eta\left(\dfrac{\mathrm{d}u}{\mathrm{d}z}\right)_{z_0}\mathrm{d}S,\quad \eta=\dfrac{1}{3}\rho\bar{v}\bar{\lambda}$

热传导现象 $\quad \mathrm{d}Q=-\lambda\left(\dfrac{\mathrm{d}T}{\mathrm{d}z}\right)_{z_0}\mathrm{d}S\mathrm{d}t,\quad \lambda=\dfrac{1}{3}\rho\bar{v}\bar{\lambda}c_V$

扩散现象 $\quad \mathrm{d}m=-D\left(\dfrac{\mathrm{d}\rho}{\mathrm{d}z}\right)_{z_0}\mathrm{d}S\mathrm{d}t,\quad D=\dfrac{1}{3}\bar{v}\bar{\lambda}$

思 考 题

7.1 判断下列情况下系统是否一定处于平衡态：
(1) 若容器内各部分的压强相等；
(2) 若容器内各部分的温度相等；
(3) 若容器内各部分的压强相等，并且容器中各部分分子密度也相同。

7.2 盛有理想气体的密闭容器 A 放在一高速行进的列车上，另一盛有同样气体的相同容器 B 放在静止列车上，请问 A 中气体温度是否比 B 中气体温度高？如果行进的列车突然停下，容器 A 中气体温度、压强将如何变化？

7.3 一定量的某种理想气体，当温度不变时，其压强随体积的减小而增大；当体积不变时，其压强随温度的升高而增大。从微观角度来看，压强增大的原因各是什么？

7.4 温度相同的一瓶氧气和一瓶氢气，均可看做理想气体，它们的内能、分子平均平动动能是否相同？氢分子的速率是否比氧分子大？

7.5 1 mol 氢气与 1 mol 氦气的温度相同，则两种气体分子的平均平动动能是否相同？两种气体分子的平均动能是否相同？内能是否相等？

7.6 指出下列各式所表示的物理意义：

(1) $\frac{1}{2}kT$;　　(2) $\frac{3}{2}kT$;　　(3) $\frac{i}{2}kT$;　　(4) $\frac{i}{2}RT$;　　(5) $\frac{m}{M}\frac{i}{2}RT$.

7.7 速率分布函数 $f(v)$ 的物理意义是什么？试说明下列各式的物理意义：

(1) $f(v)dv$;　　(2) $Nf(v)dv$;　　(3) $\int_{v_1}^{v_2} f(v)dv$;

(4) $\int_{v_1}^{v_2} Nf(v)dv$;　　(5) $\int_{v_1}^{v_2} \frac{1}{2}mv^2 Nf(v)dv$.

7.8 将沿铁路运行的火车、在海面上航行的轮船视为质点，它们的自由度各是多少？若把在空中飞行的飞机视为刚体，其自由度为多少？

7.9 在讨论气体压强公式、内能公式、分子碰撞频率时，所用的气体分子模型有何不同？

7.10 气体分子热运动的平均速率为每秒几百米，为什么在房间内打开一瓶香水，要隔一段时间才能在门口闻到香味？是夏天容易闻到香味还是冬天容易闻到香味，为什么？

7.11 一定量的理想气体在(1)体积不变，温度升高；(2)温度不变，压强降低时分子的平均碰撞频率 $\bar{Z}$ 和平均自由程 $\bar{\lambda}$ 如何变化？

7.12 解释保温瓶保温的原理。

7.13 解释利用扩散方法分离铀同位素的工作原理。

7.14 分子热运动与分子间的碰撞，在输运现象中各起什么作用？哪些物理量体现了它们的作用？

习　　题

7.1 一容器内储有氢气，其压强为 1.01×10^5 Pa，温度为 27℃，求：

(1) 气体分子数的密度；

(2) 氢气的密度；

(3) 分子的平均平动动能；

(4) 分子的平均转动动能；

(5) 分子间的平均距离（设分子间均匀等距排列）。

7.2 温度为 0℃ 和 100℃ 时理想气体分子的平均平动动能各为多少？欲使分子的平均平动动能等于 1 eV，气体的温度需多高？

7.3 水蒸气分解成同温度的氢气和氧气，其内能增加了百分之几（气体分子作为刚性分子讨论）？

7.4 容器内储有 1 mol 的某种气体，今从外界输入 2.09×10^2 J 热量，测得其温度升高 10 K，求该气体分子的自由度。

7.5 根据麦克斯韦速率分布律，求速率倒数的平均值 $\overline{\left(\frac{1}{v}\right)}$ （提示：$\int_0^{+\infty} e^{-bu^2} u du = \frac{1}{2b}$）。

7.6 图 7.16 中 I、II 是两种不同气体（氢气和氧气）在同一温度下的麦克斯韦速率分布曲线。

(1) 试由图中数据指出 I、II 分别对应的气体种类，并求出它们各自的最概然速率；

(2) 求两种气体所处的温度。

7.7 试由麦克斯韦速率分布推出相应的平动动能分布规律，并求出最概然能量。

7.8 设有 N 个粒子，其速率分布函数如图 7.17 所示。

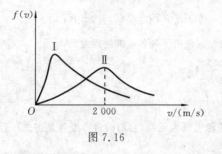
图 7.16

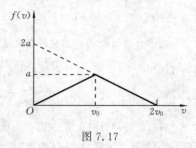
图 7.17

(1) 写出速率分布函数数学表达式；　(2) 由 N 和 v_0 求 a；
(3) 求最概然速率；　(4) 求 N 个粒子的平均速率；
(5) 求速率介于区间 $\left[0, \dfrac{3v_0}{2}\right]$ 内的粒子数。

7.9 导体中自由电子的运动类似于气体分子的运动，设导体中共有 N 个自由电子。电子气中电子最大速率 v_F 称为费米速率，电子速率在 $v \sim v+\mathrm{d}v$ 之间的概率为

$$\frac{\mathrm{d}N}{N} = \begin{cases} \dfrac{4\pi v^2 A \mathrm{d}v}{N} & (v_F > v > 0) \\ 0 & (v > v_F) \end{cases}$$

式中 A 为常量。

(1) 由归一化条件求 A；

(2) 证明电子气中电子的平均动能 $\bar{\varepsilon} = \dfrac{3}{5}\left(\dfrac{1}{2}m_e v_F^2\right) = \dfrac{3}{5}E_F$，此处 E_F 称为费米能。

7.10 20 个质点速率如下：2 个具有速率 v_0，3 个具有速率 $2v_0$，5 个具有速率 $3v_0$，4 个具有速率 $4v_0$，3 个具有速率 $5v_0$，2 个具有速率 $6v_0$，1 个具有速率 $7v_0$。试计算：(1) 平均速率；(2) 方均根速率；(3) 最概然速率。

7.11 设 N 个粒子的系统的速率分布函数为

$$\mathrm{d}N_v = k\mathrm{d}v \quad (V > v > 0, k\ 为常量)$$
$$\mathrm{d}N_v = 0 \quad (v > V)$$

(1) 画出分布函数图；(2) 用 N 和 V 表示常数 k；(3) 用 V 表示出平均速率和方均根速率。

7.12 三个容器 A、B、C 中装有同种理想气体，其分子数密度 n 相同，方均根速率之比为 $\sqrt{\overline{v_A^2}} : \sqrt{\overline{v_B^2}} : \sqrt{\overline{v_C^2}} = 1:2:4$，则它们压强之比 $p_A : p_B : p_C$ 为多少？

7.13 在一个体积不变的容器中，储有一定量的某种理想气体，温度为 T_0 时，气体分子的平均速率为 $\overline{v_0}$，分子平均碰撞次数为 $\overline{Z_0}$，平均自由程为 $\overline{\lambda_0}$，当气体温度升高为 $4T_0$ 时，气体分子的平均速率 $\bar{v}$、平均碰撞频率 $\bar{Z}$ 和平均自由程 $\bar{\lambda}$ 分别怎样变化？

7.14 在压强为 1.01×10^5 Pa 下，氮气分子的平均自由程为 6.0×10^{-6} cm，当温度不变时，在多大压强下，其平均自由程为 1.0 mm。

7.15 在一定压强下，温度为 20℃时，氩气和氮气分子的平均自由程分别为 9.9×10^{-8} m 和 27.5×10^{-8} m。试求：

(1) 氩气和氮气分子的有效直径之比；

(2) 当温度不变且压强为原值一半时，氮气分子的平均自由程和平均碰撞频率。

第 8 章 热力学基础

热力学是热运动的宏观理论。热力学是根据实验事实综合整理而成的系统理论,不涉及物质的微观结构和微观粒子的相互作用,也不涉及特殊物质的具体性质,具有高度的可靠性和普遍性。热力学三定律就是人们通过对热现象的观察、实验和分析总结出来的。其中,热力学第一定律反映了能量转换时应该遵从的关系,它指出一切物质的能量只能从一种形式转化成另一种形式或从物体的一个部分转移到另外一个部分,在能量的转化与转移中,其能量总量维持恒定;热力学第二定律指出一切涉及热现象的宏观过程都是不可逆的,它指出孤立体系的熵只能增加或在达到极限时保持恒定;热力学第三定律指出绝对零度是不可能达到的,它指出一切物质在绝对零度时的标准熵为零。本章主要讲述热力学第一定律和第二定律及其相关内容。

8.1 热力学第一定律

在19世纪早期,不少人沉迷于一种神秘的机械——第一类永动机的制造,因为这种设想中的机械只需要一个初始的力量就可使其运转起来,之后不再需要任何动力和燃料,却能自动不断地做功。在热力学第一定律提出之前,人们一直围绕着制造这种永动机的可能性问题展开激烈的讨论。直至热力学第一定律发现后,第一类永动机的神话才不攻自破。下面就来看看这个神话是怎样破灭的!

8.1.1 准静态过程

在7.1.1节中,我们已经学习了热力学系统的有关内容,热力学系统是人为分割出来作为热力学分析对象的有限物质系统。系统与外界之间的分界面可以是实在的,也可以是假想的;可以是固定的,也可以是移动的。

系统由其初始状态达到平衡状态所经历的时间称为弛豫时间,这个过程称为弛豫过程。

当系统由某一平衡态开始进行变化,这一变化必然要破坏原来的平衡,需经一段时间才能达到新的平衡态。系统从一个平衡态过渡到另一个平衡态所经过的状态变化历程就是一个热力学过程。热力学过程由于中间状态不同而分为非静态过程和准静态过程两种。如果过程中任一中间状态都可看做是平衡态,也就是说,过程进行得无限缓慢,以致系统连续不断地经历着一系列平衡态,则这一过程称为准静态过程,又称平衡过程。在这一过程中的每一时刻,系统都处于平衡态,也就是说准静态过程是由一系列平衡态组成的,这显然是一种理想过程。如果中间状态为非平衡态,则这个过程称为非静态过程。下面来讨论一个具体的例子。

设有一个与外界不发生任何能量交换的密闭容器,用隔板分成 A 和 B 两部分,如图 8.1 所示。A 部分充有理想气体,B 部分保持真空。我们把这时的状态称为初态。把隔板抽掉,气体将从 A 部分迅速向 B 部分运动。这时容器内各处的性质是不均匀的,并随时间发生变化。经过一段时间后,系统最终达到平衡态。我们把这时的状态称为末态。显然,上述的状态变化过程为非静态过程。可以设想,如果是把隔板无限缓慢地向 B 部移动而不是抽掉,这时状态转变过程所经历的中间状态都无限接近于平衡态。很明显,这一状态变化过程为准静态过程。而实际过程不可能无限缓慢地进行,系统在过程的每一瞬间也不可能真正处于平衡态。但在很多情况下,我们可以近似地将它们当做准静态过程来处理。如不特别声明,本章所讨论的都是无摩擦的准静态过程。

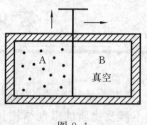

图 8.1

下面讨论准静态过程的描述方法。

1. 曲线描述

对于一定量的理想气体来说,按理想气体物态方程 $pV=\nu RT$,它的三个态参量中只有两个是独立的。若给定任意两个态参量的数值,第三个参量的值也就知道了,即确定了一个平衡态,理想气体的三个态参量之间的这种关系分别可以用图 8.2(a)、(b)或(c)来表示。我们常用 p-V 图(见图 8.2(a))上的一个点来描述相应的一个平衡态。而 p-V 图上的一条曲线则代表一个准静态过程,因为曲线上的每一点都代表一个平衡态,也就是准静态过程的一个中间状态。

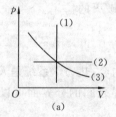
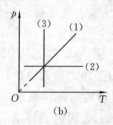
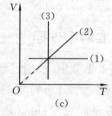

图 8.2

2. 公式描述

在 p-V 图中,曲线的方程 $p = p(V)$ 即为描述准静态过程的方程,不同的曲线代表不同的准静态过程(如图 8.2(a)所示的(1)、(2)、(3)这三条曲线)。把方程 $p=p(V)$ 和理想气体的物态方程 $pV=\nu RT$ 联立,可得到另外两种形式 $p=p(T)$ 和 $V=V(T)$ 的描述,这两种形式分别对应图 8.2(b)、(c)所示两种曲线。

请大家想一想,非静态过程能在 p-V 图上表示出来吗?能否用公式表示?

综上所述,准静态过程的特点可以表述如下:

(1) 是无限缓慢地进行的极限过程,过程进行中每一时刻系统的状态都无限接近平衡态；

（2）可以用一组确定的态参量来描写，可以用一条平滑的过程曲线来表征；

（3）过程进行中每一步时间都比弛豫时间长；

（4）只有系统内部各部分之间以及系统与外界之间都始终同时满足力学、热学和化学平衡条件的过程才是准静态过程。

8.1.2 功　热量　内能

1. 功

在 7.1.1 节我们介绍了描述平衡态的态参量，现在进而研究与热力学系统状态变化有关的问题。我们知道，当系统的状态发生了变化时，系统与外界可能有能量的交换，做功就是系统与外界交换能量的一种方式。

一提到功，大家立即会想到机械功、电流做的功、磁力功、弹力做的功、表面张力做的功，等等。我们这里所说的功，是属于机械功中的一种，指的是在准静态过程中，由于系统体积的变化所引起的功，而不考虑系统整体的机械运动。也就是说，系统对外做功一定与气体体积的变化有关，所以有时将准静态过程中系统所做的功称为体积功。功一般用 A 来表示。功的单位是 J（焦[耳]），简称焦。

下面是功的计算公式及其几何意义。

如图 8.3 所示，气缸内盛有一定量的气体，气体的压强为 p，活塞的面积为 S，我们知道当气体处在平衡态时，外界的压强必须与气体的压强相等，则作用在活塞上的力为 $F=pS$。当系统经历一微小的准静态过程使活塞移动一微小的距离 $\mathrm{d}l$ 时，气体所做的功为

$$\mathrm{d}A=F\mathrm{d}l=pS\mathrm{d}l=p\mathrm{d}V \tag{8.1}$$

式中，$\mathrm{d}V=S\mathrm{d}l$ 为气体膨胀时体积的微小增量。显然，若 $\mathrm{d}V>0$，即气体膨胀时系统对外界做正功；若 $\mathrm{d}V<0$，即气体压缩时系统对外界做负功，或外界对系统做正功。式（8.1）可以在 p-V 图上表示出来。如图 8.4 所示，横坐标表示体积 V，纵坐标表示压强 p，式（8.1）等于图 8.4 中阴影部分的面积。

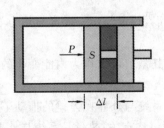

图 8.3

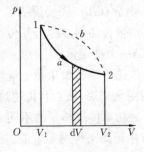

图 8.4

如果系统的体积经过一个准静态过程(1→a→2)由 V_1 变为 V_2，则在该过程中，系统对外界所做的功为

$$A = \int dA = \int_{V_1}^{V_2} p dV \tag{8.2}$$

要计算式(8.2)的积分，需要知道在热力学过程中压强与体积的关系 $p = p(V)$。显然，在准静态过程中系统对外界所做的功就等于 p-V 图中曲线(1→a→2)下方的面积(见图8.4)。

必须强调的是，系统从状态1经准静态过程到达状态2，可以沿着不同的过程曲线(见图8.4)。根据功的几何意义，显然沿不同的过程曲线所做的功(即过程曲线下的面积)是不同的。这说明系统所做的功不但与系统的始、末状态有关，而且还与路径有关，是一个过程量。

上述结果虽然是从气缸活塞运动中推导出来的，但对于任何形状的容器，系统在准静态过程中对外界所做的功，都可以用式(8.2)来计算。由上述几何解释易得，对一些特殊的过程体积功的计算可以不用积分，而直接由计算面积的大小得到，这一点通过后面的学习大家会逐渐体会到。

通过上面对气体功的讨论我们注意到：
(1) 气体膨胀时，系统对外界做功；
(2) 气体压缩时，外界对系统做功，即系统对外界做负功；
(3) 做功是改变系统内能的一种方法；
(4) 气体做功的本质是通过宏观位移来完成的，它实际上是有规则的机械运动和无规则的分子热运动之间的转化。

2. 热量

刚刚讨论了功的表达式，做功是系统与外界在热力学过程中传递能量的一种方式。除了做功的方式以外，系统与外界还可以通过传递热量的方式交换能量。当系统和外界温度不同，且不绝热时，就会进行能量的传递，所传递的能量称为热量，一般用 Q 来表示。热力学中约定，系统从外界吸收热量，Q 取正；系统对外界放出热量，Q 取负，有特别规定的情况除外。热量的单位是 J(焦[耳])，简称焦。

关于热量有几点需要说明。
(1) 热量传递的多少与其传递的方式有关，所以，热量与功一样都与热力学过程有关，也是一个过程量；
(2) 传递热量和做功是能量传递的两种方式，其量值可以作为内能变化的量度。就内能的变化来说，做功和传递热量是等效的；
(3) 做功与传递热量的不同之处在于，做功是系统与外界在力差的推动下，通过宏观的有序运动来传递能量的，做功与物体的宏观位移有关；热量是系统与外界在温差的推动下，通过微观粒子的无序运动来传递能量的，传递热量无须物体的宏观移动；

(4) 在系统与外界之间发生能量传递时,一般来说系统的温度是要发生变化的。然而,也会有这样的情景,当系统与外界发生能量的传递时,系统的温度可维持不变。例如,当一杯冷水放在高温电炉上加热至沸腾后,虽被继续加热,但水温却没有再升高。总之,只要有能量的传递,不论系统的温度是否发生变化,都是热量的传递过程。

一个系统在状态变化过程中交换的热量可以有以下三种计算方法:一是用热力学第一定律来计算;二是用摩尔热容来计算;三是用比热容来计算。下面就第三种方法做简要讲述。

比热容指的是单位质量的物质温度每升高或降低 1 K 或 1℃时吸收或释放的热量。比热容通常用符号 c 表示,单位是 J/(kg·K)。按比热容的定义很容易得到热量的计算公式

$$Q = mc(T_2 - T_1) = mc\Delta T$$

式中,m 为物质的质量,ΔT 为热力学过程的温度差,T_1 和 T_2 分别是过程的初状态和末状态的温度。

按比热容计算热量时应该注意,热量的多少是与过程有关的。不同的过程虽然温度差相同,热量是完全可能不同的。这体现在比热容 c 对不同过程的取值不同。在很多过程中,比热容 c 还与温度有关,这时上面计算热量的公式应该改为积分。

3. 内能

前面已经讨论过,系统的状态变化可以由外界向系统传递热量来实现,也可以由外界对系统做功来实现,显然,也可以由做功和热传递两者共同作用来实现。那么什么是系统的内能呢?一个宏观热力学系统(不考虑系统的整体运动),从微观角度来看,系统的内能指的是系统内所有粒子各种能量的总和,包括系统内分子热运动的能量、分子间相互作用的势能、分子和原子内部运动的能量,以及电场能和磁场能等。在温度不太高的情况下,对一定质量的分子组成的系统,系统的内能指的是系统内分子热运动的能量和分子间相互作用的势能之和。系统的内能一般用 E 来表示。例如,对于实际气体,系统的内能是温度和体积的函数,即 $E = E(V, T)$;对于理想气体,系统的内能只是温度的函数,即 $E = E(T)$。内能的单位是 J(焦[耳]),简称焦。我们知道,理想气体的内能公式是 $E = \frac{m}{M}\frac{i}{2}RT = \frac{i}{2}\nu RT$,也就是说一定量的理想气体的内能是系统温度的单值函数。系统经历准静态过程后,温度有可能发生变化。由内能公式可知,过程初状态和末状态的内能是不同的,其变化量用 ΔE 表示,则

$$\Delta E = \frac{m}{M}\frac{i}{2}R\Delta T = \frac{i}{2}\nu R\Delta T \tag{8.3}$$

显然,$\Delta T > 0$ 表示该准静态过程使系统温度升高,系统内能增大,ΔE 大于零;$\Delta T < 0$ 表示该准静态过程使系统温度降低,系统内能减小,ΔE 小于零。内能的变化 ΔE 只与初、末状态有关,与所经过的过程无关。由此我们很高兴地发现,以后在涉及有关

内能的计算时,可以在初、末状态间任选最简便的过程进行计算。

由式(8.3)知,对无限小的过程而言,内能的增量可以表示为

$$dE = \frac{m}{M}\frac{i}{2}RdT = \frac{i}{2}\nu RdT \tag{8.4}$$

注意 内能、热量和温度三者之间既有区别又有联系。区别在于,热量是在热传递过程中,物体吸收或放出热的多少,其实质是内能的变化量。热量跟热传递紧密相连,离开了热传递就无热量可言,对热量只能说"吸收多少"或"放出多少",不能在热量名词前加"有"、"没有"或"含有"等;内能是能量的一种,它是物体内部所有分子做无规则运动的动能和分子势能的总和,内能只能说"有",不能说"无",只有当物体内能改变,并与做功或热传递相联系时,才有数量上的意义;温度表示物体的冷热程度,从分子动理论的观点来看,温度是分子热运动激烈程度的标志,对同一物体而言,温度只能说"是多少"或"达到多少",不能说"有"、"没有"或"含有"等。

下面介绍三者的联系。

1) 内能与热量的关系

物体的内能改变了,物体却不一定吸收或放出了热量,这是因为改变物体的内能有做功和热传递两种方式,即物体的内能改变了,可能是由于物体吸收(或放出)了热量也可能是外界对物体做了功(或物体对外界做了功)。而热量是物体在热传递过程中内能变化的量度。物体吸收热量,内能增加;物体放出热量,内能减少。因此物体吸热或放热,一定会引起内能的变化。

2) 内能和温度的关系

物体内能的变化,不一定引起温度的变化。这是由于物体内能变化的同时,有可能发生物态变化。物体在发生物态变化时内能变化了,温度有时变化有时却不变化。如晶体的熔化和凝固过程,还有液体沸腾过程,内能虽然发生了变化,但温度却保持不变。温度的高低,标志着物体内部分子运动速度的快慢。因此,物体的温度升高,其内部分子无规则运动的速度增大,分子的动能增大,从而内能也增大;反之,温度降低,物体内能减小。因此,物体温度的变化,一定会引起内能的变化。

3) 热量与温度的关系

物体吸收或放出热量,温度不一定变化,这是因为物体在吸热或放热的同时,如果物体本身发生了物态变化(如冰的熔化或水的凝固),这时物体虽然吸收(或放出)了热量,但温度却保持不变。物体温度改变了,物体不一定要吸收或放出热量,也可能是由于外界对物体做功(或物体对外界做功)使物体的内能变化了,温度改变了。

8.1.3 热力学第一定律

由前面的内容我们知道,通过能量交换改变系统热力学状态的方式有两种:一是做功,如活塞压缩气缸内的气体使其温度升高;二是传热,如对容器中的气体加热,使之升温和升压。做功与传热的微观过程不同,但都能通过能量交换改变系统的状态,

在这一点上两者是等效的。实验研究发现,功、热量和系统内能之间存在着确定的定量关系。当系统从一个状态变化到另一个状态时,无论经历的是什么样的具体过程,过程中外界做功和吸收热量一旦确定,系统内能的变化也就确定了。根据普遍的能量守恒定律,外界对系统做的功 A' 与传热过程中系统吸收热量 Q 的总和,应该等于系统能量的增量。由于热力学中系统能量的增量即为内能的增量 ΔE,故有

$$\Delta E = Q + A'$$

因外界对系统所做的功 A' 等于系统对外界所做功 A 的负值,即 $A' = -A$,所以上式可进一步写成

$$Q = \Delta E + A \tag{8.5}$$

对于无限小的热力学过程,则有

$$dQ = dE + dA \tag{8.6}$$

式(8.5)或式(8.6)称为热力学第一定律,它是普遍的能量转化和守恒定律在热力学范围内的具体表达。

注意以下几点。

(1) 物理量符号的规定。系统从外界吸入热量为正,系统向外界放出热量为负;系统的内能增加为正,系统的内能减少为负;系统对外界做功为正,外界对系统做功为负。

(2) 热力学第一定律适用于任何系统的任何热力学过程,包括气、液、固态变化的准静态过程和非静态过程,可见热力学第一定律具有极大的普遍性。热力学第一定律表明,从热机的角度来看,要让系统对外做功,要么从外界吸入热量,要么消耗系统自身的内能,或者两者兼而有之。

(3) 第一类永动机不可能制成。由于第一类永动机的神话违背了热力学第一定律,也就是违反能量守恒定律,它理所当然是要失败的。因此,热力学第一定律的另一种表述是,第一类永动机是不可能制成的。

8.1.4 摩尔热容

在前面热量的计算方法中,我们介绍了使用比热容的定义计算热量的方法。比热容是单位质量的物体温度每升高或降低 1 K 或 1℃时所吸收或放出的热量。下面定义一个新的物理量称为摩尔热容,指的是 1 mol 物质温度每升高或降低 1 K 或 1℃时所吸收或放出的热量。摩尔热容用 C_m 表示,其定义式为

$$C_m = \frac{dQ}{\nu dT}$$

式中,dQ 为一个无限小的热力学过程中系统所吸收的热量,dT 为温度的变化,ν 为系统的物质的量。由于热量 Q 与具体过程有关,所以摩尔热容也与具体过程有关,也就是说,对于不同的热力学过程摩尔热容是不同的。而且对于一般的热力学过程,摩尔热容也不是常量。若已知过程的摩尔热容 C_m,系统的温度从 T_1 变到 T_2,系统的物质的量 ν,要计算该过程吸收的热量应用积分

$$Q = \int_{T_1}^{T_2} \nu C_m dT$$

因为摩尔热容 C_m 通常情况下不是常量,所以一般情况下它是不能从积分号内提出来的。如果摩尔热容是一个常量,系统在热力学过程中吸收的热量可表示为

$$Q = \nu C_m (T_2 - T_1) = \nu C_m \Delta T$$

根据比热容和摩尔热容的定义,它们之间有如下关系,即

$$C_m = Mc$$

式中,M 表示气体的摩尔质量。

根据热力学第一定律,以 $dQ = dE + dA$ 代入摩尔热容的定义式,可得

$$C_m = \frac{dE}{\nu dT} + \frac{dA}{\nu dT}$$

其中,第一项代表系统内能改变所需要的热量,第二项代表系统做功所需要的热量。由于系统的内能是状态量,功是过程量,故上式等号右端第一项应与具体过程无关,第二项反映具体过程的特征。例如,对于理想气体的准静态过程,由于理想气体的内能 $E = \nu \frac{i}{2} RT$,故 $dE = \nu \frac{i}{2} R dT$;而 $dA = p dV$,代入上式有

$$C_m = \frac{i}{2} R + \frac{p dV}{\nu dT} \tag{8.7}$$

式(8.7)即为理想气体的摩尔热容的计算公式。在根据式(8.7)计算理想气体的摩尔热容时,第一项是与具体过程无关的,第二项只要知道反映具体过程特征的过程方程即可算出。

8.2 理想气体的几个特殊过程

热力学第一定律确定了系统在状态变化过程中被传递的热量、功和内能之间的相互关系,适用于任何系统的任何热力学过程。作为热力学第一定律的应用,下面就理想气体的几个准静态过程进行讨论。

8.2.1 等体过程——气体的摩尔定体热容

等体过程又称等容过程,过程方程可用 $V = C$ 或 $\frac{p}{T} = C$ 来表示,过程曲线称为等体线。如图 8.5(a)所示,保持容器内活塞的位置不变,而将气缸内气体缓慢加热,使其温度上升,压强逐渐增大,这样的准静态过程是一个等体过程。在 p-V 图中等体线是与 p 轴平行的直线,如图 8.5(b)所示。

显然,等体过程的体积功为零,即

$$A = \int_{V_1}^{V_2} p dV = 0 \tag{8.8}$$

由热力学第一定律可知,在等体过程中,气体吸热全部用于增加内能(或放出的热量

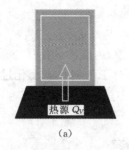
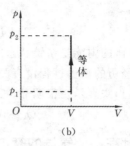

图 8.5

等于内能的减少量),即

$$dQ_V = dE$$

对于有限量变化,则有

$$Q_V = E_2 - E_1 \qquad (8.9)$$

其中,下标 V 表示体积保持不变。

由式(8.9)知,系统在等体过程中吸收的热量只与系统内能的变化量有关,要计算向气体传递的热量,需要用到摩尔热容的概念。同一种气体在不同的过程中,有不同的摩尔热容。最常用的是摩尔定体热容和摩尔定压热容。下面分别讲述怎样由这两种热容计算系统在准静态过程中吸收的热量。

把 1 mol 理想气体在等体过程中,温度升高或降低 1 K 或 1℃时所吸收或放出的热量,称为该物质的摩尔定体热容。我们知道,理想气体的内能 $E = \nu \dfrac{i}{2} RT$,两边取微分得

$$dE = \nu \frac{i}{2} R dT$$

由热力学第一定律的微分形式知,在等体过程中

$$dQ_V = dE$$

所以

$$dQ_V = dE = \nu \frac{i}{2} R dT$$

对于一有限的准静态过程,很容易得到

$$Q_V = E_2 - E_1 = \nu \frac{i}{2} R (T_2 - T_1)$$

再由理想气体摩尔定体热容的定义易得

$$C_{V,m} = \frac{(dQ)_V}{\nu dT} = \frac{i}{2} R \qquad (8.10)$$

式(8.10)即是理想气体的摩尔定体热容的表示形式。

有了摩尔定体热容的定义,就可以把理想气体的内能公式记为

$$E = \nu \frac{i}{2} RT = \nu C_{V,m} T = \frac{i}{2} pV$$

内能的增量记为

$$\Delta E = E_2 - E_1 = \nu C_{V,m}(T_2 - T_1) \tag{8.11}$$

由于理想气体的内能是系统状态的单值函数,内能的变化只与系统的初、末状态有关,与系统所经历的具体过程没有关系,所以对于任何状态变化过程,内能的变化都可以用式(8.11)来表示。很明显,等体过程中热量的变化可记为

$$Q_V = \nu C_{V,m}(T_2 - T_1)$$

8.2.2 等压过程——气体的摩尔定压热容

等压过程又称定压过程,过程方程可用 $p=C$ 或 $\dfrac{V}{T}=C$ 来表示,过程曲线为等压线。在 p-V 图中,等压线是一些与 V 轴平行的直线,如图 8.6(b)所示。如图 8.6(a)所示,当对气缸内的气体缓慢加热时,气缸内气体的温度将稍微升高,气体对活塞的压强较外界将稍有一微小增量,于是活塞将稍稍向上移动,对外做功。由于体积膨胀,压强降低,从而保证气缸内气体在压强保持不变的情况下对外膨胀。这一准静态过程就是一个等压过程。

下面来计算气体的体积增加 dV 时,系统对外所做的功 dA。根据理想气体的物态方程 $pV=\nu RT$ 以及气体做功的定义得

$$dA = pdV = \nu RdT$$

如果系统从状态 $1(V_1, T_1, p)$ 按等压过程到达状态 $2(V_2, T_2, p)$,如图 8.6(b)所示,在此过程中气体对外做功为

$$A = \int_{V_1}^{V_2} pdV = p(V_2 - V_1) = \nu R(T_2 - T_1)$$

由式(8.11)知,系统内能的增量为

$$\Delta E = E_2 - E_1 = \nu C_{V,m}(T_2 - T_1) = \frac{i}{2}p(V_2 - V_1)$$

由热力学第一定律知,系统吸收的热量为

$$\begin{aligned} Q_p &= (E_2 - E_1) + A = \nu C_{V,m}(T_2 - T_1) + \nu R(T_2 - T_1) \\ &= \nu(C_{V,m} + R)(T_2 - T_1) = \left(\frac{i}{2} + 1\right)p(V_2 - V_1) \end{aligned}$$

(a)

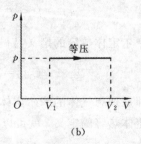

(b)

图 8.6

由上式可知,等压膨胀(压缩)过程中,气体吸收(放出)的热量,一部分对外界(外界对气体)做功,另一部分使系统内能增加(内能减少)。对于无限小的等压过程有

$$dQ = \nu(C_{V,m} + R)dT$$

下面讨论理想气体的摩尔定压热容。

把 1 mol 理想气体在等压过程中,温度升高或降低 1 K 或 1℃时所吸收或放出的热量,称为该物质的摩尔定压热容。摩尔定压热容用 $C_{p,m}$ 来表示,即

$$C_{p,m} = \frac{(dQ)_p}{\nu dT} = \frac{dE + pdV}{\nu dT} = \frac{dE}{\nu dT} + \frac{pdV}{\nu dT}$$

由 $V = \frac{\nu R}{p}T$ 和 $\frac{dE}{dT} = \frac{i}{2}R\nu$ 得

$$C_{p,m} = \frac{i}{2}R + R = C_{V,m} + R \tag{8.12}$$

式(8.12)称为迈耶公式,表示摩尔定压热容和摩尔定体热容的关系。$C_{p,m}$ 比 $C_{V,m}$ 大一个 R 是因为系统在等压过程中,要多吸收一部分热量用来对外做功。这个关系也可以用比热容比 γ 表示,比热容比 γ 定义为摩尔定压热容和摩尔定体热容之比,即

$$\gamma = \frac{C_{p,m}}{C_{V,m}} = 1 + \frac{2}{i} \tag{8.13}$$

无论是摩尔定压热容还是摩尔定体热容,它们的共同特点是体现了使物体温度发生变化的难易程度,比热容大的物体温度升高 1 K 所需要的热量要比比热容小的物体升高同样的温度需要的热量多,它实质上体现了物体温度是否容易改变的一个量度。

8.2.3 等温过程

等温过程就是系统在状态变化过程中,温度保持不变。过程方程可表示为 $T=C$ 或 $pV=C$,过程曲线如图 8.7(b)所示。如图 8.7(a)所示,设想一气缸壁是绝对不导热的,而底部是绝对导热的,使盛有理想气体的这一气缸与一个恒温热源发生接触,当活塞上的外界压强无限缓慢地降低时,气缸内的气体将稍稍膨胀,对外做功,气体的内能将稍稍减小,温度也将随之有所降低。但由于气体与恒温大热源相接触,当气体温度比热源温度略低时,就有少量的热量传给气体,使气体的温度保持不变。这一准静态过程就称为等温过程。

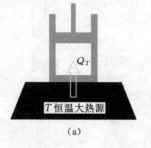

(a)

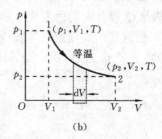

(b)

图 8.7

在等温过程中,系统虽然从外界吸收热量,但系统的温度却保持恒定。由于理想气体的内能只取决于温度,所以等温过程中系统内能的变化为

$$\Delta E = 0$$

由理想气体的物态方程 $pV = \nu RT$,在等温过程中 $p_1 V_1 = p_2 V_2$,则系统对外所做的功为

$$A = \int_{V_1}^{V_2} p \mathrm{d}V = \int_{V_1}^{V_2} \nu \frac{RT}{V} \mathrm{d}V = \nu RT \ln \frac{V_2}{V_1}$$

按照热力学第一定律,在等温过程中气体所吸收的热量完全用于对外界做功,即

$$Q_T = A = \int_{V_1}^{V_2} p \mathrm{d}V = \int_{V_1}^{V_2} \nu \frac{RT}{V} \mathrm{d}V = \nu RT \ln \frac{V_2}{V_1} \tag{8.14}$$

对于等温膨胀过程,系统从外界获得的热量全部用于对外做功;对于等温压缩过程,系统向外界释放的热量全部来自外界对系统所做的功。

由于在等温过程中,温度 T 是不变的,$\mathrm{d}T = 0$,所以该过程的摩尔热容没有实际意义,也可以认为 $C_m = \frac{\mathrm{d}Q}{\nu \mathrm{d}T} = \infty$。

前面通过理想气体的几个准静态的等值过程介绍了热力学第一定律的应用,下面来看几个例题。

例题 8.1 一气缸中储有氮气,质量为 1.25 kg。在标准大气压下缓慢地加热,使温度升高 1 K。试求气体膨胀时所做的功 A、气体内能的增量 ΔE 以及气体所吸收的热量 Q_p(活塞的质量以及它与气缸壁的摩擦均可略去)。

解 由题意知该过程是等压的,所以

$$A = \int_{T_1}^{T_2} \nu R \mathrm{d}T = \nu R(T_2 - T_1) = \frac{1.25}{0.028} \times 8.314 \text{ J} = 371 \text{ J}$$

由摩尔定体热容的定义可知内能的变化可表示为

$$\Delta E = \nu C_{V,m} \Delta T = \frac{1.25}{0.028} \times \frac{5}{2} \times 8.314 \times 1 \text{ J} \approx 927 \text{ J}$$

根据热力学第一定律,气体在这一过程中所吸收的热量为

$$Q_p = \Delta E + A = (371 + 927) \text{ J} = 1298 \text{ J}$$

例题 8.2 20 mol 氧气由状态 1 变化到状态 2 所经历的过程如图 8.8 所示,其中 $p_1 = 5 \times 1.01 \times 10^5$ Pa,$p_2 = 20 \times 1.01 \times 10^5$ Pa,$V_1 = 50$ mL,$V_2 = 10$ mL。(1) 沿 $1 \to a \to 2$ 路径;(2) 沿 $1 \to 2$ 直线,试分别求出这两个过程中的 A 与热量 Q 以及内能的变化 ΔE(把氧分子当成刚性分子看待,把氧气当成理想气体看待)。

解 (1) 对于 $1 \to a$ 过程,由于是等体过程,所以

$$A_{1a} = 0$$

$$Q_{1a} = \nu C_{V,m}(T_a - T_1) = \frac{i}{2} \nu R(T_a - T_1)$$

$$= \frac{i}{2}(p_2 V_1 - p_1 V_1) \approx 1.89 \times 10^5 \text{ J}$$

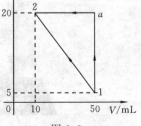

图 8.8

$$\Delta E_{1a} = \nu C_{V,m}(T_a - T_1) = Q_{1a} \approx 1.89 \times 10^5 \text{ J}$$

对于 $a \rightarrow 2$ 过程,

$$A_{a2} = \int_{V_1}^{V_2} p_2 \mathrm{d}V = p_2(V_2 - V_1)$$

$$= 20 \times 1.01 \times 10^5 \times (10-50) \times 10^{-3} \text{ J} \approx -0.81 \times 10^5 \text{ J}$$

$$Q_{a2} = \nu C_{p,m}(T_2 - T_a) = \frac{i+2}{2}\nu R(T_2 - T_a) = \frac{i+2}{2}p_2(V_2 - V_1)$$

$$= \frac{5+2}{2} \times 20 \times 1.01 \times 10^5 \times (10-50) \times 10^{-3} \text{ J} \approx -2.83 \times 10^5 \text{ J}$$

$$\Delta E_{a2} = \nu C_{V,m}(T_2 - T_a) = \frac{i}{2}\nu R(T_2 - T_a) = \frac{i}{2}p_2(V_2 - V_1)$$

$$= \frac{5}{2} \times 20 \times 1.01 \times 10^5 \times (10-50) \times 10^{-3} \approx -2.03 \times 10^5 \text{ J}$$

对整个 $1 \rightarrow a \rightarrow 2$ 过程,

$$A = A_{1a} + A_{a2} = -0.81 \times 10^5 \text{ J} \quad (外界对气体做功)$$

$$Q = Q_{1a} + Q_{a2} = -0.94 \times 10^5 \text{ J} \quad (气体向外界放热)$$

$$\Delta E = \Delta E_{1a} + \Delta E_{a2} = -0.14 \times 10^5 \text{ J} \quad (气体内能减小)$$

(2) 功可以由直线下面的面积求出,由于气体被压缩,是外界对气体做正功,而气体对外界做的功为

$$A = -\frac{p_2 + p_1}{2}(V_1 - V_2) = -\frac{(20+5) \times 1.01 \times 10^5}{2} \times (50-10) \times 10^{-3} \text{ J}$$

$$\approx -0.51 \times 10^5 \text{ J}$$

$$\Delta E = \nu C_{V,m}(T_2 - T_1) = \frac{i}{2}\nu R(T_2 - T_1) = \frac{i}{2}(p_2 V_2 - p_1 V_1)$$

$$= \frac{5}{2} \times (20 \times 10 - 5 \times 50) \times 1.01 \times 10^5 \times 10^{-3} \text{ J} \approx -0.13 \times 10^5 \text{ J}$$

由热力学第一定律得 $Q = \Delta E + A = -0.64 \times 10^5 \text{ J}$,表示气体向外界放热。

例题 8.3 一定量的双原子分子理想气体,经 $pV^2 = C$(常量)的准静态过程,从状态 (p_1, V_1) 变到体积为 V_2 的状态,试求气体在该过程中对外所做的功 A、内能增量 ΔE、吸入的热量 Q 和摩尔热容 C_m。

解 将过程方程 $pV^2 = C$ 改写成

$$pV^2 = p_1 V_1^2 = p_2 V_2^2 = C$$

可得末态气体的压强

$$p_2 = \frac{p_1 V_1^2}{V_2^2}$$

以及压强 p 随体积 V 变化的函数关系

$$p = \frac{C}{V^2}$$

将上式代入功的公式,可得气体在该过程中对外所做的功

$$A = \int_{V_1}^{V_2} p\mathrm{d}V = \int_{V_1}^{V_2} \frac{C\mathrm{d}V}{V^2} = \frac{C}{V_1} - \frac{C}{V_2} = p_1V_1 - p_2V_2$$

其中,p_2 已经在前面计算出了。双原子理想气体分子的自由度 $i=5$,故内能增量

$$\Delta E = \frac{5}{2}(p_2V_2 - p_1V_1)$$

由热力学第一定律,可得气体吸入的热量

$$Q = \Delta E + A = \frac{3}{2}(p_2V_2 - p_1V_1)$$

为了求出该过程的摩尔热容,可由 $p_1V_1 = \nu R T_1$,$p_2V_2 = \nu R T_2$ 得到过程中的温度变化为

$$T_2 - T_1 = \frac{1}{\nu R}(p_2V_2 - p_1V_1)$$

则过程的摩尔热容为

$$C_\mathrm{m} = \frac{Q}{\nu(T_2 - T_1)} = \frac{3}{2}R$$

摩尔热容也可以用基本公式计算,例如

$$C_\mathrm{m} = \frac{i}{2}R + \frac{p\mathrm{d}V}{\nu\mathrm{d}T} = \frac{5}{2}R + \frac{p\mathrm{d}V}{\nu\mathrm{d}\left(\frac{pV}{\nu R}\right)} = \frac{3}{2}R$$

8.2.4 绝热过程

1. 理想气体绝热过程的规律

如果在整个过程中,系统与外界没有热量的交换,这种过程称为绝热过程。绝热过程的特征是 $\mathrm{d}Q=0$。实际上,绝对的绝热过程是不存在的,但在有些过程的进行中,系统与外界虽有热量的交换,但所传递的热量很少,可以略去,这种过程可以近似地看做绝热过程。例如,用隔能壁(绝热壁)做容器实现近似的绝热过程。快速进行的过程也近似于绝热过程,例如,蒸气机、内燃机气缸内的气体经历急速的压缩和膨胀,空气中声音的传播引起局部膨胀和压缩过程都可以近似地当成绝热过程。但这类绝热过程不是准静态过程,而是非静态的绝热过程。本章研究的是准静态的绝热过程。

如图 8.9(a)所示,在一密闭气缸中储有理想气体,气缸壁是用绝热材料做成的,活塞和缸壁间的摩擦略去不计。当系统经历一准静态的绝热过程,从状态 $1(p_1,V_1,T_1)$ 到状态 $2(p_2,V_2,T_2)$,如图 8.9(b)所示。

根据热力学第一定律,有

$$\mathrm{d}Q = \mathrm{d}E + p\mathrm{d}V$$

由于绝热过程中

$$\mathrm{d}Q = 0$$

故

$$p\mathrm{d}V = -\mathrm{d}E \tag{8.15}$$

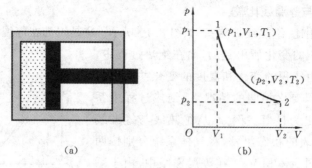

图 8.9

这说明绝热过程中,系统只有消耗内能才能对外做功,而外界对系统做功,使系统内能增加。

2. 绝热方程的推导

下面给出绝热方程的推导过程。对于绝热过程中状态的任一微小变化,系统内能的改变可以表示为

$$dE = \nu C_{V,m} dT$$

又由式(8.15)得

$$p dV = -\nu C_{V,m} dT \tag{8.16}$$

对理想气体物态方程 $pV = \nu RT$ 两边取微分,得

$$p dV + V dp = \nu R dT \tag{8.17}$$

将式(8.16)和式(8.17)联立,消去 dT,得

$$(C_{V,m} + R) p dV = -C_{V,m} V dp$$

由 $R = C_{p,m} - C_{V,m}$,上式可表示为

$$C_{V,m} V dp + C_{p,m} p dV = 0$$

因

$$\gamma = \frac{C_{p,m}}{C_{V,m}}$$

故

$$\frac{dp}{p} + \gamma \frac{dV}{V} = 0 \tag{8.18}$$

对式(8.18)两端积分,得

$$\gamma \ln V + \ln p = C$$

或

$$pV^{\gamma} = 常量 \tag{8.19}$$

这个关系式称为泊松公式。在 p-V 图上可以根据泊松公式描绘出绝热过程所对应的曲线,此曲线称为绝热线,泊松公式就是绝热线方程,它给出了绝热过程中 p 与 V 的关系式。根据泊松公式和理想气体物态方程 $pV = \nu RT$,可以分别得到绝热过程中体积 V 与温度 T、压强 p 与温度 T 的关系如下

$$\begin{cases} V^{\gamma-1} T = 恒量 \\ p^{\gamma-1} T^{-\gamma} = 恒量 \end{cases} \tag{8.20}$$

3. 绝热线与等温线比较

与等温线相比,绝热线更陡些,如图 8.10 所示。这是因为在等温过程中,压强的变化仅是由体积的变化所引起的,而在绝热过程中,压强的变化是由体积的变化和温度的变化共同引起的。所以在体积变化相同的情况下,绝热过程中系统压强的变化更为显著。例如,从绝热线与等温线的交点 A 所代表的状态出发,将气体系统分别按两种过程膨胀到同一体积 V_0。在等温膨胀中,由于系统体积增大,压强降低至 p';在绝热膨胀中,不仅由于体积膨胀使压强降低,而且系统的温度也同时降低,从而使系统的压强进一步降低。

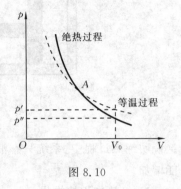

图 8.10

下面定量观察绝热线与等温线在 A 处的斜率。等温过程曲线在 A 处的斜率

$$pV=C$$

将上式两边微分

$$p\mathrm{d}V+V\mathrm{d}p=0$$

整理得

$$\left(\frac{\mathrm{d}p}{\mathrm{d}V}\right)_T=-\frac{p_A}{V_A}$$

绝热过程曲线在 A 处的斜率

$$pV^\gamma=C$$

两边微分得

$$p\gamma V^{\gamma-1}\mathrm{d}V+V^\gamma \mathrm{d}p=0$$

整理得

$$\left(\frac{\mathrm{d}p}{\mathrm{d}V}\right)_Q=-\gamma\frac{p_A}{V_A}$$

即

$$\left(\frac{\mathrm{d}p}{\mathrm{d}V}\right)_Q=\gamma\left(\frac{\mathrm{d}p}{\mathrm{d}V}\right)_T$$

而一般情况下 $\gamma>1$,所以

$$\left|\left(\frac{\mathrm{d}p}{\mathrm{d}V}\right)_Q\right|_A>\left|\left(\frac{\mathrm{d}p}{\mathrm{d}V}\right)_T\right|_A$$

所以说绝热线比等温线陡。

注意 以上的分析和所得结论,只适用于准静态的绝热过程,不适用于非静态过程进行的绝热过程。

*4. 绝热自由膨胀(非静态绝热过程)

绝热自由膨胀过程是非静态的绝热过程,如图 8.11 所示。因为是非静态过程,所以 $pV^\gamma=C$ 不适用。因为是绝热的自由膨胀,所以 $Q=0,A=0$。由热力学第一定律得 $\Delta E=0$,系统内能不变。对于理想气体来说,内能只与系统的温度有关,所以理想气体经绝热自由膨胀后温度不变,即 $T_1=T_2$。请大家想一想,能不能由此判断绝热自由膨胀过程是等温过程呢?

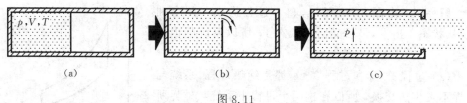

图 8.11

(a) 平衡态； (b) 非平衡态； (c) 平衡态

*8.2.5 多方过程

理想气体的实际过程,常常既不是等温又不是绝热的,而是介于两者之间的多方过程,它的过程方程为

$$pV^m = C$$

式中,m 为常量,称为多方指数。凡是满足上式的过程,就称为多方过程。显然,当 $m=1$ 时,上式表示等温过程;当 $m=\gamma$ 时,上式表示绝热过程。等压过程($m=0$)和等体过程($m=+\infty$)也可看做为多方过程的特例。一般情况下 $1<m<\gamma$,多方过程可近似代表气体内进行的实际过程。

例题 8.4 温度为 25℃,压强为 1 atm 的 1 mol 刚性双原子分子理想气体经等温过程体积膨胀至原来的 3 倍,如图 8.12 所示。

(1) 求该过程中气体对外界所做的功；

(2) 若气体经绝热过程体积膨胀至原来的 3 倍,求气体对外界所做的功。

解 (1) 由等温过程可得

$$A = \int_{V_1}^{V_2} p dV = \int_{V_1}^{V_2} \nu RT \frac{dV}{V} = \nu RT \ln \frac{V_2}{V_1}$$

$$= 1 \times 8.314 \times 298 \times \ln \frac{3V}{V} \text{ J}$$

$$\approx 2.72 \times 10^3 \text{ J}$$

(2) 根据绝热过程方程,有

$$T_2 = T_1 (V_1/V_2)^{\gamma-1} \approx 192 \text{ K}$$

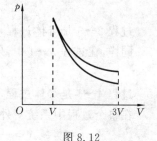

图 8.12

将热力学第一定律应用于绝热过程方程中,有

$$\Delta E = \nu C_{V,m}(T_2 - T_1) \approx -2.2 \times 10^3 \text{ J}$$

$$A = -\Delta E = 2.2 \times 10^3 \text{ J}$$

例题 8.5 一个理想气体系统由状态 $1(T_1)$ 经绝热过程到达状态 $2(T_2)$,由状态 2 经等体过程到达状态 $3(T_3)$,又由状态 3 经绝热过程到达状态 $4(T_4)$,最后由等体过程回到状态 1,如图 8.13 所示。求：

(1) 系统内能的变化；

(2) 系统在整个过程中吸收和放出的热量；

(3) 系统对外界做的净功。

解 (1) 由图 8.13 可见,整个过程构成一闭合曲线,从状态 1 出发,最后又回到状态 1,所以系统的内能不变。

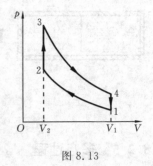

图 8.13

(2) 过程 1→2 和过程 3→4 都是绝热过程,系统与外界不发生热交换,所以在这两个过程中系统与外界所交换的热量为零。过程 2→3 是等体过程,系统的体积不变,不做功,根据热力学第一定律,系统从外界吸收的热量 Q_1 全部用于内能的增加,因而系统的温度升高,压强增大,故有

$$Q_1 = E_3 - E_2 = \nu C_{V,m}(T_3 - T_2)$$

所以在整个过程中系统吸收的热量为

$$Q_1 = \nu C_{V,m}(T_3 - T_2)$$

过程 4→1 也是等体过程,不做功,向外界释放的热量 Q_2 是以内能的降低为代价的,所以系统温度降低,压强减小,故有

$$Q_2 = E_1 - E_4 = \nu C_{V,m}(T_1 - T_4)$$

所以在整个过程中系统放出的热量为

$$Q_2 = \nu C_{V,m}(T_1 - T_4)$$

(3) 过程 1→2 是绝热压缩过程,根据热力学第一定律,外界对系统所做的功 A_1 就等于系统内能的增加,因此

$$A_1 = E_2 - E_1 = \nu C_{V,m}(T_2 - T_1)$$

过程 2→3 是等体过程,所以外界对系统所做的功为零。

同样,在过程 3→4 中,外界对系统所做的功 A_2 为

$$A_2 = E_4 - E_3 = \nu C_{V,m}(T_4 - T_3)$$

过程 4→1 是等体过程,所以外界对系统所做的功为零。

在整个过程中系统对外界所做的功为

$$-A = -(A_1 + A_2) = \nu C_{V,m}(T_1 + T_3 - T_2 - T_4)$$

例题 8.6 如图 8.14 所示,一容器被一可移动、无摩擦且绝热的活塞分割成Ⅰ、Ⅱ两部分,活塞不漏气。容器左端封闭且导热,其他部分绝热。开始时在Ⅰ、Ⅱ中各有温度为 0℃,压强为 1.01×10^5 Pa 的刚性双原子分子的理想气体,Ⅰ、Ⅱ两部分的容积均为 36 L。现从容器左端缓慢对Ⅰ中气体加热,使活塞缓慢地向右移动,直到Ⅱ中气体的体积变为 18 L 为止。求:

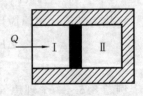

图 8.14

(1) Ⅰ中气体末态的压强和温度;

(2) 外界传给Ⅰ中气体的热量。

解 (1) 设Ⅰ、Ⅱ中气体末态的压强、体积和温度分别为 p_1、V_1、T_1 和 p_2、V_2、

T_2，Ⅱ中气体经历的是绝热过程，故

$$p_0V_0^\gamma = p_2V_2^\gamma$$

由刚性双原子分子理想气体

$$\gamma = \frac{i+2}{i} = \frac{7}{5} = 1.4$$

得

$$p_2 = p_0\left(\frac{V_0}{V_2}\right)^\gamma \approx 2.67 \times 10^5 \text{ Pa}$$

因为是平衡过程，所以 $p_1 = p_2 = 2.67 \times 10^5$ Pa，又

$$V_1 = V_0 + \frac{1}{2}V_0 = 54 \text{ L}$$

根据理想气体物态方程得

$$T_1 = \frac{p_1V_1T_0}{p_0V_0} \approx 1.082 \times 10^3 \text{ K}$$

(2) Ⅰ中气体内能的增量

$$\Delta E_1 = \nu C_{V,m}(T_1 - T_0) = \nu \frac{i}{2}R(T_1 - T_0) = \frac{i}{2}(p_1V_1 - p_0V_0) = \frac{5}{2}(p_1V_1 - p_0V_0)$$

$$= \frac{5}{2} \times (2.67 \times 10^5 \times 54 \times 10^{-3} - 1.01 \times 10^5 \times 36 \times 10^{-3}) \text{ J} \approx 2.70 \times 10^4 \text{ J}$$

Ⅱ中气体进行的是绝热过程，在此过程中系统内能的增量等于Ⅰ中气体对它所做的功，即

$$A_1 = \Delta E_2 = \frac{5}{2}(p_2V_2 - p_0V_0)$$

$$= \frac{5}{2} \times (2.67 \times 10^5 \times 18 \times 10^{-3} - 1.01 \times 10^5 \times 36 \times 10^{-3}) \text{ J} = 2.93 \times 10^3 \text{ J}$$

其中，ΔE_2 为Ⅱ中气体内能的增量。根据热力学第一定律，Ⅰ中气体吸收的热量为

$$Q_1 = A_1 + \Delta E_1 \approx 2.99 \times 10^4 \text{ J}$$

例题 8.7 高压容器中含有未知气体，可能是氮气或氩气。在 298 K 时取出试样，从 5×10^{-3} m³ 绝热膨胀到 6×10^{-3} m³，温度降到 277 K。试判断容器中是什么气体？

解 因为 $T_1 = 298$ K, $V_1 = 5 \times 10^{-3}$ m³, $T_2 = 277$ K, $V_2 = 6 \times 10^{-3}$ m³，所以由绝热方程得

$$T_1V_1^{\gamma-1} = T_2V_2^{\gamma-1}$$

可得

$$\frac{T_1}{T_2} = \left(\frac{V_2}{V_1}\right)^{\gamma-1}$$

代入已知数据，得

$$\frac{298}{277} = \left(\frac{6 \times 10^{-3}}{5 \times 10^{-3}}\right)^{\gamma-1}$$

得

$$\ln 1.076 = (\gamma-1)\ln 1.2, \quad \gamma = 1.4, \quad i = 5$$

所以该气体为双原子气体，也就是说该气体为氮气。

8.3 循环过程 卡诺循环

8.3.1 循环过程

系统经历一系列变化后又回到初始状态,这样周而复始的变化过程称为热力学循环过程,简称循环。构成系统的物质称为工作物质。显然,在经历一个循环后系统又回到原来的状态,内能的变化量 $\Delta E=0$,这是循环过程的重要特征。若循环的每一阶段都是准静态过程,则此循环可用 p-V 图上的一条闭合曲线表示,如图 8.15 所示。

若循环是沿顺时针方向进行的,称为正循环;若循环是沿逆时针方向进行的,称为逆循环。注意,在本节的讨论中,按照通常的做法,在用 A 和 Q 分别表示功和热量时,均指其数值的大小。

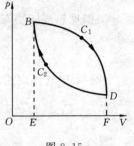

图 8.15

下面以正循环为例来分析正循环过程中能量的转换情况。

如图 8.15 所示,系统由状态 B 出发,沿过程 BC_1D 到达状态 D,在这个膨胀过程中,系统对外界做功 A_1,显然 A_1 等于 BC_1DFEB 的面积。系统由状态 D 出发,沿过程 DC_2B 回到状态 B,在这个压缩过程中,外界对系统做功 A_2,A_2 等于 DC_2BEFD 的面积。所以,完成一个正循环,系统对外界做的功

$$A=A_1-A_2 \tag{8.21}$$

A 必定等于闭合曲线 BC_1DC_2B 所包围的面积。系统在完成一个正循环回到原状态时,内能不变。而系统从外界吸收的热量 Q_1 必定大于释放的热量 Q_2,根据热力学第一定律,两者之差 Q_1-Q_2 就等于系统对外界所做的功 A。所以说,系统在正循环中从高温热源吸收热量,对外界做功,同时还必须向低温热源释放热量。系统对外界所做的功等于系统吸收的热量与释放的热量之差,即

$$Q=Q_1-Q_2, \quad Q=A>0$$

正循环的总效果相当于从高温热源吸收热量,对外做功。

在实际应用中,往往要求工作物质能连续不断地把热量转变为功,能满足这一要求的装置称为热机。正循环所表示的能量转换关系就反映了热机能量转换的基本过程。

下面再看一下逆循环中能量的转换情况。将图 8.15 中的箭头反向,就表示逆循环的方向。在逆循环中热量的传递和做功的方向都与正循环中的相反,所以在逆循环中系统从低温热源吸热 Q_2,向高温热源放热 Q_1,外界对系统做功为 A。完成一个逆循环,外界对系统做的净功为 $A=Q_1-Q_2$。正因为外界不断对系统做功,才能把热量不断地从低温热源送到高温热源,达到制冷的目的,这就是制冷机的工作原理。

8.3.2 热机 制冷机与热泵

1. 热机

热机是用热来做功的机器,也就是工作物质做正循环的机器。例如,蒸汽机、内燃机、汽轮机等都是热机。下面进一步了解热机的工作原理。

如图 8.16 所示,水泵 B 将水池 A 中的水压入锅炉 C,水在锅炉内被加热而变为高温高压蒸汽,这是一个吸热而使内能增加的过程。蒸汽被传送入气缸 D 中,并在气缸内膨胀,推动活塞对外做功,同时蒸汽的内能减少。这一过程通过做功使内能转化为机械能。最后蒸汽变为废气被送入冷凝器 E 中,经冷却放热而凝结为水,再经水泵 F 送回水池 A 中,如此循环不息地进行。其结果是工作物质从高温热源吸收热量以增加其内能,然后部分内能通过做功转化为机械能,另一部分内能在低温的冷凝器中通过放热而传到外界。经过这一系列过程,工作物质又回到原来状态。这一过程可用图 8.17 简单地表示为:系统从高温热源吸收热量 Q_1,一部分用来对外做功 A,一部分用来向低温热源放出热量 Q_2。

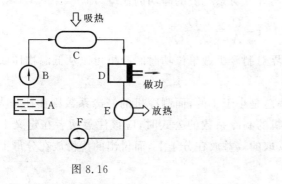

图 8.16

图 8.17

反映热机最重要性能的物理量就是热机的效率。热机效率在理论和实践上都是很重要的,热机效率定义为:在一次循环中工作物质对外做的净功与它从高温热源吸收热量的比率,即

$$\eta = \frac{A}{Q_1} = \frac{Q_1 - Q_2}{Q_1} = 1 - \frac{Q_2}{Q_1} \tag{8.22}$$

热机的效率表示热机从外界吸收来的热量有多少被转化为有用的功。

2. 制冷机

工作物质连续不断地做功以获得低温的装置,称为制冷机,也就是工作物质做逆循环的机器,如冰箱、制冷空调等。下面进一步了解制冷机的工作原理。

如图 8.18 所示,工作物质在压缩机 A 内被急速压缩成高温高压气体,送入蛇形管冷凝器,由周围空气或冷水冷却,而使气体在高压下凝结成液体。液体经过节流阀的小口通道后,降温降压并部分汽化,再进入蛇形管蒸发器,液体从冷库吸热而使冷库降温,自身则变为蒸汽被吸入压缩机。如此重复循环,起到制冷作用。这一过程可用图 8.19

简单地表示为,从低温热源吸收热量 Q_2,外界做功 A',向高温热源放出热量 Q_1。

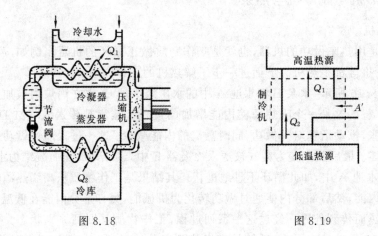

图 8.18   图 8.19

反映制冷机性能的最重要物理量是其制冷系数。制冷系数定义为,在一次循环中系统从低温热源吸收的热量与外界对系统做的净功的比率,即

$$\varepsilon = \frac{Q_2}{A'} = \frac{Q_2}{Q_1 - Q_2} \tag{8.23}$$

制冷机的制冷系数表示外界对制冷机做单位功时制冷机可以从低温物体取走多少热量。

需要注意的是,热机的效率总是小于 1 的,而制冷机的制冷系数则往往是大于 1 的。在掌握热机的效率和制冷机的制冷系数的公式时,应该注意两者在定义上有一个共同点,那就是都把人们所获取的效益放在分子上,而付出的代价放在分母上!

*3. 热泵

热泵是制冷机的一种巧妙的应用。我们注意到,制冷机的制冷系数是完全可以大于 1 的。假设制冷系数为 5,则外界对系统做 1 J 的功就可以从低温热源吸收 5 J 的热量,那么向高温热源放出的热量就是 6 J。因此,如果我们将制冷机反过来应用于制热(如取暖),使用 1 J 的电能就可以在其高温热源获得 6 J 的热能。这时的制冷机就成为热泵。单冷空调在夏天使用时制冷,它是制冷机;在冬天我们可以将空调调换安装(即将散热装置安装在室内),它就是一个热泵了!

循环过程的理论阐述了热机和制冷机的工作原理,同时也为我们指明了计算热机效率和制冷机制冷系数的方法。通过对大学物理的学习,要求大家掌握这两个物理量的计算方法。下面通过一些例题的介绍来帮助大家掌握这些方法。

例题 8.8 一定量的某单原子理想气体,经历如图 8.20 所示的循环,其中 AB 为等温线。已知 $V_A = 3.00$ L,$V_B = 6.00$ L,求热机效率。

解 图 8.20 所示循环由 3 个分过程组成。

$A \rightarrow B$ 为等温膨胀过程,

$$Q_{AB} = \nu R T_A \ln\frac{V_B}{V_A} = \nu R T_A \ln 2 > 0, 吸收热量;$$

$B \to C$ 为等压压缩降温过程,

$$Q_{BC} = \nu C_{p,m}(T_C - T_B) < 0, 放出热量;$$

$C \to A$ 为等体增压升温过程,

$$Q_{CA} = \nu C_{V,m}(T_A - T_C) > 0, 吸收热量.$$

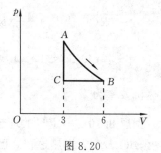

图 8.20

因此,在所讨论的循环中,系统从高温热源吸热

$$Q_1 = Q_{AB} + Q_{CA} = \nu R T_A \ln 2 + \nu C_{V,m}(T_A - T_C)$$

向低温热源放热

$$Q_2 = Q_{BC} = \nu C_{p,m}(T_C - T_B)$$

所以

$$\eta = 1 - \frac{|Q_2|}{Q_1} = 1 - \frac{\nu C_{p,m}(T_B - T_C)}{\nu R T_A \ln 2 + \nu C_{V,m}(T_A - T_C)}$$

又因为

$$C_{p,m} = \frac{5}{2}R, \quad C_{V,m} = \frac{3}{2}R, \quad \frac{V_B}{T_B} = \frac{V_C}{T_C}, \quad V_C = V_A, \quad T_B = T_A$$

即

$$T_C = T_B \frac{V_C}{V_B} = \frac{1}{2}T_B = \frac{1}{2}T_A$$

故热机效率为

$$\eta = 1 - \frac{\frac{5}{2}R \cdot \frac{1}{2}T_A}{R T_A \ln 2 + \frac{3}{2}R \cdot \frac{1}{2}T_A} = 1 - \frac{5}{4\ln 2 + 3} \approx 13.4\%$$

例题 8.9 一定量的理想气体氦,经历如图 8.21 所示的循环,求热机效率.

解 题中的热机循环由两个等压过程和两个等体过程组成。其中,AB 等压膨胀和 DA 等体增压为吸热过程,BC 等体降压和 CD 等压压缩为放热过程。由于循环过程中系统对外所做的净功 A,在本题中很容易用 p-V 图中循环曲线所包围的矩形面积计算,故在计算热机效率时,采用 $\eta = \frac{A}{Q_1}$ 的定义式。由图 8.21 知,一次循环过程的净功

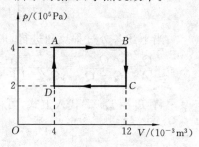

图 8.21

$$A = (V_B - V_A)(p_A - p_D) = 8 \times 2 \text{ J} = 16 \text{ J}$$

从高温热源吸入的总热量

$$Q_1 = Q_{AB} + Q_{DA}$$
$$= \nu C_{p,m}(T_B - T_A) + \nu C_{V,m}(T_A - T_D)$$

$$= \frac{5}{2}\nu R(T_B - T_A) + \frac{3}{2}\nu R(T_A - T_D) = \frac{5}{2}(p_B V_B - p_A V_A) + \frac{3}{2}(p_A V_A - p_D V_D)$$

$$= \frac{5}{2} \times (4 \times 12 - 4 \times 4) + \frac{3}{2} \times (4 \times 4 - 2 \times 4) = 92 \text{ J}$$

故热机效率为
$$\eta = \frac{A}{Q_1} = \frac{16}{92} \approx 17.4\%$$

例题 8.10 一定量的理想气体，经历图 8.22 所示的循环过程，AB、CD 是等压过程，BC、DA 为绝热过程。已知 $T_C = 300$ K，$T_B = 400$ K，求热机效率。若循环沿逆方向进行，求制冷系数。

解 该循环中只有 AB 等压膨胀过程吸热和 CD 等压压缩过程放热。

$$Q_1 = Q_{AB} = \nu C_{p,m}(T_B - T_A)$$
$$Q_2 = |Q_{CD}| = \nu C_{p,m}(T_C - T_D)$$

故热机效率
$$\eta = 1 - \frac{Q_2}{Q_1} = 1 - \frac{T_C - T_D}{T_B - T_A}$$

因 A、D 和 B、C 分别由两条绝热线连接，由绝热方程 $p^{\gamma-1}T^{-\gamma} = $ 常量，有

$$p_A^{\gamma-1} T_A^{-\gamma} = p_D^{\gamma-1} T_D^{-\gamma}$$
$$p_B^{\gamma-1} T_B^{-\gamma} = p_C^{\gamma-1} T_C^{-\gamma}$$

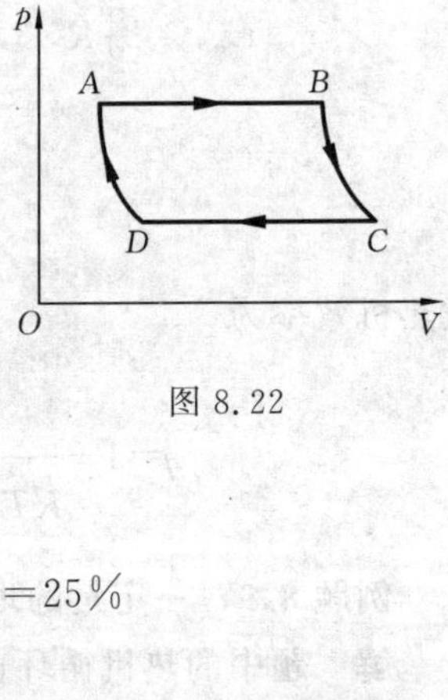

两式相除，并注意到 $p_A = p_B$，$p_D = p_C$，可得

$$\left(\frac{T_A}{T_B}\right)^{-\gamma} = \left(\frac{T_D}{T_C}\right)^{-\gamma}$$

$$T_D = T_C \frac{T_A}{T_B}$$

图 8.22

将它代入热机效率的表达式，即得

$$\eta = 1 - \frac{T_C\left(1 - \frac{T_A}{T_B}\right)}{T_B\left(1 - \frac{T_A}{T_B}\right)} = 1 - \frac{T_C}{T_B} = 1 - \frac{300}{400} = 25\%$$

当上述各分过程反向进行，形成制冷循环时，制冷系数

$$\varepsilon = \frac{Q_2}{A} = \frac{Q_2}{Q_1 - Q_2} = \frac{\nu C_{p,m}(T_C - T_D)}{\nu C_{p,m}(T_B - T_A) - \nu C_{p,m}(T_C - T_D)} = \frac{T_C - T_D}{(T_B - T_A) - (T_C - T_D)}$$

将 $T_D = T_C \frac{T_A}{T_B}$ 代入上式，可得

$$\varepsilon = \frac{T_C}{T_B - T_C} = \frac{300}{400 - 300} = 3$$

8.3.3 卡诺循环

18 世纪末至 19 世纪初，蒸汽机的效率非常低，一般只能达到 5% 左右。为了提高其热效率，许多人认识到，除了对结构进行改进（如减少漏热、漏气、摩擦等）外，还必须从理论上进行研究。法国工程师卡诺就是其中的杰出代表。卡诺对热机最大可

能效率的研究为热力学第二定律的确立起了奠基性的作用。

卡诺循环是一种理想化的模型,它是在两个温度恒定的热源(一个是高温热源,一个是低温热源)之间工作的循环过程。在整个循环中,工作物质只与高温热源或低温热源交换能量,没有散热、漏气等因素存在。我们研究的是由准静态过程组成的卡诺循环。因为是准静态过程,所以在工作物质与高温热源 T_1 接触的过程中,基本上没有温度差,也就是说工作物质与高温热源接触而吸热的过程基本上是一个温度为 T_1 的等温膨胀过程。同样,与温度为 T_2 的低温热源接触而放热的过程是一个温度为 T_2 的等温压缩过程。因为工作物质只与两个热源交换能量,所以当工作物质脱离两热源时所进行的过程,必然是绝热的准静态过程。因此,卡诺循环是由两个等温的准静态过程和两个绝热的准静态过程组成的循环。根据循环过程进行方向的不同,卡诺循环可分为两类:正循环(卡诺热机)、逆循环(卡诺制冷机)。

下面计算卡诺热机的循环效率。

如图 8.23 所示。1→2 和 3→4 是两条温度分别为 T_1 和 T_2 的等温线,在这两个过程中,系统将分别与温度为 T_1 的高温热源和温度为 T_2 的低温热源接触,并传递热量。2→3 和 4→1 是两条绝热线,在这两个过程中,系统不与任何热源接触。

设气体在 1→2 等温膨胀过程中,从高温热源吸热 Q_1,则

$$Q_1 = \nu R T_1 \ln \frac{V_2}{V_1} \tag{8.24}$$

气体在 3→4 等温压缩过程中,向低温热源放热 Q_2,则

$$Q_2 = \nu R T_2 \ln \frac{V_3}{V_4} \tag{8.25}$$

因为 2→3 及 4→1 的过程都是绝热过程,系统与外界没有热量交换。根据绝热方程

$$T_1 V_2^{\gamma-1} = T_2 V_3^{\gamma-1}, \quad T_1 V_1^{\gamma-1} = T_2 V_4^{\gamma-1}$$

得

$$\frac{V_2}{V_1} = \frac{V_3}{V_4}$$

将式(8.24)、式(8.25)及各态的体积关系代入式(8.22)得

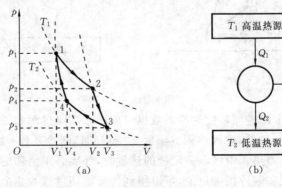

图 8.23

$$\eta = 1 - \frac{Q_2}{Q_1} = 1 - \frac{T_2}{T_1} \tag{8.26}$$

从以上的讨论中可以看出：

（1）要完成一次卡诺循环，必须有高温和低温两个热源；

（2）卡诺热机的效率只由高温热源和低温热源的温度决定，高温热源的温度越高，低温热源的温度越低，则卡诺循环效率越高；

（3）高温热源的温度不可能无限制地提高，低温热源的温度也不可能达到绝对零度，因而热机的效率总是小于 1 的，即不可能把从高温热源所吸收的热量全部用来对外界做功。

热机的效率不可能达到 1，最大可能效率是多少呢？有关这些问题的研究促成了热力学第二定律的建立。在技术上，由于工作物质不可能是理想气体，整个过程不可能是理想的、准静态的，以及其他条件的限制，使得系统的效率在实际和理论上又有一定差距，例如，蒸汽机在 $T_1 = 230\ ℃$，$T_2 = 30\ ℃$ 时，理论上 $\eta = 40\%$，实际上 $\eta = 12\% \sim 15\%$。内燃机在 $T_1 = 2\ 273\ \text{K}$，$T_2 = 30\ \text{K}$ 时，理论上 $\eta = 86.8\%$，实际上 $\eta = 32\% \sim 40\%$。

下面看卡诺逆循环的效率。

卡诺逆循环反映了制冷机的工作原理，图 8.24 为理想气体卡诺逆循环的 p-V 图，系统从状态 1 出发，沿着闭合曲线 14321 循环一周。外界对系统做功 A，系统从低温热源吸取热量 Q_2，同时向高温热源释放热量 Q_1。根据式(8.23)，卡诺逆循环的制冷系数可表示为

$$\varepsilon = \frac{Q_2}{A} = \frac{Q_2}{Q_1 - Q_2} = \frac{T_2}{T_1 - T_2} \tag{8.27}$$

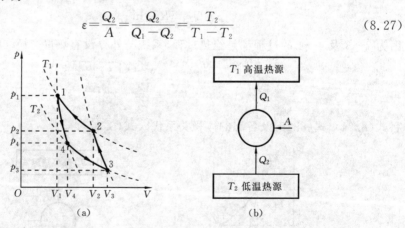

图 8.24

式(8.27)表明，卡诺逆循环的制冷系数也只取决于高温热源和低温热源的温度。当低温热源的温度 T_2 越低，高温热源的温度 T_1 越高时，制冷系数 ε 越小。这意味着系统从温度较低的低温热源中吸取一定量的热量时，外界必须消耗更多的功。

总结以上对热机和制冷机的讨论，可以得到处理循环过程的几个步骤：

（1）循环过程的特点是 $\mathrm{d}E = 0$，所以主要是计算吸热 Q_1 和放热 Q_2，更重要的是

要弄清哪个过程吸热,哪个过程放热;

(2) 计算 Q_1 和 Q_2;

(3) 利用热力学第一定律并结合理想气体物态方程将各个参量联系起来;

(4) 利用公式 $\eta=1-\dfrac{Q_2}{Q_1}=1-\dfrac{T_2}{T_1}$ 或 $\varepsilon=\dfrac{Q_2}{A}=\dfrac{Q_2}{Q_1-Q_2}=\dfrac{T_2}{T_1-T_2}$ 计算循环效率或制冷系数。

例题 8.11 一台电冰箱放在室温为 20℃ 的房间里,冰箱储藏柜中的温度维持在 5℃。现每天有 2.0×10^7 J 的热量自房间传入冰箱内,若要维持冰箱内温度不变,外界每天需做多少功,其功率为多少? 设在 5℃ 至 20℃ 之间运转的制冷机(冰箱)的制冷系数是卡诺制冷机制冷系数的 55%。

解 工作在高温热源 $T_1=293$ K 和低温热源 $T_2=278$ K 之间的卡诺制冷机的制冷系数

$$\varepsilon_卡=\frac{T_2}{T_1-T_2}=\frac{278}{15}\approx 18.53$$

该热机实际的制冷系数

$$\varepsilon=\varepsilon_卡\times 55\%=\frac{T_2}{T_1-T_2}\times\frac{55}{100}\approx 10.2$$

由制冷机制冷系数的定义 $\varepsilon=\dfrac{Q_2}{A}$ 得

$$A=\frac{Q_2}{\varepsilon}$$

房间传入冰箱的热量 $Q'=2.0\times10^7$ J,热平衡时 $Q_2=Q'=2.0\times10^7$ J。

保持冰箱在 5℃ 至 20℃ 之间运转,每天需做功

$$A=\frac{Q_2}{\varepsilon}=\frac{2.0\times10^7}{10.2}\text{ J}\approx 0.2\times 10^7\text{ J}$$

功率

$$P=\frac{A}{t}=\frac{0.2\times10^7}{24\times 3\ 600}\text{ W}\approx 23\text{ W}$$

例题 8.12 一卡诺热机(可逆的),当高温热源的温度为 127℃,低温热源温度为 27℃ 时,它每次循环对外做净功 8 000 J,今维持低温热源的温度不变,提高高温热源的温度,使其每次循环对外做净功 10 000 J。若两个卡诺循环都工作在相同的两条绝热线之间,试求:

(1) 第二个循环热机的效率;

(2) 第二个循环的高温热源的温度。

解 (1) 由

$$\eta=\frac{A}{Q_1}=\frac{Q_1-Q_2}{Q_1}=\frac{T_1-T_2}{T_1}$$

有

$$Q_1=A\frac{T_1}{T_1-T_2}\quad\text{和}\quad\frac{Q_2}{Q_1}=\frac{T_2}{T_1}$$

所以

$$Q_2=\frac{T_2 Q_1}{T_1}$$

即 $$Q_2=\frac{T_2}{T_1}\cdot\frac{T_1}{T_1-T_2}A=\frac{T_2}{T_1-T_2}A=\frac{300}{400-300}\times 8\ 000\ \text{J}=24\ 000\ \text{J}$$

依题意知,第二个循环和第一个循环工作在相同的两条绝热线之间,所以两次循环向低温热源放出的热量是相同的,则第二个循环所吸收的热量

$$Q'_1=A'+Q'_2=A'+Q_2$$

第二循环热机的效率

$$\eta'=\frac{A'}{Q'_1}=\frac{A'}{A'+Q_2}=\frac{10\ 000}{10\ 000+24\ 000}\approx 29.4\ \%$$

(2) 第二个循环热机高温热源的温度由热机效率公式 $\eta=\frac{T_1-T_2}{T_1}$ 得

$$T'_1=\frac{T_2}{1-\eta'}=\frac{300}{1-0.294}\ \text{K}\approx 425\ \text{K}$$

例题 8.13 质量为 4.0×10^{-3} kg 的 He 气经过的循环如图 8.25 所示,图中三条虚线均为等温线,且 $T_a=300$ K,$T_c=833$ K,问:

(1) 中间等温线对应温度为多少?

(2) 经过循环气体对外做多少功?

(3) 循环效率为多少?

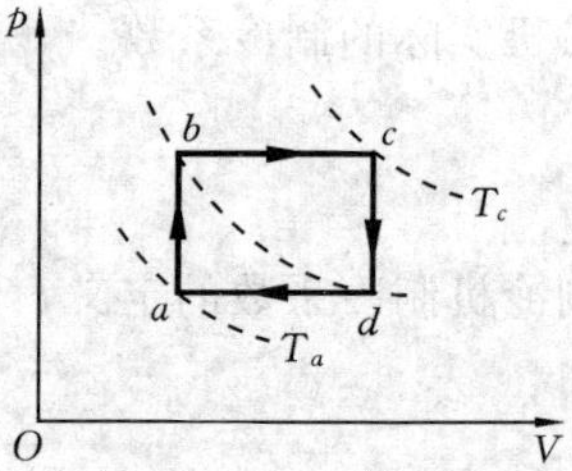

图 8.25

解 (1) $a\to b$,$c\to d$ 为等体过程,所以

$$\frac{p_a}{T_a}=\frac{p_b}{T_b},\quad \frac{p_c}{T_c}=\frac{p_d}{T_d}$$

由图 8.25 知

$$T_b=T_d,\quad p_b=p_c,\quad p_a=p_d$$

所以 $$T_b=\sqrt{T_a\cdot T_c}=\sqrt{300\times 833}\ \text{K}=500\ \text{K}$$

(2) 气体在一循环中对外做功为循环面积

$$\begin{aligned}A&=S_{abcda}=(p_b-p_a)(V_c-V_a)=p_bV_c-p_bV_a-p_aV_c+p_aV_a\\&=p_cV_c-p_bV_b-p_bV_b+p_aV_a=\frac{m}{M}R(T_c-2T_b+T_a)\\&=\frac{4.0\times10^{-3}}{4.0\times10^{-3}}\times 8.314\times(833-2\times500+300)\ \text{J}\approx 1.11\times10^3\ \text{J}\end{aligned}$$

(3) 此循环过程中,$a\to b$,$b\to c$ 两过程气体吸热。

$$\begin{aligned}Q_1&=Q_{ab}+Q_{bc}=\frac{m}{M}C_{V,\text{m}}(T_b-T_a)+\frac{m}{M}C_{p,\text{m}}(T_c-T_b)\\&=\frac{i}{2}R(T_b-T_a)+\frac{i+2}{2}R(T_c-T_b)\ (\text{He 为单原子分子},i=3)\\&=\left[\frac{3}{2}\times 8.314\times(500-300)+\frac{3+2}{2}\times 8.314\times(833-500)\right]\ \text{J}\\&\approx 9.42\times10^3\ \text{J}\end{aligned}$$

此循环的效率 $$\eta=\frac{A}{Q_1}=\frac{1.11\times10^3}{9.42\times10^3}\times100\%\approx 11.8\%$$

8.4 热力学第二定律

8.4.1 自然过程的方向

热力学第一定律要求,在一切热力学过程中,能量一定守恒。但是,满足能量守恒的过程是否一定都能实现?

下面举几个实例来说明自然过程是有方向性的。

1. 功热转换

焦耳的热功当量试验如图 8.26 所示。重物下落,带动叶片旋转,由于流体的黏滞力,最终功全部转化成热而不产生其他变化,这一过程可自发进行。水冷却使叶片旋转,从而提升重物,这一过程显然不可能自发进行。它说明自然界里的功热转换过程具有方向性。

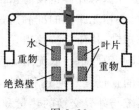

图 8.26

2. 热传导

两个温度不同的物体互相接触时,热量总是自动地由高温物体传向低温物体,从而使两物体温度相同而达到热平衡,显然热量不可能自动地由低温处向高温处传递。这说明了热传导过程具有方向性。

3. 气体的绝热自由膨胀

如图 8.27(a)所示,当绝热容器中的隔板被抽去的瞬间,气体都聚集在容器的左半部,这是一种非平衡态。此后气体将自动地迅速膨胀充满整个容器(见图 8.27(b)),最后达到一平衡态。而相反的过程即充满容器的气体自动地收缩到只占有原体积的一半,而另一半变为真空的过程是不可能实现的。这就是说气体向真空中绝热自由膨胀过程是有方向性的。

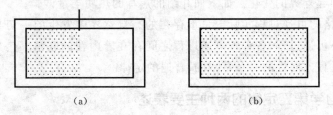

图 8.27

以上三个典型的实际过程都是按一定的方向进行的。相反方向的过程不能自动地发生,或者说,可以发生,但必然会产生其他后果。由于自然界中一切与热现象有关的实际宏观过程都涉及热功转换或热传导,而且,都是由非平衡态向平衡态的转化,因此可以说,一切与热现象有关的实际宏观过程都是不可逆的。

8.4.2 可逆过程和不可逆过程

系统若由状态 1 出发经过某一过程到达状态 2,当系统再由状态 2 返回状态 1 时,原过程对外界产生的一切影响也同时消除,则由状态 1 到状态 2 的过程,就称为可逆过程,否则就是不可逆过程。下面看一个具体的例子。如图 8.28 所示,假想气缸内的气体在活塞无限缓慢地移动时经历准静态膨胀过程,它的每一个中间态都是无限接近平衡态的。考虑气缸与活塞间是没有摩擦的理想情况,当活塞无限缓慢地压缩气体,使系统在逆过程中以相反的顺序重复正过程的每一个中间态,使系统完全复原时,对外界也没有留下任何影响,这样的准静态膨胀过程一定是可逆过程。事实上,一切无摩擦的准静态过程都是可逆过程。例如,单摆做无阻力(无摩擦)的来回往复运动,从任一位置出发后,经一个周期又回到原来的位置,且对外界没有产生任何影响,因此单摆的无阻力摆动是可逆过程。因为在准静态的正过程与逆过程中,对于每一个微小的中间过程,系统与外界交换的热量和做的功都正好相反,当通过准静态的逆过程使系统的末态返回初态时,正过程中给外界留下的痕迹在逆过程中正好被一一消除,使外界也完全恢复了原状。

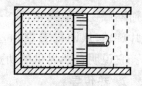

图 8.28

由于准静态过程只是一个理想模型,因此,一切过程都是不可逆过程,或者说或多或少地接近可逆过程。可以这样说,包含以下任一情况的过程必为不可逆过程。

(1) 过程不满足准静态过程的条件,如存在温度差、压强差,而这些差值又不是无限小的,如绝热自由膨胀过程。

(2) 存在耗散因素,如固体之间的摩擦、非弹性形变、流体的黏滞力、电阻、磁滞等。

特别需要提醒大家注意的是,不可逆过程并不是逆过程不能实现的过程,只是其实现必然要引起外界的变化。如上面介绍的焦耳的热功当量试验。

可见,严格的可逆过程实际上是不存在的。自然界中发生的一切与热现象有关的过程都是不可逆过程,各种不可逆过程之间存在着内在的联系。热力学第二定律是关于自然过程方向性的一条基本的、普遍的定律。

8.4.3 热力学第二定律的两种主要表述

在热力学第一定律之后,人们知道要制造一种效率大于 100% 的循环动作的热机只是一种空想,因为第一类永动机违反能量转换与守恒定律。人们从 $\eta = \dfrac{A}{Q_1} = \dfrac{Q_1 - Q_2}{Q_1} = 1 - \dfrac{Q_2}{Q_1}$ 出发,当 $Q_2 = 0$ 时,$\eta = 100\%$ 显然不违反热力学第一定律。这时,又有人设计这样一种机械——它只从单一热源无限地取热并使之全部转化为有用的功而不产生其他影响,这种机械称为第二类永动机。这是一个非常有诱惑性的想法,曾有人做过估计,要是用这样的热机来吸收海水中的热量而做功,则只要使海水的温度下降 0.01 K,就足够现代社会用 50 万年之久。然而遵守热力学第一定律的热力学过程是不是就一定能实现呢? 答案是:否!

上面介绍过,自然界中自发发生的热力学过程都具有方向性,通过实践人们总结出了表达热力学自发过程进行方向性的热力学第二定律。热力学第二定律的内容可以有多种表述方式,但其中最有代表性的是开尔文表述和克劳修斯表述两种。

1. 热力学第二定律的开尔文表述

系统不可能从单一热源吸收热量并使之全部转变为有用的功,而不产生其他影响。

这里的所谓"不产生其他影响"是指除了吸热做功,即由热运动的能量转化为机械能外,不再有任何其他的变化,或者说热转变为功是唯一的效果。对热力学第二定律的开尔文表述要全面理解,否则的话,就容易产生模糊的想法。例如,准静态的等温膨胀过程,尽管有 $Q=A$,实现了完全的热功转换,也就是将吸入的热量全部转变为功,但该过程使系统的体积发生了变化,也就是产生了其他影响。因此,这并不违反热力学第二定律。例如,在 8.3 节中讨论的热循环过程中,尽管系统从高温热源吸收热量 Q_1,对外做的净功 A 为 Q_1-Q_2,经过一次循环后系统恢复了原状,但另有 Q_2 的热量从高温热源传给低温热源,引起了外界的变化,因此,也没有违反热力学第二定律。显然,第二类永动机是违反热力学第二定律的开尔文表述的,所以第二类永动机是不可能制成的。开尔文的说法反映了功转变为热过程的不可逆性。

2. 热力学第二定律的克劳修斯表述

热量不可能自动地从低温物体传给高温物体。

这里需要强调的是"自动"二字,它的含义是除了有热量从低温物体传给高温物体外,不会产生其他的影响,即若要使热量从低温物体传给高温物体,环境是要付出代价的。例如,日常使用的冰箱,它能将热量从冷冻室不断地传给温度较高的周围环境,从而达到制冷的目的。但这不是自动进行的,必须以消耗电能为代价,即产生了其他的影响,因而并不违反热力学第二定律的克劳修斯表述。克劳修斯的说法反映了传热过程的不可逆性。

*8.4.4 开尔文表述与克劳修斯表述的等效性

开尔文表述主要针对热功转换的方向性问题,而克劳修斯表述则主要针对热传导的方向性问题。事实上,自然界的热力学过程是多种多样的,因此,原则上可以针对每一个具体的热力学过程进行的方向性问题,提出一种相应的表述来。各种表述之间存在着内在的联系,由一个热力学过程的方向性,可以推断出另一个热力学过程的方向性。正如上面所说,表达热力学自发过程进行方向性的热力学第二定律,有多种表述形式,其中的开尔文表述和克劳修斯表述只是两个具有代表性的表述。这说明了开尔文表述和克劳修斯表述是具有等效性的,我们可以作如下的证明:

(1) 违背克劳修斯表述的,也必定违背开尔文表述;

(2) 违背开尔文表述的,也必定违背克劳修斯表述。

设有一台工作在高温热源 T_1 与低温热源 T_2 之间的卡诺热机,在一次循环过程中,从高温热源吸收热量 Q_1 向低温热源放出热量 Q_2,同时对外做功 $A=Q_1-Q_2$,如图 8.29(a)所示。假定克劳修斯表述不成立,则可以将热量 Q_2 自动地从低温热源传给高温热源,而不产生其他影响。那么在一次循环结束时,把上述两个过程综合起来的唯一效果将是从高温热源放出的热量 Q_1-Q_2 全部变成了对外所做的功 $A=Q_1-Q_2$,导致了开尔文表述的不成立。

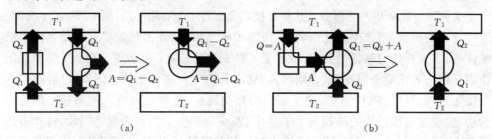

图 8.29

设有一台工作在高温热源 T_1 与低温热源 T_2 之间的卡诺制冷机,在一次循环过程中,通过外界对其做功 A 使 Q_2 的热量从低温热源放出,而高温热源吸收的热量为 $Q_1=Q_2+A$,如图 8.29(b)所示。假定开尔文表述不成立,则可以在不产生其他影响的情况下将从高温热源放出的热量 Q 全部转变为对外做功 $A=Q$,那么在一次循环结束时,把上述两个过程综合起来的唯一效果将是从低温热源放出的热量 Q_2 自动传给了高温热源,而不产生其他影响,导致克劳修斯表述也不成立。

*8.5 卡诺定理

热力学第二定律否定了第二类永动机实现的可能性,也就是说,效率为 1 的热机是不可能实现的,那么热机的最高效率可以达到多少呢?从热力学第二定律推出的卡诺定理解决了这一问题。

8.5.1 卡诺定理

我们曾以理想气体为工作物质分析了卡诺循环的效率,并得出

$$\eta=1-\frac{T_2}{T_1}$$

实际上这个公式具有更加普遍的意义,这一普遍意义是由卡诺定理来表述的。

卡诺定理的内容:在相同的高温热源和相同的低温热源之间工作的一切不可逆热机,其效率都不可能大于可逆热机的效率(换言之,可逆机的效率最大)。用公式表示即是

$$\eta_{可逆} \geqslant \eta_{不可逆}$$

卡诺定理指出了提高热机效率的途径。就过程而言，应当使实际的不可逆机尽量地接近可逆机。对高温热源和低温热源的温度来说，应该尽量地提高两热源的温度差，温度差越大则热量的可利用价值也越大。但是在实际热机中，如蒸汽机等，低温热源的温度是用来冷却蒸汽的冷凝器的温度，想获得更低的低温热源的温度，就必须用制冷机，而制冷机要消耗外功，因此通过降低低温热源的温度来提高热机的效率是不经济的，所以要提高热机的效率应当从提高高温热源的温度着手。

8.5.2 卡诺定理的证明

1. 要证明的问题

设有甲和乙两热机，其中甲为可逆机，乙为不可逆机。甲和乙热机从高温热源吸收的热量分别为 Q_1 和 Q_1'，对外所做的功分别为 A 和 A'。下面要证明的是

$$\eta_甲 = \frac{A}{Q_1} \geqslant \eta_乙 = \frac{A'}{Q_1'}$$

2. 反证法证明

考虑由甲和乙两热机组成如图 8.30 所示的系统。由于甲是可逆热机,可设甲逆向循环,乙正向工作。

假设 $\eta_甲 < \eta_乙$，则当 $Q_1 = Q_1'$ 时，有 $A' > A$，令 $A' > A > 0$，总效果为系统从单一热源吸收热量 $Q_2 - Q_2'$，全部转换为对外所做的功。

由热力学第一定律可知

$$Q_1 - Q_2 = A$$
$$Q_1' - Q_2' = A'$$
$$A' - A = Q_2 - Q_2' > 0$$

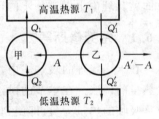

图 8.30

上述结果与热力学第二定律的开尔文表述相违背,所以不可能有 $\eta_甲 < \eta_乙$，所以有 $\eta_甲 \geqslant \eta_乙$。这就证明了卡诺定理。这个不等式看似寻常,但意义重大,从中可以导出熵函数和热力学第二定律的数学表达式。

3. 卡诺定理的推论

所有工作于相同的高温热源与相同的低温热源之间的可逆热机,其效率都相等。
证明如下。
如果乙也是可逆的,则令甲逆向,乙正向工作,相似的讨论可得

$$\eta_甲 \leqslant \eta_乙$$

由上面的讨论知,如果令乙逆向,甲正向工作,则有

$$\eta_甲 \geqslant \eta_乙$$

可得

$$\eta_甲 = \eta_乙$$

这就证明了卡诺定理的推论。

由此得知,不论参与卡诺循环的工作物质是什么,只要是可逆机,在两个温度相同的低温热源和高温热源之间工作时,热机效率都相等。在上述证明中,并不涉及工作物质的本性,因而与工作物质的本性无关。在明确了 $\eta_{可逆}$ 与工作物质的本性无关后,可以引用理想气体卡诺循环的结果。同时,卡诺定理在原则上也解决了热机效率的极限值问题。上面提到过,高温热源的温度 T_1 越高、低温热源的温度 T_2 越低,热机的效率就越高。而低温热源的温度一般取环境温度最为经济。另外,还应使循环尽量接近卡诺循环,减少过程的不可逆性,如减少散热损失、漏气和摩擦等来提高热机的效率。

*8.6 熵与熵增加原理

根据热力学第二定律的讨论,我们知道了一切与热现象有关的实际宏观过程都是不可逆的。这就是说,一个过程产生的效果无论用什么曲折复杂的方法,都不能使系统恢复原状而不引起其他变化,也就是说要使系统从末态回到初态必须借助外界的作用,由此可见,热力学系统所进行的不可逆过程的初态和末态之间有着重大的差异,这种差异决定了过程的进行具有方向性,人们就用态函数熵来描述这个差异。下面就从理论上做进一步的证明。

8.6.1 克劳修斯等式

在卡诺定理的表达式中,在讨论热机效率时,采用了系统吸收多少热量或放出多少热量的说法。在本节的讨论中将统一采用系统吸收热量来表示,放出热量可以说成是吸收的热量为负(即回到第一定律的约定)。

根据卡诺定理,可逆卡诺热机的效率是

$$\eta = 1 + \frac{Q_2}{Q_1} = 1 - \frac{T_2}{T_1}$$

上述关系式可表示为

$$\frac{Q_1}{T_1} + \frac{Q_2}{T_2} = 0$$

这个公式对任何可逆卡诺热机都适用,并与工作物质无关。此式说明在卡诺循环中,过程的热温商之和等于零。

对于任意一个可逆循环过程,热源将不止两个而可能有许多个。可以证明,任意的可逆循环可以用恒温线和绝热线分割成许多彼此相邻的小卡诺循环,如图 8.31 所示。两个相邻的小卡诺循环之间的虚线,对上一循环是绝热可逆膨胀,而对下一循环恰为绝热可逆压缩,其效果正好相

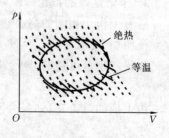

图 8.31

互抵消。这些小卡诺循环的总和就成为沿着任意可逆循环曲线的封闭折线。当小卡诺循环无限多时,沿着任意可逆循环曲线的封闭折线就与该曲线重合。曲线所经历的过程可以用折线所经历的过程代替。对于第 i 个小卡诺循环,有

$$\frac{\mathrm{d}Q_1}{T_1}+\frac{\mathrm{d}Q_2}{T_2}=0 \tag{8.28}$$

对于每一个小卡诺循环,均有着类似于式(8.28)的关系式。将所有无限小的卡诺循环如式(8.28)求和,有

$$\left(\frac{\mathrm{d}Q_1}{T_1}+\frac{\mathrm{d}Q_2}{T_2}\right)+\left(\frac{\mathrm{d}Q_1'}{T_1'}+\frac{\mathrm{d}Q_2'}{T_2'}\right)+\cdots=0$$

即

$$\oint \frac{\mathrm{d}Q}{T}=0 \tag{8.29}$$

式(8.29)即为克劳修斯等式,表示任意可逆循环过程的热温商之和等于零。

8.6.2 熵

设系统由状态 1 经一可逆过程 R_1 到达状态 2,再由状态 2 经另一可逆过程 R_2 回到状态 1,这样就构成了一个可逆循环过程,如图 8.32 所示。

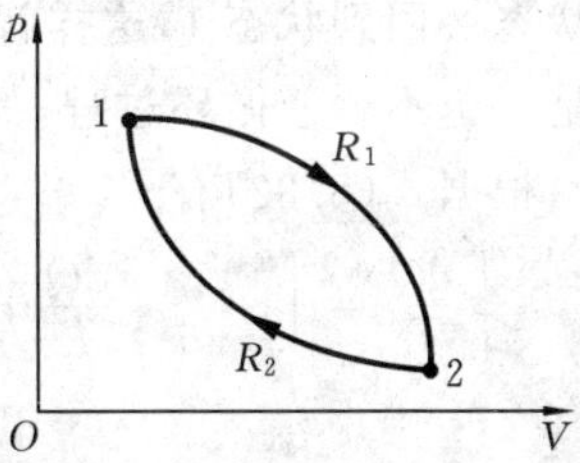

由式(8.29)可得该可逆循环过程的热温商

$$\oint \frac{\mathrm{d}Q}{T} = \int_{\text{状态}1(R_1)}^{\text{状态}2} \frac{\mathrm{d}Q}{T} + \int_{\text{状态}2(R_2)}^{\text{状态}1} \frac{\mathrm{d}Q}{T} = 0$$

即

$$\int_{\text{状态}1(R_1)}^{\text{状态}2} \frac{\mathrm{d}Q}{T} = \int_{\text{状态}1(R_2)}^{\text{状态}2} \frac{\mathrm{d}Q}{T}$$

图 8.32

上述分析表明从状态 1 到状态 2 沿着任意可逆路径,其可逆热温商均相等,仅取决于系统的初态和末态,而与路径无关。由此发现了一个隐藏着的状态函数,克劳修斯称这个函数为熵,用符号 S 表示,其单位为 J/K。值得注意的是,熵的英文名字(entropy)是克劳修斯造的,而中文的"熵"字则是我国物理学家胡刚复根据该量等于温度去除热量的"商"后再加上表征热力学的"火"字旁而造出的。于是,熵函数的定义式为

$$\mathrm{d}S=\frac{\mathrm{d}Q}{T} \tag{8.30}$$

说明在微小的可逆变化过程中,系统的熵变等于热温商。

将式(8.30)积分得

$$\Delta S = S_2 - S_1 = \int_{\text{状态}1(\text{可逆})}^{\text{状态}2} \frac{\mathrm{d}Q}{T} \tag{8.31}$$

式(8.31)表明了,系统从平衡态 1 变到平衡态 2 时,其熵增量等于状态 1 经过任意可逆过程变到状态 2 时热温商的积分。从式(8.31)还可看出,在一个可逆循环中,系统的熵变等于零。

8.6.3 克劳修斯不等式

根据卡诺定理,工作于两热源之间的不可逆热机的效率 $\eta_{不可逆}$ 恒小于可逆热机的效率 $\eta_{可逆}$,即

$$\eta_{可逆} = 1 - \frac{T_2}{T_1} > \eta_{不可逆} = 1 + \frac{Q_2}{Q_1}$$

整理可得

$$\frac{Q_1}{T_1} + \frac{Q_2}{T_2} < 0$$

对于无限小的不可逆循环,有

$$\frac{dQ_1}{T_1} + \frac{dQ_2}{T_2} < 0$$

推广至任意的不可逆循环

$$\oint \frac{dQ}{T} < 0 \tag{8.32}$$

现设系统由状态 1 经一不可逆过程 R_1 到达状态 2,然后借助于一个可逆过程 R_2 由状态 2 回到状态 1,这样就构成了一个循环过程。因为其中包含不可逆过程,因此这是一个不可逆循环过程,如图 8.33 所示。

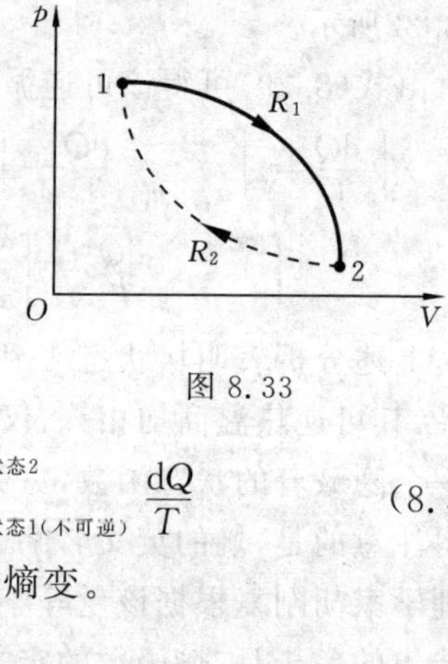

根据式(8.32)有

$$\oint \frac{dQ}{T} = \int_{状态1(R_1)}^{状态2} \frac{dQ}{T} + \int_{状态2(R_2)}^{状态1} \frac{dQ}{T} < 0$$

故有

$$\int_{状态1(R_1)}^{状态2} \frac{dQ}{T} < \int_{状态1(R_2)}^{状态2} \frac{dQ}{T}$$

图 8.33

由式(8.31)知

$$\Delta S = S_2 - S_1 = \int_{状态1(可逆)}^{状态2} \frac{dQ}{T} > \int_{状态1(不可逆)}^{状态2} \frac{dQ}{T} \tag{8.33}$$

式(8.33)表明了不可逆过程热温商的累加小于系统的熵变。

结合式(8.31)和式(8.33)得

$$\Delta S = S_2 - S_1 \geqslant \int_{状态1}^{状态2} \frac{dQ}{T}$$

对于微小过程

$$dS \geqslant \frac{dQ}{T} \tag{8.34}$$

式(8.34)即热力学第二定律的数学表示式。其中"＝"对应于可逆过程,"＞"对应于不可逆过程。

注意:

(1) ΔS 只是状态 1 和状态 2 的函数,与连接状态 1 和状态 2 的过程无关,实际过程可以是可逆过程,也可以是不可逆过程;

（2）计算 ΔS 时，积分一定要沿连接状态 1 和状态 2 的任意的可逆过程进行。如果原过程不可逆，为计算 ΔS 必须设计一个假想的可逆过程；

（3）对不可逆过程来说，系统的温度和热源温度不相同，所以式(8.34)中的 T 必须是热源的温度，而不是系统本身的温度；

（4）熵的概念与热温商积分是两个不同的概念，热温商积分与过程有关，只不过可逆过程热温商积分都相同，度量了熵的变化。

8.6.4 熵增加原理

若将系统与环境合在一起考虑，使两者成为一个大的系统，这个大的系统与外界就不会有物质与能量的交换，而构成一个大隔离系统。该大隔离系统内如果发生一热力学过程，则大隔离系统的熵变就等于系统的熵变与环境的熵变之和。因大隔离系统与外界不再有热量交换，所以该大隔离系统内所发生的过程相当于一个绝热过程。对于绝热过程，$dQ=0$。由式(8.34)可得

$$dS \geqslant \frac{dQ}{T} = 0$$

上式表明了系统从一个平衡态经任一绝热过程到达另一平衡态，它的熵永不减少。如果过程是可逆的，则熵的数值不变；如果过程是不可逆的，则熵的数值增加。这就是熵增加原理。

上面提到的大隔离系统，就是常说的孤立系统，故熵增加原理还可表述为：孤立系统的熵永不减小，或者说，在孤立系统中发生的自然过程，总是沿着熵增加的方向进行。熵增加原理指出了实际过程进行的方向，所以它是热力学第二定律的另一种表达方式。

熵增加原理除了要求隔离系统以外，没有其他条件的限制。

在理解熵增加原理时要注意以下几点：

（1）对于非绝热或非孤立系统，熵有可能增加，也有可能减少；

（2）熵反映了能量的品质因数，熵越大，系统可用能量减少，能量品质降低；

（3）不能将有限范围（地球）得到的熵增加原理外推到浩瀚的宇宙中去，否则会得出宇宙必将死亡的"热寂说"的错误结论。

*8.7 热力学第二定律的本质和熵的统计意义

8.7.1 几个重要概念

在阐明热力学第二定律的本质和统计意义之前，先熟悉下面的几个概念。

1. 宏观态与微观态

当只以系统的分子数分布来描写系统的状态而不区分具体的分子时，这样所描

述的系统状态称为热力学系统的宏观态;使用分子数分布并且区分具体的分子来描写的系统状态称为热力学系统的微观态。

在热力学系统中,由于存在大量粒子的无规则热运动,任一时刻各个粒子处于何种运动状态完全是偶然的,而且又都随时间无规则地变化。系统中各个粒子运动状态的每一种分布,都代表系统的一个微观态,系统的微观态的数目是大量的,在任意时刻系统随机地处于其中任意一个微观态。

下面以图 8.34 所示的情况为例来进一步加以说明。假设容器中体积相等的 A、B 两室内具有 a、b、c、d 一共 4 个全同的分子,在无规则运动中的任一时刻,每个分子既可能在 A 室也可能在 B 室。如果按分子在 A 室或 B 室来区分,这个由四个分子组成的系统共有 16 种可能的分布。具体分布如下:

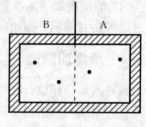

图 8.34

$(0,4) \xrightarrow{1} (0,abcd)$

$(1,3) \xrightarrow{4} \{(a,bcd);(b,acd);(c,abd);(d,abc)\}$

$(2,2) \xrightarrow{6} \{(ab,cd);(bd,ac);(cd,ab);(bc,ad);(ac,bd);(ad,bc)\}$

$(3,1) \xrightarrow{4} \{(bcd,a);(acd,b);(abd,c);(abc,d)\}$

$(4,0) \xrightarrow{1} (abcd,0)$

在上面的分布表达中,如 $(2,2)$ 就表示一个宏观态(即 A、B 两室内各有 2 个分子,但不区分具体分子)。而 (ab,cd) 就表示一个微观态(a 和 b 分子在 A 室内,c 和 d 分子在 B 室内)。由上述表达中可以清楚地看出,不同的宏观态包含着不同数量的微观态,其中以 A、B 两室各有 2 个分子的宏观态包含的微观态数目最多(6 个),而以 4 个分子全部分布在 A 室或全部分布在 B 室的宏观态所包含的微观态数目最少(都是 1 个)。

同样,可以列出容器内有 5 个分子时的分布情况。

前面曾提到,一个宏观态可以包含多个微观态。设想容器中有 1 000 个分子,则可以算出,$(450,550)$ 的宏观态将包含 1.83×10^{297} 个微观态,而 $(500,500)$ 的宏观态则包含 2.73×10^{299} 个微观态。如果将其推广到 A、B 两室共有 N 个分子的情况,可以证明,微观态的总数目共有 2^N 个,其中 A 室中有 $N_A (\leqslant N)$ 个分子的宏观态所包含的微观态的数目为 $\dfrac{N!}{N_A!(N-N_A)!}$。这说明,组成系统的分子数越多,一个宏观态所包含微观态的数目一般也越多。1 mol 的物质所包含的分子数为阿伏加德罗常数 $N_A = 6.022\ 136\ 7 \times 10^{23}\ \text{mol}^{-1}$,因此一个实际气体系统所包含分子数的量级为 10^{23}。在这种情况下,一个宏观态所包含的微观态数目一般就非常大了。前面说过,每一个宏观态所包含的微观态数目一般是不相同的。通过进一步的讨论易知,A、B 两室分子数相等或接近相等的宏观态所包含的微观态最多。但是在分子数较少的情况下,它们所占微观态总数的比例并不大。计算表明,分子总数越多,A、B 两室分子数相等或接近相等的宏观态所包含微观态数目所占微观态总数的比例也越大。对于包含 10^{23} 数量级分子数的实际气体系统来说,这一比例几乎是 100%,如图8.35所示。在一定的宏观条件下,既然有多种可能的微观态,那么究竟哪一种状态将是实际上被观察到的呢?

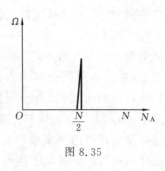

图 8.35

2. 等概率原理（假设）

一个给定的宏观态,可以随机地处于它所包含的任何一个微观态。宏观态所包含的微观态数目越多,就越难确定系统处于哪一个微观态,这就意味系统越无序,越混乱。统计物理学假定,在孤立系统中,所有微观态出现的概率都是相等的。这个假设也称为等概率原理,它表明包含微观态数目越多越无序的宏观态,出现和被观察到的概率就越大。

某一宏观态出现的概率,可用该宏观态所包含的微观态数目与系统所有微观态数目之比来表示。然而,在很多时候我们并不使用这种归一化的概率,而将宏观态所包含的微观态数目称为热力学概率,常用 Ω 表示。

3. 平衡态的统计意义

以前面的例子来看,A、B 两室中分子数均匀分布或接近均匀分布的宏观态包含的微观态数目最多,特别是当总分子数 N 很大（例如,数量级为 10^{23}）时,这时分子数均匀分布或接近均匀分布的宏观态,就几乎占据了全部微观态,这种宏观态的热力学概率最大,如图 8.35 所示。在图中,纵坐标 Ω 表示热力学概率（微观态的数目）,横坐标 N_A 表示在 A 室中分布的分子数。

如图 8.35 所示,分子均匀分布的宏观态包含的微观态数目最大,出现的概率最大,这种宏观态就是我们实际观察到的所谓平衡态。因此,从统计意义上讲平衡态就是包含微观态数目最多的宏观态,这就是平衡态的统计意义。

4. 统计涨落

平衡态包含的微观态数目最多,出现的概率最大。然而,从图 8.35 可以看到在平衡态附近的其他宏观态所包含的微观态数目也不少,它们出现的概率也是很大的。因此,一个实际的热力学系统不可能时刻处于绝对的平衡态,而是在平衡态附近变化,这种变化称为统计涨落。统计涨落可以通过实验进行观察,一个最著名的实验就是布朗运动。

8.7.2 热力学第二定律的本质

用一个宏观态包含的微观态数目的多少,也就是出现概率的大小,来重新认识热功转换、热传导以及气体绝热自由膨胀等自发热力学过程的方向或者不可逆性。回顾图 8.36 所示的气体绝热自由膨胀过程,气体的初态是一个$(0,N)$的宏观态,最后达到平衡时末态是一个$(N/2,N/2)$的宏观态。根据前面的讨论,很显然初态的热力学概率最小,而末态的热力学概率最大,整个绝热自由膨胀过程就是系统由小概率的宏观态向大概率的宏观态

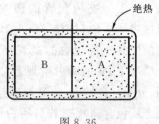

图 8.36

变化的过程。一旦系统达到了热力学概率最大的末态,要回到小概率的初态是不可能的(概率为$1/2^N$,实在太小),因此系统不可能反向变化,只能单向进行。这就是自发过程只能单向进行的原因。

更深入地分析可以得出如下普遍的结论,孤立系统内部发生的过程(自发进行的过程),总是由包含微观态数目较少的宏观态(初状态),向包含微观态数目较多的宏观态(末状态)方向变化,或者由出现概率较小的宏观态向出现概率较大的宏观态方向进行,也就是说,它们都是不可逆过程,都是熵增加的过程,也都是从有序到无序的变化过程。由此可见一切不可逆过程都是向混乱度增加的方向进行的,而熵函数则可以作为体系混乱度的一种量度。这就是热力学第二定律所阐明的不可逆过程的本质。

8.7.3 熵的统计意义

玻耳兹曼将熵定义为

$$S = k \ln \Omega \tag{8.35}$$

其中,Ω 是热力学概率。它表示一个宏观态所包含的微观态的数目,Ω 越大,系统的无序度越大。由式(8.35)知,熵是体系无序程度的一种量度。熵值较大的状态对应于比较混乱的状态,熵值较小的状态对应于比较有序的状态。平衡态就是混乱度最大的状态。一切自发过程都是从混乱度较小的状态变到混乱度较大的状态。与此对应,在孤立系统中熵值会自发增大到最大值,这时系统到达平衡态。这就是熵增加原理的微观解释,也就是熵的统计意义。

8.7.4 熵变的计算

熵 S 是状态函数。在给定的初态和终态之间,系统无论通过何种方式变化(经可逆过程或不可逆过程),熵的改变量一定相同。当系统由初态 1 通过一可逆过程 R 到达终态 2 时,求熵变的方法是直接用 $\Delta S = S_2 - S_1 = \int_{\text{状态1(可逆)}}^{\text{状态2}} \frac{dQ}{T}$ 来计算。对于几个特殊的可逆过程的熵变,计算公式如下。

可逆等温过程: $\Delta S = \int_{\text{状态1}}^{\text{状态2}} \frac{dQ}{T} = \frac{1}{T} \int_{\text{状态1}}^{\text{状态2}} dQ = \frac{Q}{T} = \frac{A}{T}$

可逆等压过程: $\Delta S = \int_{\text{状态1}}^{\text{状态2}} \frac{dQ}{T} = \int_{\text{状态1}}^{\text{状态2}} \frac{\nu C_{p,m} dT}{T}$

可逆等体过程：$\Delta S = \int_{状态1}^{状态2} \dfrac{dQ}{T} = \int_{状态1}^{状态2} \dfrac{\nu C_{V,m} dT}{T}$

当系统由初态 1 通过一不可逆过程到达终态 2 时求熵变的方法，即把熵作为态参量的函数表达式推导出来，再将初、终两态的参量值代入，从而算出熵变。也可设计一个连接初、终两态的任意一个可逆过程 R，再用 $\Delta S = S_2 - S_1 = \int_{状态1(可逆)}^{状态2} \dfrac{dQ}{T}$ 来求熵变。下面我们通过几个具体的例子来说明。

例题 8.14 计算理想气体绝热自由膨胀的熵变。

解 由于气体经历的是绝热自由膨胀过程，所以有

$$dQ = 0, \quad dA = 0, \quad dE = 0$$

对理想气体，由于 $dE=0$，所以膨胀前、后温度 T 不变。为计算这一不可逆过程的熵变，设想系统从初态 (T, V_1) 到终态 (T, V_2) 经历一可逆等温膨胀过程，可借助此可逆过程（见图 8.37）求膨胀前、后的熵变。

由于 $\quad dQ = dE + p dV = p dV, \quad dE = 0$

所以 $\quad S_2 - S_1 = \int_{状态1}^{状态2} \dfrac{dQ}{T} = \int_{状态1}^{状态2} \dfrac{p dV}{T}$

$$= \nu R \int_{状态1}^{状态2} \dfrac{dV}{V} = \nu R \ln \dfrac{V_2}{V_1} > 0$$

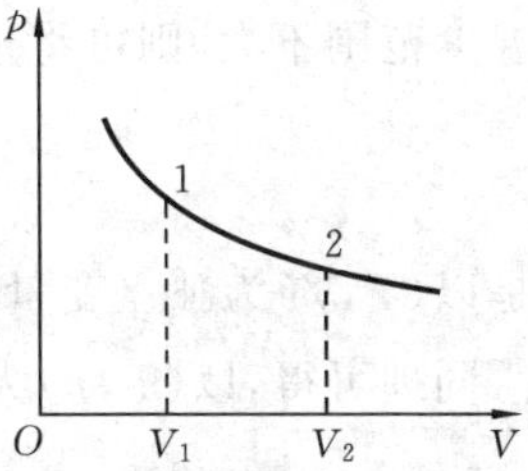

图 8.37

$\Delta S > 0$ 证实了理想气体绝热自由膨胀过程是不可逆的。

例题 8.15 将质量相同而温度分别为 T_1 和 T_2 的两杯水在等压下绝热地混合，求熵变。

解 两杯水绝热混合后，终态温度为 $\dfrac{T_1 + T_2}{2}$，设两杯水的初态分别为 (T_1, p)，(T_2, p)。设计一可逆过程，设想水在等压的状态下分别由 T_1 和 T_2 变成 $\dfrac{T_1 + T_2}{2}$，在变化过程中，热源温度始终与水杯温度相同。由于过程是等压过程，所以有 $dQ = C_{p,m} dT$，T 为系统温度。由可逆过程中熵变的计算公式 $\Delta S = S_2 - S_1 = \int_{状态1(可逆)}^{状态2} \dfrac{dQ}{T}$，混合后两杯水的熵变分别为

$$\Delta S_1 = \int_{T_1}^{\frac{T_1+T_2}{2}} \dfrac{C_{p,m} dT}{T} = C_{p,m} \ln \dfrac{T_1 + T_2}{2 T_1}$$

$$\Delta S_2 = \int_{T_2}^{\frac{T_1+T_2}{2}} \dfrac{C_{p,m} dT}{T} = C_{p,m} \ln \dfrac{T_1 + T_2}{2 T_2}$$

系统总的熵变为

$$\Delta S = \Delta S_1 + \Delta S_2 = C_{p,m} \ln \dfrac{(T_1 + T_2)^2}{4 T_2 T_1}$$

当 $T_1 \neq T_2$ 时,恒有 $(T_1-T_2)^2 > 0$,由此得 $(T_1+T_2)^2 > 4T_1T_2$,因此 $\Delta S > 0$,说明两杯水等压绝热混合过程是一个不可逆过程。

例题 8.16 求理想气体的状态函数熵。

解 由可逆过程的熵变计算公式

$$\Delta S = S_2 - S_1 = \int_{\text{状态1(可逆)}}^{\text{状态2}} \frac{dQ}{T}$$

再根据 $pV = \nu RT$ 和 $dE = \nu C_{V,m} dT$,由热力学第一定律 $dQ = dE + pdV$ 得

$$dS = \frac{1}{T}(dE + pdV) = \nu C_{V,m} \frac{dT}{T} + \nu R \frac{dV}{V}$$

所以

$$S - S_0 = \int_{T_0}^{T} \nu C_{V,m} \frac{dT}{T} + \int_{V_0}^{V} \nu R \frac{dV}{V}$$

若温度范围不大,则可将理想气体摩尔定体热容 $C_{V,m}$ 看做常数,有

$$S - S_0 = \nu C_{V,m} \ln \frac{T}{T_0} + \nu R \ln \frac{V}{V_0}$$

这是以 (T,V) 为独立变量的熵函数的表达式。

同理可得,以 (T,p) 为独立变量的熵函数的表达式

$$S - S_0 = \nu C_{p,m} \ln \frac{T}{T_0} - \nu R \ln \frac{p}{p_0}$$

和以 (p,V) 为独立变量的熵函数的表达式

$$S - S_0 = \nu C_{p,m} \ln \frac{V}{V_0} + \nu C_{V,m} \ln \frac{p}{p_0}$$

提 要

1. 热力学第一定律

$$Q = \Delta E + A$$

热力学第一定律的实质:能量守恒。

热力学第一定律对理想气体几个典型过程的应用

$$\Delta E = \frac{i}{2} \nu R (T_2 - T_1)$$

$$A = \begin{cases} \text{等体过程}: 0 \\ \text{等压过程}: P_1(V_2 - V_1) = \nu R(T_2 - T_1) \\ \text{等温过程}: \nu R T_1 \ln \frac{V_2}{V_1} = \nu R T_1 \ln \frac{P_1}{P_2} \\ \text{绝热过程}: -\frac{i}{2} \nu R(T_2 - T_1) = \frac{P_1 V_1 - P_2 V_2}{\gamma - 1} \end{cases}$$

$$Q=\begin{cases}等体过程: \dfrac{i}{2}\nu R(T_2-T_1)\\ 等压过程: \dfrac{i+2}{2}\nu R(T_2-T_1)\\ 等温过程: \nu RT_1\ln\dfrac{V_2}{V_1}=\nu RT_1\ln\dfrac{P_1}{P_2}\\ 绝热过程: 0\end{cases}$$

2. 循环过程

热机效率 $\qquad \eta=\dfrac{A}{Q_1}=1-\dfrac{Q_2}{Q_1}$

制冷系数 $\qquad \varepsilon=\dfrac{Q_2}{A}=\dfrac{Q_2}{Q_1-Q_2}$

3. 卡诺循环

卡诺热机的效率 $\qquad \eta=\dfrac{A}{Q_1}=1-\dfrac{T_2}{T_1}$

卡诺制冷机的制冷系数 $\qquad \varepsilon=\dfrac{Q_2}{A}=\dfrac{T_2}{T_2-T_1}$

4. 热力学第二定律

开尔文描述:系统不可能从单一热源吸取热量使之完全转变为有用功而不产生其他影响。

克劳修斯描述:热量不可能从低温物体传给高温物体而不引起其他变化。

热力学第二定律的实质:自然界中一切与热现象有关的实际宏观过程都是不可逆的。

* 5. 熵和熵增加原理

熵: $S=k\ln\Omega$,是一个系统内部微观粒子热运动无序度(混乱度)的量度。

熵增加原理:孤立系统经绝热过程从一平衡态过渡到另一平衡态,它的熵永不减少。

思 考 题

8.1 气体的平衡态有何特征？当气体处于平衡态时还有分子热运动吗？气体的平衡态中的平衡与力学中所指的平衡有何不同？气体实际上能不能达到平衡态？

8.2 一金属杆一端置于沸水中,另一端和冰接触,当沸水和冰的温度维持不变时,金属杆上各点的温度将不随时间而变化。试问金属杆这时是否处于平衡态？为什么？

8.3 小球做非弹性碰撞时会产生热,做弹性碰撞时则不会产生热。气体分子碰撞是弹性的,为什么气体会有热能？

8.4 内能和热量这两个概念有何不同？以下说法是否正确？

(1) 物体的温度越高,则热量越多;

(2) 物体的温度越高,则内能越大。

8.5 行驶中的汽车制动后滑行一段距离,最后停下;流星在夜空中坠落并发出明亮的光焰;降落伞在空中匀速下降;条形磁铁在下落过程中穿过闭合线圈,线圈中产生电流。上述不同现象中所包含的物理过程是:

(1) 物体克服阻力做功;

(2) 物体的动能转化为其他形式的能量;

(3) 物体的势能转化为其他形式的能量;

(4) 物体的机械能转化为其他形式的能量。

以上判断正确的是(　　)。

A. (1)、(2);　　　　B. (3)、(4);　　　　C. (1)、(4);　　　　D. (2)、(3)。

8.6 关于物体内能的变化情况,说法正确的是(　　)。

A. 吸热,物体的内能一定增加;　　　　B. 体积膨胀的物体内能一定减少;

C. 外界对物体做功,其内能一定增加;　　D. 绝热压缩物体,其内能一定增加。

8.7 一年四季大气压强一般差别不大,为什么在冬天空气的密度比较大?

8.8 下列理想气体进行的过程中,哪些过程可能发生,哪些过程不能发生?为什么?

(1) 内能减少的等体加热过程;

(2) 吸收热量的等温压缩过程;

(3) 吸收热量的等压压缩过程;

(4) 内能增加的绝热压缩过程。

8.9 给下列两种说法以正确的判断:

(1) 系统的温度升高是否一定吸热?

(2) 系统与外界不作任何热交换,而系统的温度发生变化,这种过程能实现吗?

8.10 两条等温线能否相交?能否相切?

8.11 系统由某一初态开始,进行不同的过程,问在下列两种情况中,各过程所引起的内能变化是否相同?

(1) 各过程所做的功相同;

(2) 各过程所做的功相同,并且和外界交换的热量也相同。

8.12 气体能否从给定的初态出发,分别通过等值过程和绝热过程到达同一末态?

8.13 有人说:"在绝热过程中,系统所做的功只取决于初、末态,而与过程无关。"这句话对吗?为什么?

8.14 试根据热力学第二定律判定下面两种说法是否正确?

(1) 功可以全部转化为热,但热不能全部转化为功;

(2) 热量能够从高温物体传到低温物体,但不能从低温物体传到高温物体。

8.15 下列过程可逆还是不可逆?

(1) 气缸与活塞组合中装有气体,当活塞上没有外加压力,活塞与气缸间没有摩擦时;

(2) 上述装置,当活塞上没有外加压力,活塞与气缸间摩擦很大,但气体缓慢地膨胀时;

(3) 上述装置,没有摩擦,但调整外加压力,使气体能缓慢地膨胀;

(4) 在一绝热容器内盛有液体,不停地搅动它,使它温度升高;

(5) 一传热的容器内盛有液体,容器放在一恒温的大水池内,液体被不停地搅动,可保持温度不变；

(6) 在一绝热容器内，不同温度的液体进行混合；

(7) 在一绝热容器内，不同温度的氦气进行混合。

8.16 有两个可逆机分别使用不同的热源做卡诺循环，在 p-V 图上它们的循环曲线所包围的面积相等，但形状不同，如图 8.38 所示。

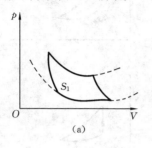 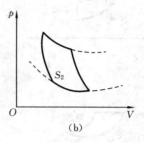

图 8.38

(1) 它们吸热和放热的差值是否相同？

(2) 对外所做的净功是否相同？

(3) 效率是否相同？

8.17 热力学第一定律的叙述能够包括热力学第二定律的内容吗？

8.18 为什么说卡诺循环是最简单的循环过程？任意可逆循环需要多少个不同温度的热源？

8.19 (1) 有可能使一条等温线与绝热线相交两次吗？

(2) 两条等温线和一条绝热线是否可构成一个循环呢？为什么？

(3) 两条绝热线和一条等温线是否可构成一个循环呢？为什么？

8.20 根据卡诺定理，提高热机效率的方法，就过程来说，应尽量接近可逆过程，但生产实践中为什么不从这方面来考虑？

8.21 如图 8.39 所示，气体经绝热不可逆过程由状态 A 变到状态 B，请说明为什么不可能用一个绝热可逆过程使气体从状态 B 回到状态 A。

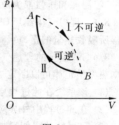

图 8.39

8.22 设有以下过程：

(1) 两种不同气体在等温下互相混合；

(2) 理想气体在等体下降温；

(3) 液体在等温下气化；

(4) 理想气体在等温下压缩；

(5) 理想气体绝热自由膨胀；

在这些过程中，使系统的熵增加的过程是（　　）。

习　题

8.1 1 mol 的单原子分子理想气体从状态 1 变为状态 2，如果变化过程不知道，但 1 和 2 两状态的压强、体积和温度都知道，则可求出（　　）。

A. 气体所做的功；　　B. 气体内能的变化；　　C. 气体传给外界的热量；　　D. 气体的质量。

8.2 图 8.40 分别表示某人设想的理想气体的四个循环过程,请选出其中一个在物理上可能实现的循环过程(　　)。

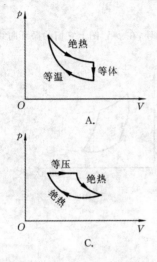
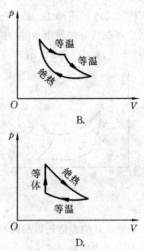

图 8.40

8.3 质量一定的理想气体,从相同状态出发,分别经历等温过程、等压过程和绝热过程,使其体积增加一倍,那么气体温度的改变(绝对值)在(　　)。

A. 绝热过程中最大,等压过程中最小;　　B. 绝热过程中最大,等温过程中最小;
C. 等压过程中最大,绝热过程中最小;　　D. 等压过程中最大,等温过程中最小。

8.4 在一容积不变的封闭容器内,理想气体分子的平均速率若提高为原来的 2 倍,则(　　)。

A. 温度和压强都提高为原来的 2 倍;
B. 温度为原来的 2 倍,压强为原来的 4 倍;
C. 温度为原来的 4 倍,压强为原来的 2 倍;
D. 温度和压强都为原来的 4 倍。

8.5 理想气体经历如图 8.41 所示的各过程,试判断各过程所吸收热量的正、负。

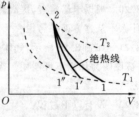

图 8.41

8.6 一定量的理想气体,经历某过程后,温度升高了,则根据热力学定律可以断定

(1) 该系统在此过程中吸了热;
(2) 在此过程中外界对该系统做了正功;
(3) 该系统的内能增加了;
(4) 在此过程中系统既从外界吸了热,又对外界做了正功。

以上正确的判断是(　　)。
A.(3);　　　　　　B.(1)、(3);
C.(2)、(3);　　　　D.(3)、(4)。

8.7 一定量的理想气体经历如图 8.42 所示的循环过程,则在此循环过程中,气体从外界吸热的过程是(　　)。

A. $A \to B$;　　　　B. $B \to C$;
C. $C \to A$;　　　　D. $B \to C$ 和 $C \to A$。

8.8 一定量的理想气体经历如图 8.43 所示的 acb 过程时吸热 500 J,则经历 $acbda$ 过程时,吸热为(　　)。

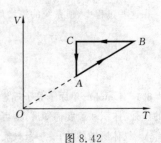

图 8.42

A. $-1\ 200$ J；　　　　B. -700 J；　　　　C. -400 J；　　　　D. 700 J。

8.9 热力学第一定律的公式仅适用于(　　)。

A. 同一过程的任何途径；　　　　　　　　B. 同一过程的可逆途径；

C. 不同过程的任何途径；　　　　　　　　D. 同一过程的不可逆途径。

8.10 一定量的理想气体，由平衡态 $A \rightarrow B$(见图 8.44)，则无论经过什么过程，系统必然(　　)。

A. 对外做正功；　　B. 内能增加；　　C. 从外界吸热；　　D. 向外界放热。

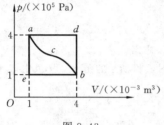

图 8.43

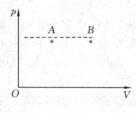

图 8.44

8.11 关于可逆过程和不可逆过程，以下四种判断中正确的是(　　)。

(1) 可逆过程一定是准静态过程；

(2) 准静态过程一定是可逆过程；

(3) 不可逆过程就是不能向相反方向进行的过程；

(4) 凡有摩擦的过程，一定是不可逆过程。

A. (1)、(2)、(3)；　　B. (1)、(2)、(4)；　　C. (2)、(4)；　　D. (1)、(4)。

8.12 不可逆过程是(　　)。

A. 不能反向进行的过程；　　　　　　　　B. 系统不能恢复到初始状态的过程；

C. 有摩擦存在的过程或者非准静态过程；　　D. 外界有变化的过程。

8.13 下列过程，其中可逆过程为(　　)。

(1) 用活塞缓慢地压缩绝热容器中的理想气体(活塞与器壁无摩擦)；

(2) 用缓慢的旋转叶子使绝热容器中的水温上升；

(3) 冰融化为水；

(4) 一个不受空气阻力和其他摩擦力作用的单摆的摆动。

A. (1)、(2)、(4)；　　B. (1)、(2)、(3)；　　C. (1)、(3)、(4)；　　D. (1)、(4)。

8.14 根据热力学第二定律，判断下列说法中正确的是(　　)。

A. 热量能从高温物体传到低温物体，但不能从低温物体传到高温物体；

B. 功可以全部变为热，但热却不能全部变为功；

C. 一切自发过程都是不可逆的；

D. 有规则运动的能量能够变为无规则运动的能量，但无规则运动的能量不能变为有规则运动的能量。

8.15 如图 8.45 所示，一定量的理想气体从体积 V_1 膨胀到体积 V_2 分别经历的过程是：$A \rightarrow B$ 等压过程，$A \rightarrow C$ 等温过程，$A \rightarrow D$ 绝热过程，其中吸热最多的过程(　　)。

A. 是 $A \rightarrow B$；　　B. 是 $A \rightarrow C$；　　C. 是 $A \rightarrow D$；

D. 既是 $A \rightarrow B$ 也是 $A \rightarrow C$，两过程吸热一样多。

8.16 理想气体分别进行如图 8.46 所示的两个卡诺循环 1($abcda$) 和 2($a'b'c'd'a'$)，且两条循环曲线所围的面积相等,设循环 1 的效率为 η,每次循环在高温热源处吸收的热量为 Q;循环 2 的效率为 η',每次循环在高温热源处吸收的热量为 Q',则(　　).

A. $\eta < \eta'$, $Q < Q'$;　　B. $\eta < \eta'$, $Q > Q'$;　　C. $\eta > \eta'$, $Q < Q'$;　　D. $\eta > \eta'$, $Q > Q'$.

8.17 1 mol 单原子理想气体从 300 K 加热到 350 K,(1) 体积保持不变;(2) 压强保持不变. 问:在这两个过程中各吸收了多少热量?增加了多少内能?对外做了多少功?

8.18 如果一定量的理想气体,其体积和压强依照 $V = a/\sqrt{p}$ 的规律变化,其中 a 为已知常数,试求:

(1) 气体从体积 V_1 膨胀到 V_2 所做的功;

(2) 体积为 V_1 时的温度 T_1 与体积为 V_2 时的温度 T_2 之比.

8.19 一可逆热机使 1 mol 的单原子理想气体经历如图 8.47 所示的循环过程,其中 $T_1 = 300$ K, $T_2 = 600$ K, $T_3 = 455$ K. 求:

(1) 各分过程吸收的热量以及系统对外所做的功;

(2) 循环的效率.

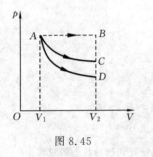

图 8.45

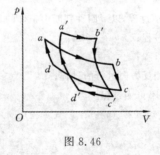

图 8.46

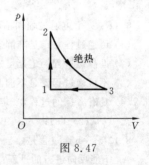

图 8.47

8.20 压强为 1.0×10^5 Pa,体积为 $0.008\ 2$ m³ 的氮气,从初始温度 300 K 加热到 400 K,加热时(1) 体积不变;(2) 压强不变,问各需热量多少?哪一个过程所需的热量大?为什么?

8.21 氧气瓶的容积为 32 dm³,压强为 130 atm,规定瓶内氧气的压强降至 10 atm 时,应停止使用并必须充气,以免混入其他气体. 今有一病房每天需用 1.0 atm 的氧气 400 dm³,问一瓶氧气可用几天?

8.22 将 1 000 J 的热量传给标准状态下 2 mol 的氢.

(1) 若体积不变,问这热量变为什么?氢的温度变为多少?

(2) 若温度不变,问这热量变为什么?氢的压强及体积各变为多少?

(3) 若压强不变,问这热量变为什么?氢的温度及体积各变为多少?

8.23 1 mol 双原子分子理想气体经过如图 8.48 所示的过程,其中 1→2 为直线过程、2→3 为绝热过程,3→1 为等温过程. 已知 T_1,且 $T_2 = 2T_1$, $V_3 = 8V_1$. 求:

(1) 各过程的功、热量和内能的变化;

(2) 该循环热机的效率.

8.24 用热力学第二定律证明:在 p-V 图上任意两条绝热线不可能相交.

8.25 地球上的人要在月球上居住,首要问题就是保持他们的起居室处于一个舒适的温度,现考虑用卡诺循环机来做温度调节,设月球白昼温度为 100℃,而夜间温度为 −100℃,起居室温度要保持在 20℃,通过起居室墙壁导热的速率为 0.5 kW/℃,求白昼和夜间给卡诺机所供的功率.

8.26 一定量的单原子分子理想气体,如图 8.49 所示,从初态 A 出发,沿图示直线过程变到

另一状态 B，又经过等体、等压两过程回到状态 A。

(1) 求 $A \to B, B \to C, C \to A$ 各过程中系统对外所做的功 A、内能的增量以及所吸收的热量 Q；

(2) 求整个循环过程中系统对外所做的净功以及从外界吸收的净热量；

(3) 求循环效率。

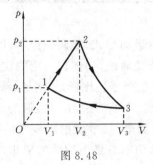

图 8.48

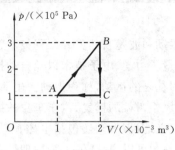

图 8.49

8.27 一定量的理想气体，在 p-T 图上经历如图 8.50 所示的循环过程 $abcda$，其中 ab、cd 为两个绝热过程，求该循环过程的效率。

8.28 一热机在 1 000 K 和 300 K 的两热源之间工作，如果

(1) 高温热源提高到 1 100 K，

(2) 低温热源降到 200 K，

求理论上的热机效率各增加多少？为了提高热机效率哪一种方案更好？

8.29 若某人一天大约向周围环境散发 8×10^6 J 的热量，试估算一天产生多少熵？略去进食时带进体内的熵，环境的温度取 273 K。

8.30 一房间有 N 个气体分子，半个房间的分子数为 n 的概率为

$$\Omega(n) = \sqrt{\frac{2}{N\pi}} e^{-2\left(n - \frac{N}{2}\right)^2 / N}$$

(1) 写出这种分布的熵的表达式（提示：$S = k \ln \Omega$）；

(2) $n = 0$ 状态与 $n = N/2$ 状态之间的熵变是多少？

(3) 如果 $N = 6 \times 10^{23}$，计算这个熵变。

8.31 如图 8.51 所示，由绝热壁构成的容器中间用导热隔板分成两部分，体积均为 V，各盛 1 mol 同种理想气体。开始时左半部温度为 T_A，右半部温度为 T_B（且 $T_B < T_A$）。经足够长时间两部分气体达到共同的热平衡温度 $T = (T_A + T_B)/2$，试计算此热传导过程初、终两态的熵变。

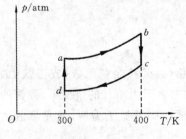

图 8.50

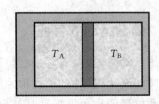

图 8.51

第 9 章 振 动 和 波

振动和波是自然界和工程技术领域广泛存在的运动形式,是研究声学、电磁学、光学、量子力学、电子技术以及自动控制的基础。狭义地说,物体在一定的位置附近做来回往复的运动,称为振动。生活中,物体做振动的例子比比皆是,例如,脉搏的跳动、微风中树枝的摇曳、汽车车身的振动、琴弦的振动、声带的振动、耳鼓膜的振动,等等。广义地说,振动还包括电磁振动,例如,家用交流电、信号发射天线中的电磁振荡,等等。可以说,任何一个物理量在某个确定的数值附近做周期性的变化,都可以称为振动。不论是机械振动,还是电磁振动,在本质上虽不相同,但就运动形式而言,它们都具有振动的共性,所遵从的规律也可以用统一的数学形式来描述。

振动状态在空间的传播称为波动,振动是波动产生的根源,波动是振动传播的过程。因此振动和波动是具有密切联系的两种物质运动形式。振动和波动不仅在自然界中广泛存在,而且在科学技术中也有着极其重要的应用。振动状态的传播过程,也是能量的传播过程,人类赖以生存的太阳能,就是凭借电磁波不断地从太阳传送到地球上来的。因此有关振动和波动的理论在声学、地震学、建筑工程、光学、无线电技术、信息科学以及现代物理学等领域内都是不可或缺的必要基础。不言而喻,研究振动和波动具有普遍而重要的意义。

在各种振动现象中,最简单而又最基本的振动是简谐运动。任何复杂的振动形式都可以看做是若干个简谐运动的合成。因此,研究简谐运动是进一步研究复杂振动的基础。本章将以机械振动和机械波为主要内容,从讨论简谐运动的基本规律着手,进而讨论振动的合成、波的传播规律及其运动特性。这对今后学习其他各种振动和波动的规律将不无裨益。

9.1 简谐运动

9.1.1 简谐运动的特征

物体运动时,如果离开平衡位置的位移(或角位移)按余弦函数(或正弦函数)的规律随时间变化,这种运动就称为简谐运动。在略去阻力不计的情况下,弹簧的小幅度振动和单摆的小角度振动都是简谐运动。下面以弹簧振子为例,研究简谐运动的运动规律。

如图 9.1 所示,一个轻质弹簧,原长为 l,左端固定,右端系一放在光滑水平桌面上的小物体,小物体的质量为 m。现在将物体从弹簧原长向右拉伸一定距离,然后放手,则物体将在水平桌面上做来回往复的直线振动。这一装置称为水平弹簧振子,可看做一振动系统。取水平向右为 Ox 轴的正方向,弹簧处在原长位置时,物体所受合力为零。这一位置称为平衡位置,取为坐标原点,如图 9.1(a)所示。将物体拉离平衡位置后撤去外力,物体将在平衡位置附近做往复的直线振动(略去空气阻力和桌面摩擦力),如图 9-2(b)、(c)所示。

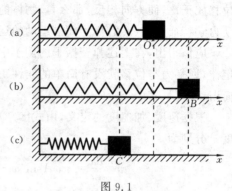

图 9.1

由胡克定律可知,在弹性限度内,物体所受到的弹性力 F,与物体相对于平衡位置的位移 x 成正比,弹性力的方向与位移的方向相反,始终指向平衡位置,故此力常称为线性回复力,即

$$F = -kx$$

式中,比例系数 k 为弹簧的劲度系数,它由弹簧本身的性质(材料、形状、大小等)所决定;负号表示力与位移的方向相反。根据牛顿第二定律,物体的加速度为

$$a = \frac{F}{m} = -\frac{k}{m}x = \frac{d^2 x}{dt^2} \tag{9.1}$$

对于一个给定的弹簧振子,k 与 m 都是常量,而且都是正值,令 $\frac{k}{m} = \omega^2$,这样式(9.1)可写成

$$\frac{d^2 x}{dt^2} = -\omega^2 x$$

即

$$\frac{d^2 x}{dt^2} + \omega^2 x = 0 \tag{9.2}$$

由高等数学知识可得,式(9.2)的解为

$$x = A\cos(\omega t + \varphi) \tag{9.3}$$

式(9.3)说明弹簧振子的振动是简谐运动,式(9.3)是简谐运动的运动学方程,简称简谐运动方程。式中,A 和 φ 是积分常量,它们的物理意义将在后面讨论。

考虑到三角恒等式

$$\cos(\omega t + \varphi) = \sin\left(\omega t + \varphi + \frac{\pi}{2}\right)$$

则式(9.3)也可写成

$$x = A\sin(\omega t + \varphi')$$

式中,$\varphi' = \varphi + \frac{\pi}{2}$。由上式可知,当物体做简谐运动时,其位移是时间的余弦函数或正弦函数。

由弹簧振子的振动可知,如果物体受到的力的大小总是与物体对其平衡位置的位移成正比，而方向相反，那么，该物体的运动就是简谐运动，这是物体做简谐运动的动力学特征。式(9.2)称为简谐运动的运动微分方程，即简谐运动的动力学方程。

应该指出，在上述弹簧振子的例子中，如果振动幅度过大，回复力不再遵从胡克定律，回复力与位移就没有简单的线性正比关系，显然，这时弹簧振子的运动将不是简谐运动。

根据速度、加速度的定义，由式(9.3)可得到做简谐运动的物体的速度 v 和加速度 a 分别为

$$v = \frac{dx}{dt} = -\omega A \sin(\omega t + \varphi) = v_m \cos\left(\omega t + \varphi + \frac{\pi}{2}\right) \tag{9.4}$$

式中，v_m 称为速度振幅。

$$a = \frac{d^2 x}{dt^2} = -\omega^2 A \cos(\omega t + \varphi) = a_m \cos(\omega t + \varphi + \pi) = -\omega^2 x \tag{9.5}$$

式中，a_m 称为加速度振幅。

由式(9.3)、式(9.4)和式(9.5)，可作出如图9.2所示的 x-t、v-t 和 a-t 图，分别对应于图9.2(a)、(b)和(c)。由图9.2可以看出，物体做简谐运动时，其位移、速度和加速度都做周期性变化。位移、速度和加速度曲线的周期 T 都相同，均为 $T = \frac{2\pi}{\omega}$，加速度的方向与位移恒相反。当位移达极大值时速度为零，而当位移为零时速度达极大值。

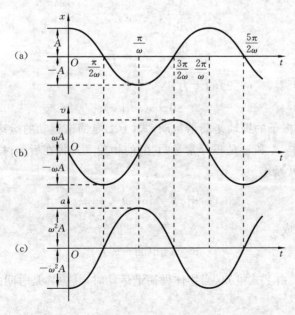

图 9.2

9.1.2 简谐运动的特征物理量

下面讨论式(9.3)中描述简谐运动特征的物理量 A、ω、$\omega t+\varphi$ 及其相关概念:振幅、周期(频率、角频率)和相位(初相位),其中相位的概念尤为重要。

1. 振幅

在简谐运动方程 $x=A\cos(\omega t+\varphi)$ 中,因 $\cos(\omega t+\varphi)$ 的最大绝对值等于 1,所以物体的最大位移的绝对值等于 A。简谐运动物体离开平衡位置最大位移的绝对值 A 称为振幅。

2. 周期和频率

振动的特征之一是运动具有周期性。物体做一次完全振动所经历的时间称为振动的周期,用 T 表示,周期的单位是 s。例如,在图 9.1 中,物体自位置 B 经 O 到达 C,然后再回到 B,所经历的时间就是一个周期。所以物体在任意时刻 t 的位移和速度,应与物体在时刻 $t+T$ 的位移和速度完全相同,于是有

$$x=A\cos(\omega t+\varphi)=A\cos[\omega(t+T)+\varphi]=A\cos(\omega t+\varphi+\omega T)$$

满足上述方程的 T 的最小值为 $\omega T=2\pi$,所以

$$T=\frac{2\pi}{\omega} \tag{9.6}$$

式中,ω 称为振动的角频率,又称圆频率;ω 的单位是 rad/s(弧度每秒)。

单位时间内物体所做的完全振动的次数称为振动的频率,用 ν 表示,它反映振动的快慢,单位是 Hz(赫[兹])。显然,频率与周期的关系为

$$\nu=\frac{1}{T}=\frac{\omega}{2\pi} \tag{9.7a}$$

或

$$\omega=2\pi\nu \tag{9.7b}$$

T、ν、ω 三个量中,只有一个量是独立的,知道其中一个量,可通过它们的关系求其他两个量。对于弹簧振子,$\omega=\sqrt{\dfrac{k}{m}}$,所以弹簧振子的周期为

$$T=2\pi\sqrt{\frac{m}{k}}$$

弹簧振子的频率为

$$\nu=\frac{1}{2\pi}\sqrt{\frac{k}{m}} \tag{9.7c}$$

由于弹簧振子的角频率 $\omega=\sqrt{\dfrac{k}{m}}$ 是由弹簧振子的质量 m 和劲度系数 k 所决定的,所以周期和频率只与振动系统本身的物理性质有关。这种只由振动系统本身的固有属性所决定的周期和频率,称为振动的固有周期和固有频率。

利用 T 和 ν,简谐运动方程可改写为

$$x = A\cos\left(\frac{2\pi}{T}t + \varphi\right), \quad x = A\cos(2\pi\nu t + \varphi)$$

3. 相位

力学中,物体在某一时刻的运动状态,可用位矢和速度来描述。对振幅和角频率都已给定的简谐运动,振动物体在任一时刻相对平衡位置的位移和速度都取决于物理量 $\omega t + \varphi$,也就是说,$\omega t + \varphi$ 既决定了振动物体在任意时刻相对平衡位置的位移,又决定了它在该时刻的速度。$\omega t + \varphi$ 称为振动的相位,它是决定简谐运动物体运动状态的物理量。"相"是"相貌"的意思,即相位决定了简谐运动的"相貌"。物体的振动,在一个周期之内,每一时刻的运动状态都不相同,这相当于相位经历着从 0 到 2π 的变化。例如,图 9.1 中的弹簧振子,当相位 $\omega t_1 + \varphi = \frac{\pi}{2}$ 时,$x = 0$,$v = -\omega A$,即在 t_1 时刻物体在平衡位置,并以速率 ωA 向左运动;而当相位 $\omega t_2 + \varphi = \frac{3\pi}{2}$ 时,$x = 0$,$v = \omega A$,即在 t_2 时刻物体也在平衡位置,但以速率 ωA 向右运动。可见,在 t_1 和 t_2 两时刻,由于振动的相位不同,物体的运动状态也不相同。凡是位移和速度都相同的运动状态,它们所对应的相位相差 2π 或 2π 的整数倍。由此可见,相位是反映周期性特点,并用以描述运动状态的重要物理量。

当 $t = 0$ 时,相位 $\omega t + \varphi = \varphi$,故 φ 称为初相位,简称初相。它是决定初始时刻(即开始计时的起点)振动物体运动状态的物理量。例如,若 $\varphi = 0$,则在 $t = 0$ 时,由式(9.3)和式(9.4)可分别得出 $x_0 = A$ 及 $v_0 = 0$,这表示所选的计时起点,是物体位于正最大位移处,且速率为零的这一时刻。

4. 常数 A 和 φ 的确定

积分常数 A 和 φ 是求解简谐运动的微分方程时引入的,其值由初始条件(在 $t = 0$ 时物体相对平衡位置的位移 x_0 和速度 v_0)来确定。将 $t = 0$ 时的 x_0 和 v_0 值代入式(9.3)和式(9.4)可得

$$x_0 = A\cos\varphi, \quad v_0 = -\omega A\sin\varphi$$

而由此两式可得 A、φ 的解为

$$A = \sqrt{x_0^2 + \frac{v_0^2}{\omega^2}} \tag{9.8}$$

$$\tan\varphi = -\frac{v_0}{\omega x_0} \tag{9.9}$$

其中,φ 所在象限可由 x_0 及 v_0 的正、负号确定。一般来说,φ 的取值在 $-\pi$ 和 π(或 0 和 2π)之间。

总之,对于给定的振动系统,周期(或频率)由振动系统本身的性质决定,而振幅和初相位则由初始条件决定。

*9.1.3 简谐运动的旋转矢量表示法

简谐运动除了用三角函数表示外,还可用旋转矢量来表示。所谓旋转矢量表示

法就是用匀速旋转的矢量的端点在水平坐标轴上的投影的运动来描述简谐运动。它还给出了简谐运动方程中 A、ω 和 φ 三个物理量的简单的几何意义,并为后面讨论简谐运动的叠加提供简捷的方法。

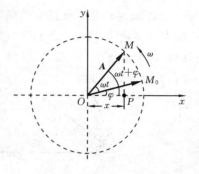

图 9.3

如图 9.3 所示,M 是以恒定的角速度 ω 绕半径为 A 的圆周逆时针运动的一点。点 P 是 M 在沿 x 轴水平直线上的投影。我们将点 M 称为参考点,M 所在的圆周称为参考圆。当参考点 M 做匀速圆周运动时,投影点 P 就沿着水平直径来回运动。M 位移的 x 分量总是与点 P 的位移相同;M 速度的 x 分量总是与点 P 的速度相同;M 加速度的 x 分量总是与点 P 的加速度相同。

设在 $t=0$ 时,M 在位置 M_0,半径 OM_0 与 Ox 轴的夹角为 φ;在以后任意时刻 t,OM 与 Ox 轴的夹角为 $\omega t+\varphi$,点 M 以恒定的角速度运动。所以在任一时刻 t,M 在 x 轴上的投影为

$$x=A\cos(\omega t+\varphi)$$

与式(9.3)比较,它恰是沿 Ox 轴做简谐运动的物体在 t 时刻相对于原点 O 的位移。因此,旋转矢量 A 的矢端 M 在 Ox 轴上的投影点 P 的运动,可表示物体在 Ox 轴上的简谐运动。矢量 A 以角速度 ω 旋转一周,相当于物体在 x 轴上做一次完全振动。

由此可见,简谐运动的角频率 ω 与参考点的角速度相同,简谐运动的频率 ν 与单位时间内参考点在圆周上的转数相同。因此,$\omega=2\pi\nu$。简谐运动的周期 T 与参考点在圆周上绕行一周所需要的时间相同。在任何时刻 t,OM 与 x 轴所成的角 $\omega t+\varphi$ 为简谐运动的相位。在 $t=0$ 时,OM 与 x 轴所成的角 φ 为简谐运动的初相位。简谐运动的振幅与参考圆的半径相同。

利用旋转矢量可以比较两个同频率简谐运动的步调。设有下列两个简谐运动

$$x_1=A_1\cos(\omega t+\varphi_1)$$
$$x_2=A_2\cos(\omega t+\varphi_2)$$

它们的相位之差称为相位差,用 $\Delta\varphi$ 表示,即

$$\Delta\varphi=(\omega t+\varphi_2)-(\omega t+\varphi_1)=\varphi_2-\varphi_1$$

也就是说两个同频率的简谐运动在任意时刻的相位差,都等于其初相位差。如果 $\Delta\varphi=\varphi_2-\varphi_1>0$(见图 9.4(a)),则说 x_2 振动超前 x_1 振动 $\Delta\varphi$,或者说 x_1 振动落后于 x_2 振动 $\Delta\varphi$。另外,由于简谐运动具有连续性,所以为简便计,常把 $|\Delta\varphi|$ 的值说成是 $\leqslant\pi$ 的值。例如,当 $\Delta\varphi=3\pi/2$ 时(图 9.4(b)),通常不说 x_2 振动超前 x_1 振动 $3\pi/2$,而说成 x_2 振动落后于 x_1 振动 $\pi/2$,或说 x_1 振动超前 x_2 振动 $\pi/2$。

如果 $\Delta\varphi=0$(或者 2π 的整数倍),就说两个振动是同相的,即它们将同时到达正最大位移处,同时到达平衡位置,又同时到达负最大位移处,两个振动的步调完全一

致。如果 $\Delta\varphi=\pi$(或者 π 的奇数倍),就说两个振动是反相的,即当它们中的一个到达正最大位移处时,另一个却到达负最大位移处,两个振动的步调完全相反。同相和反相的旋转矢量及 $x\text{-}t$ 曲线如图 9.5 所示。

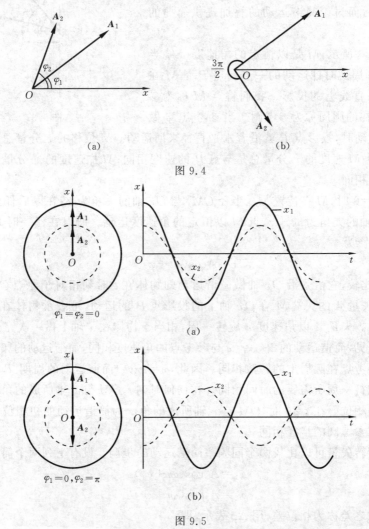

图 9.4

图 9.5

例题 9.1 垂直悬挂的弹簧下端系一质量为 m 的物体,弹簧伸长量为 b,如图 9.6 所示。若先用手将物体上托,使弹簧处于自然长度,然后放手。

(1) 试证物体的运动是简谐运动;

(2) 写出物体简谐运动的表达式。

解 (1) 取物体所受的合外力等于零的位置为平衡位置,以平衡位置为坐标原点 O,建立坐标系 Ox,如图 9.6 所示。当物体处于平衡位置时,有

$$mg-kb=0$$

式中,b 为弹簧悬挂物体后的伸长量。由上式解得

$$b = \frac{mg}{k}$$

设物体在运动过程中某一时刻的坐标为 x,此时作用在物体上的合外力为

$$F = mg - k(x+b) = -kx$$

由上式即可判定物体做简谐运动。

(2) 由牛顿第二定律可列出物体运动的微分方程为

$$m\frac{d^2x}{dt^2} = -kx \quad \text{或} \quad \frac{d^2x}{dt^2} + \frac{k}{m}x = 0$$

式中,x 前面的系数就是小球做简谐运动的角频率的平方,即 $\omega = \sqrt{\frac{k}{m}}$。将 $b = \frac{mg}{k}$ 代入 $\omega = \sqrt{\frac{k}{m}}$,可得

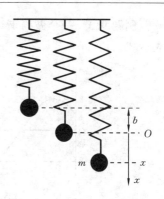

图 9.6

$$\omega = \sqrt{\frac{g}{b}}$$

选定平衡位置为计时起点,则初始条件为 $t=0$ 时,$x_0 = -b$,$v_0 = 0$,利用式(9.8)和式(9.9)可分别求得振幅和初相位为 $A = b$,$\varphi = \pi$。因而,该物体的简谐运动的表达式为

$$x = b\cos\left(\sqrt{\frac{g}{b}}t + \pi\right)$$

从例 9.1 可以看出,对一个弹簧振子而言,其垂直悬挂时的振动角频率和在水平面上振动时的角频率相同,均由系统本身的参量决定。

例题 9.2 一物体做简谐运动,其振幅为 0.02 m,速度的最大值是 0.04 m/s。求:

(1) 振动的周期;

(2) 加速度的最大值;

(3) 若 $t=0$ 时刻速度具有正的最大值,写出振动方程。

解 (1) 因为速度的最大值 $v_m = \omega A$,故

$$\omega = \frac{v_m}{A} = 2 \text{ rad/s}$$

由此可得振动周期

$$T = \frac{2\pi}{\omega} = 3.14 \text{ s}$$

(2) 加速度的最大值为

$$a_m = \omega^2 A = \frac{v_m^2}{A} = 8 \times 10^{-2} \text{ m/s}^2$$

(3) 根据初始条件($x_0 = 0, v_0 = v_m$)可求得初相位

$$\varphi = \arctan\left(-\frac{v_0}{\omega x_0}\right) = \arctan(-\infty) = -\frac{\pi}{2}$$

所以其运动方程为

$$x = A\cos(\omega t + \varphi) = 2 \times 10^{-2}\cos\left(2t - \frac{\pi}{2}\right) \text{ m}$$

例题 9.3 一个做简谐运动的物体,其振动曲线如图 9.7 所示,试写出该振动的表达式。

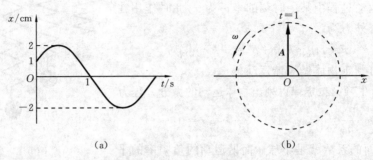

图 9.7

解 任何简谐运动都可以表示为

$$x = A\cos(\omega t + \varphi)$$

由振动曲线可知,振幅 $A = 2$ cm,初始条件为 $t = 0$ 时,$x_0 = \dfrac{A}{2} = 1$ cm,$v_0 > 0$。由初始条件,利用解析法或旋转矢量图都可得出初相位 φ 为 $-\dfrac{\pi}{3}$。

由图 9.7(a)可知,当 $t = 1$ s 时,$x = 0$,此时物体向负方向移动,即 $v < 0$,由旋转矢量图 9.7(b),可知对应的相位

$$\omega t + \varphi \Big|_{t=1} = \dfrac{\pi}{2}$$

得

$$\omega = \dfrac{5}{6}\pi$$

从而便可写出此简谐运动的表达式为

$$x = 0.02\cos\left(\dfrac{5}{6}\pi t - \dfrac{\pi}{3}\right)$$

9.1.4 几种常见的简谐运动

1. 单摆

如图 9.8 所示,一根不会伸缩的细线的一端固定在点 A,另一端悬挂一体积很小、质量为 m 的重物,细线静止地处于铅直位置时,重物在位置 O。此时,作用在重物上的合力为零,位置 O 即为平衡位置,若把重物从平衡位置略微移开后放手,重物就在平衡位置附近往复地运动。这一振动系统称为单摆。常把重物称为摆锤,细线称为摆线。

设在某一时刻,单摆的摆线偏离铅垂线的角位移为

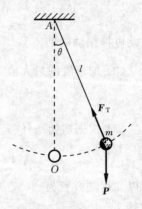

图 9.8

θ,如图 9.8 所示,并规定摆锤在平衡位置的右方时,θ 为正;在左方时,θ 为负。若悬线长为 l,则重力 P 在切线方向的分力大小为 $mg\sin\theta$,负号表示力方向与角位移 θ 的方向相反,即

$$f = -mg\sin\theta$$

当角位移很小时(小于 5°),$\sin\theta \approx \theta$,即

$$f \approx -mg\theta \tag{9.10}$$

由于摆锤的切向加速度为 $a_t = l\dfrac{d^2\theta}{dt^2}$,所以由牛顿第二定律可得

$$ml\dfrac{d^2\theta}{dt^2} = -mg\theta$$

或

$$\dfrac{d^2\theta}{dt^2} + \dfrac{g}{l}\theta = 0 \tag{9.11}$$

式(9.11)表明,在 θ 很小时,单摆的角加速度与角位移成正比但方向相反,这与式(9.2)的形式完全一样,可见单摆的运动具有简谐运动的特征,因而也是简谐运动。

把式(9.11)与式(9.2)比较,可得单摆的角频率和周期分别为

$$\omega = \sqrt{\dfrac{g}{l}}, \quad T = 2\pi\sqrt{\dfrac{l}{g}} \tag{9.12}$$

可见,单摆的周期取决于摆长和该处的重力加速度。利用式(9.12)可通过测量单摆的周期以确定该地点的重力加速度。

2. 复摆

一个可绕固定轴 O 摆动的刚体称为复摆,又称物理摆,如图 9.9 所示。平衡时,摆的重心 C 在轴的正下方。摆动时,重心与轴的连线 OC 偏离平衡时的竖直位置。设在任一时刻 t,其间的夹角为 θ,规定偏离平衡位置沿逆时针方向转过的角位移为正。这时复摆受到关于 O 轴的力矩为

$$M = -mgl\sin\theta$$

式中,负号表明力矩 M 的转向与角位移 θ 的转向相反。

当摆角很小时,$\sin\theta \approx \theta$,则

$$M = -mgl\theta$$

设复摆绕 O 轴的转动惯量为 I,根据转动定律得

$$I\dfrac{d^2\theta}{dt^2} = -mgl\theta$$

或

$$\dfrac{d^2\theta}{dt^2} = -\dfrac{mgl}{I}\theta \tag{9.13}$$

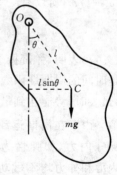

图 9.9

与式(9.2)相比较,可知复摆的摆角很小时也在平衡位置附近做简谐运动,其周期为

$$T = \dfrac{2\pi}{\omega} = 2\pi\sqrt{\dfrac{I}{mgl}} \tag{9.14}$$

式(9.14)表明复摆的周期也完全取决于振动系统本身的性质。由复摆的振动周期公

式可知,如果测出摆的质量、重心到转轴的距离以及摆的周期,就可以求得此物体绕轴的转动惯量。有些形状复杂的物体的转动惯量,用数学方法进行计算比较困难,有时甚至是不可能的,但用振动方法可以测得。

对于长为 l、可绕其一端的轴转动的细杆,$I=\dfrac{1}{3}ml^2$,所以绕杆端轴线振动的周期为

$$T=2\pi\sqrt{\dfrac{2l}{3g}}$$

9.1.5 简谐运动的能量

下面仍以图 9.1 的弹簧振子为例来说明振动系统的能量。设在某一时刻,物体的速度为 v,则系统的动能

$$E_k=\dfrac{1}{2}mv^2=\dfrac{1}{2}m\omega^2A^2\sin^2(\omega t+\varphi) \tag{9.15}$$

若该时刻物体的位移为 x,则系统的弹性势能

$$E_p=\dfrac{1}{2}kx^2=\dfrac{1}{2}kA^2\cos^2(\omega t+\varphi) \tag{9.16}$$

由式(9.15)和式(9.16)可知,物体做简谐运动时,系统的动能和势能都随时间 t 做周期性的变化。当物体的位移最大时,势能达到最大值,动能为零;当物体的位移为零时,势能为零,而动能却达到最大值。

系统的总能量

$$E=E_k+E_p=\dfrac{1}{2}m\omega^2A^2\sin^2(\omega t+\varphi)+\dfrac{1}{2}kA^2\cos^2(\omega t+\varphi)$$

因 $\omega^2=k/m$,所以有

$$E=\dfrac{1}{2}m\omega^2A^2=\dfrac{1}{2}kA^2 \tag{9.17}$$

式(9.17)表明,弹簧振子做简谐运动的总能量与振幅的二次方成正比。而 E_k 和 E_p 均是时间的周期性函数,它们变化的周期是振动周期的一半,为 $T/2$。当位移(绝对值)最大时,势能达到最大值,动能为零;物体通过平衡位置时,势能为零,动能达到最大值。由于在简谐运动过程中,只有系统的保守内力(如弹性力)做功。其他非保守内力和外力均不做功,所以系统做简谐运动的总能量必然守恒,即系统的动能 E_k 与势能 E_p 不断地相互转换,总能量却保持恒定,如图 9.10 所示(设 $\varphi=0$)。

上面是从简谐运动的运动学方程出发,得出谐振系统的总机械能守恒这一结

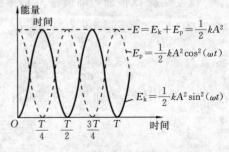

图 9.10

论的,这一结论也可以用简谐运动的动力学方程导出。

由式(9.1)有
$$m\frac{d^2x}{dt^2}=-kx$$

两边乘以 dx,得
$$m\frac{d^2x}{dt^2}dx=-kxdx \quad 或 \quad m\frac{dv}{dt}dx=-kxdx$$

即
$$mvdv=-kxdx$$

设初始时刻振子的位移是 x_0,速度是 v_0,对上式两边积分到任一时刻的位移 x 和速度 v,即
$$\int_{v_0}^{v}mvdv=-\int_{x_0}^{x}kxdx$$

得
$$\frac{1}{2}mv^2+\frac{1}{2}kx^2=\frac{1}{2}mv_0^2+\frac{1}{2}kx_0^2$$

等式右边两项之和就是初始时刻振子系统的总机械能 E,即
$$\frac{1}{2}mv^2+\frac{1}{2}kx^2=E$$

式中,$\frac{1}{2}mv^2$ 是弹簧振子的动能,$\frac{1}{2}kx^2$ 是弹簧振子的弹性势能。把式(9.15)和式(9.16)代入即可得
$$\frac{1}{2}m\omega^2A^2\sin^2(\omega t+\varphi)+\frac{1}{2}kA^2\cos^2(\omega t+\varphi)=E$$

再代以 $\frac{k}{m}=\omega^2$,即得
$$E=\frac{1}{2}kA^2$$

一个随时间变化的物理量 $f(t)$,在时间 T 内的平均值定义为
$$\bar{f}=\frac{1}{T}\int_0^T f(t)dt$$

因而弹簧振子在一个周期内的平均动能为
$$\bar{E}_k=\frac{1}{T}\int_0^T \frac{1}{2}mA^2\omega^2\sin^2(\omega t+\varphi)dt=\frac{1}{4}mA^2\omega^2=\frac{1}{4}kA^2$$

弹簧振子在一个周期内的平均势能为
$$\bar{E}_p=\frac{1}{T}\int_0^T \frac{1}{2}kA^2\cos^2(\omega t+\varphi)dt=\frac{1}{4}kA^2=\frac{1}{4}mA^2\omega^2$$

由此可见,简谐运动的动能与势能在一个周期内的平均值相等,它们都等于总能量的一半。

例题 9.4 质量为 0.1 kg 的物体,以 0.01 m 的振幅做简谐运动,其最大加速度为 0.04 m/s²,求:

(1) 振动的周期;

(2) 系统振动的总能量;

(3) 物体在何处时,其动能和势能相等;
(4) 位移等于振幅的一半时,动能与势能之比。

解 (1) 物体做简谐运动时,其加速度表达式为
$$a = -\omega^2 A\cos(\omega t + \varphi)$$

最大加速度为 $a_m = \omega^2 A$,即 $\omega = \sqrt{\dfrac{a_m}{A}}$,则振动周期

$$T = \frac{2\pi}{\omega} = 2\pi\sqrt{\frac{A}{a_m}} = 2\pi\sqrt{\frac{0.01}{0.04}}\text{ s} = 3.14\text{ s}$$

(2) 总能量为
$$E = \frac{1}{2}m\omega^2 A^2 = \frac{1}{2}m a_m A = 0.5\times 0.1\times 0.04\times 0.01\text{ J} = 2\times 10^{-5}\text{ J}$$

(3) 设物体的位移为 x 时动能和势能相等,即势能为总能量的一半,故
$$E_p = \frac{1}{2}kx^2 = \frac{1}{2}E = \frac{1}{4}kA^2$$

解得
$$x = \pm\frac{\sqrt{2}}{2}A = \pm\frac{\sqrt{2}}{2}\times 0.01\text{ m} = \pm 7.07\times 10^{-3}\text{ m}$$

(4) 当 $x = -\dfrac{1}{2}A$ 时,
$$E_p = \frac{1}{2}kx^2 = \frac{1}{2}k\left(\frac{1}{2}A\right)^2 = \frac{1}{4}E$$

$$E_k = E - E_p = E - \frac{1}{4}E = \frac{3}{4}E$$

则此时的动能与势能之比为
$$\frac{E_k}{E_p} = 3$$

*9.2 阻尼振动 受迫振动 共振

9.2.1 阻尼振动

前面所讨论的简谐运动,没有考虑摩擦阻力等因素的影响,所以在振动过程中系统的机械能是守恒的。由于能量与振幅的二次方成正比,所以振幅始终保持不变,这种振动常称为无阻尼自由振动。然而实际的振动总要受到阻力的影响,由于克服阻力做功,振动系统的能量不断地减少。这种振幅随时间而减小的振动称为阻尼振动。阻尼振动是在弹性力(或准弹性力)和阻力共同作用下的振动。

阻尼振动能量减少的方式有两种,一种是振动系统受到摩擦阻力作用,使振动系统的能量通过摩擦逐渐变为热运动的能量,这种方式称为摩擦阻尼。另一种是振动物体要与周围的介质产生相互作用,使振动向外传播形成波,随着波的传播系统的能

量逐渐减少,转变为波动的能量,这种方式称为辐射阻尼。例如,音叉振动时,不仅因为摩擦而消耗能量,同时也因辐射声波而减少能量。在振动的研究中,常把辐射阻尼等效为摩擦阻尼。下面仅考虑摩擦阻尼这一种简单情况,在物体速度不太大时,阻力与速度大小成正比,方向总是与速度相反,即

$$f = -\gamma v = -\gamma \frac{dx}{dt}$$

式中,γ 称为阻力系数,它的大小由物体的形状、大小和介质的性质来决定。

设振动物体的质量为 m,在弹性力和阻力作用下运动,则物体的运动方程为

$$m\frac{d^2x}{dt^2} = -kx - \gamma\frac{dx}{dt}$$

令 $\frac{k}{m} = \omega_0^2$,$\frac{\gamma}{m} = 2\beta$,代入上式后运动方程可改写为

$$\frac{d^2x}{dt^2} + 2\beta\frac{dx}{dt} + \omega_0^2 x = 0 \tag{9.18}$$

式中,ω_0 为无阻尼时振子的固有角频率,β 称为阻尼因子。

对于微分方程,在阻尼较小的情况($\beta < \omega_0$),其解为

$$x = A_0 e^{-\beta t}\cos(\omega' t + \varphi_0') \tag{9.19}$$

式中

$$\omega' = \sqrt{\omega_0^2 - \beta^2} \tag{9.20}$$

A_0 和 φ_0' 为积分常数,可由初始条件决定。式(9.19)说明阻尼振动的位移和时间的关系为两项的乘积,其中 $\cos(\omega' t + \varphi_0')$ 反映了在弹性力和阻力作用下的周期运动;而 $A_0 e^{-\beta t}$ 则反映了阻尼对振幅的影响。

阻尼振动可以用放在液体介质中的弹簧振子的振动来演示,如图 9.11 所示。若液体是水,振动可维持一段时间,但振幅越来越小,这种情况称为欠阻尼。若液体换成黏滞性很大的油,则振子将缓慢地回到平衡位置,其后就静止不动了,这种情况称为过阻尼。若油的黏滞性不是太大,振子刚回到平衡位置就不再振动了,这种情况称为临界阻尼。图 9.12 给出了上述三种情况下的位移-时间曲线。

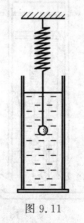

图 9.11　　　　　　　　　图 9.12

在生产和技术上,阻尼振动常用于控制系统的振动。例如,各种大型机器设备安装有阻尼装置来减少机器的振动,各种电表(电压表、电流表等)为了使指针很快稳定在读数位置而不振动,以便很快读出数据来,都设计有阻尼装置。

9.2.2 受迫振动

在实际的振动系统中,阻尼总是客观存在的。要使振动持续不断地进行,须对系统施加一周期性的外力。系统在周期性外力作用下发生的振动,称为受迫振动。这种周期性的外力称为驱动力。如扬声器中纸盆的振动、机器运转时引起基座的振动,都是受迫振动。

为简单起见,假设驱动力有如下形式

$$F=F_0\cos(\omega t)$$

式中,F_0 为驱动力的幅值,ω 为驱动力的角频率。物体在弹性力、阻力和驱动力的作用下,其运动方程为

$$m\frac{d^2x}{dt^2}=-kx-\gamma\frac{dx}{dt}+F_0\cos(\omega t) \tag{9.21}$$

仍令 $\frac{k}{m}=\omega_0^2$,$\frac{\gamma}{m}=2\beta$,则式(9.21)可写为

$$\frac{d^2x}{dt^2}+2\beta\frac{dx}{dt}+\omega_0^2 x=\frac{F_0}{m}\cos(\omega t)$$

在阻尼较小的情况,上述方程的解为

$$x=A_0 e^{-\beta t}\cos(\omega' t+\varphi'_0)+A\cos(\omega t+\varphi_0) \tag{9.22}$$

此解表示,在驱动力开始作用的阶段,系统的振动是非常复杂的,可以看成是两个振动的合成,一个振动由式(9.22)的第一项表示,它是一个减幅的振动;另一个振动由式(9.22)的第二项表示,它是一个振幅不变的振动。经过一段时间后,第一项分振动将减弱到可以略去不计,余下的就是受迫振动达到稳定状态后的等幅振动,其表达式为

$$x=A\cos(\omega t+\varphi_0) \tag{9.23}$$

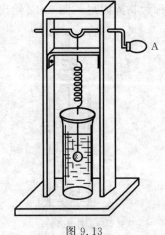

图 9.13

用图 9.13 的装置可以演示受迫振动。置于水中的弹簧振子的上端连接到一个如图 9.13 所示的摇杆上,转动手柄 A,弹簧振子即受到一个周期性外力的作用而做受迫振动。受迫振动开始时的情况比较复杂,但经过很短一段时间就达到稳定状态,这时振动频率与周期性外力的频率相等,振幅保持不变。

应该指出,稳定时的受迫振动的表达式虽然和无阻尼自由振动的表达式相同,都是简谐运动,但其实质已有所不同。首先,受迫振动的角频率不是振子的固有角频率,而是驱动力的角频率;其次,受迫振动的振幅和初

相位不是取决于振子的初始状态,而是依赖于振子的性质、阻尼的大小和驱动力的特征的。

从能量的角度看,当受迫振动达到稳定后,周期性外力在一个周期内对振动系统做功所提供的能量,恰好用来补偿系统在一个周期内克服阻力做功所消耗的能量,因而使受迫振动的振幅保持稳定不变。

9.2.3 共振

在图 9.13 的演示实验中,改变摇动手柄的速度,以改变周期性外力的频率,这时发现弹簧振子的振幅也会随之发生变化。当周期性外力的频率 ν_p 与振子的固有频率 ν_0 接近时,振子的振幅显著增加,在某一频率时,振幅达到最大。在不同阻尼情况下,受迫振动的振幅 A 与 ν_p 的关系如图 9.14 所示。在周期性外力作用下,受迫振动的振幅达到最大值的现象称为共振。达到共振时的频率称为共振频率,在阻尼趋向于零时,共振频率等于系统的固有频率。

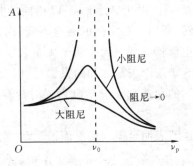

图 9.14

共振现象在许多领域中得到了广泛应用,例如,在电子技术中利用电谐振获得需要的电信号,如收音机的调谐装置就是利用了共振现象,以接收某一频率的电台广播;利用电磁波与原子或分子等微观粒子作用时产生的共振对微观物质结构进行研究,如用超声波发生器测量金属的厚度,是利用超声波发生器的频率可均匀地改变,当该发生器与金属壁接触时,若发生器的振荡频率正好等于金属壁的固有频率,金属壁所产生的振动便特别强烈,根据金属壁的振动强度可测出其厚度;各种不同的物质对不同频率的光有不同的吸收,也涉及共振现象。共振在一些情况下也会带来危害。例如,桥梁不断受到河流中风浪的冲击以及来往车辆车轮的作用,当这些外界的作用力的频率接近于桥梁的固有频率时引起的共振会使桥梁遭受到严重破坏。发生在一些机械设备上的共振,也会使机件受损,严重时,直接影响设备正常工作,因此,消除共振也是实际工作中经常遇到的课题。

9.3 振动的合成

振动合成的现象,在我们的生活中时常发生。例如,轮船中悬挂的钟摆在船体破浪行驶时,摆的运动就是多种振动合成的运动。空气中往往有几个不同的声波同时传到某一点,该点的空气介质就同时参与几个不同的振动。振动的合成在声学、光学、无线电技术与电工学中有着广泛的应用。一般的振动合成显然是比较复杂的,下面讨论几种简单且基本的简谐运动的合成。

9.3.1 两个同方向同频率简谐运动的合成

设两个在同一直线上进行的同频率的简谐运动,在任一时刻 t 的位移分别为

$$x_1 = A_1\cos(\omega t + \varphi_1)$$
$$x_2 = A_2\cos(\omega t + \varphi_2)$$

它们的合振动可应用旋转矢量法求出。如图 9.15 所示,从 x 轴的坐标原点 O 分别作两个长度为 A_1、A_2 的旋转矢量 $\mathbf{A}_1$ 和 $\mathbf{A}_2$。开始时($t=0$),它们与 Ox 轴的夹角分别为 φ_1 和 φ_2,在 Ox 轴上的投影分别为 x_1 及 x_2。由于 $\mathbf{A}_1$ 和 $\mathbf{A}_2$ 以相同的角速度 ω 逆时针旋转,所以它们之间的夹角不变,因而合矢量 $\mathbf{A}$ 的大小也保持不变。因为两个矢量在 x 轴上的投影之和必

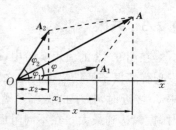

图 9.15

等于两个矢量之和的投影,所以合矢量 $\mathbf{A}$ 就是合振动的振幅矢量,合矢量 $\mathbf{A}$ 也以相同的角速度 ω 绕点 O 做逆时针旋转,合振动的运动方程为

$$x = A\cos(\omega t + \varphi)$$

这就表明合振动仍是简谐运动,它的角频率与分振动的角频率相同,而其合振幅为

$$A = \sqrt{A_1^2 + A_2^2 + 2A_1A_2\cos(\varphi_2 - \varphi_1)} \tag{9.24}$$

合振动的初相位为

$$\varphi = \arctan\frac{A_1\sin\varphi_1 + A_2\sin\varphi_2}{A_1\cos\varphi_1 + A_2\cos\varphi_2} \tag{9.25}$$

从式(9.24)可以看出,合振幅与两分振动的振幅以及它们的初相位差 $\varphi_2 - \varphi_1$ 有关。

(1) 初相位差 $\varphi_2 - \varphi_1 = 2k\pi$ ($k = 0, \pm 1, \pm 2, \cdots$),则此时两分振动同相,如图 9.16(a)所示。两分振动的振幅方向相同,所以得到

$$A = \sqrt{A_1^2 + A_2^2 + 2A_1A_2} = A_1 + A_2 \tag{9.26}$$

即合振幅等于两分振动的振幅之和,合成结果为相互加强。

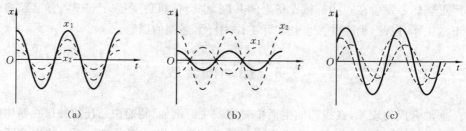

图 9.16

(a) $\varphi_2 - \varphi_1 = 2k\pi, A = A_1 + A_2$; (b) $\varphi_2 - \varphi_1 = (2k+1)\pi, A = |A_1 - A_2|$; (c) 任意相位差

(2) 初相位差 $\varphi_2 - \varphi_1 = (2k+1)\pi$ ($k = 0, \pm 1, \pm 2, \cdots$),此时两个分振动反相,如图 9.16(b)所示。两分振动的振幅矢量方向相反,所以

$$A = \sqrt{A_1^2 + A_2^2 - 2A_1A_2} = |A_1 - A_2| \tag{9.27}$$

即合振幅等于两分振动振幅之差的绝对值,即合成结果为相互减弱。如果 $A_1=A_2$ 则两个分振动互相抵消。

在一般情形下,初相位差 $\varphi_2-\varphi_1$ 可取任意值,而合振幅值则在 A_1+A_2 和 $|A_1-A_2|$ 之间,如图 9.16(c)所示。

上述结论可以推广到多个同方向、同频率简谐运动的合成。

例题 9.5 已知两个简谐运动的表达式分别为

$$x_1=2\cos\left(10\pi t+\frac{\pi}{2}\right)$$

$$x_2=2\cos(10\pi t-\pi)$$

求:

(1) 合振动的表达式;

(2) 若 $x_3=3\cos(10\pi t+\theta)$,则 θ 为何值时,三个简谐运动叠加后,合振动的振幅最大? θ 为何值时,三个简谐运动叠加后,合振动的振幅最小?

解 (1) 这是两个同方向、同频率的简谐运动的合成问题,$t=0$ 时刻两个简谐运动对应的旋转矢量如图 9.17 所示。由三角关系可推得,合振动的振幅及初相位分别为

$$A=\sqrt{2}A_1=\sqrt{2}A_2=\sqrt{2}\times 2=2\sqrt{2},\quad \varphi=\frac{3\pi}{4}$$

因此合振动的表达式为

$$x=2\sqrt{2}\cos\left(10\pi t+\frac{3\pi}{4}\right)$$

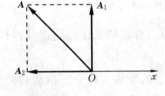

图 9.17

(2) 从图 9.17 中可见,当 A_3 与 A 同相位时,三个简谐运动的合振动的振幅最大,由

$$\theta-\varphi=2k\pi \quad (k=0,\pm 1,\cdots)$$

可得

$$\theta=2k\pi+\frac{3\pi}{4} \quad (k=0,\pm 1,\cdots)$$

此时最大合振幅为 $3+2\sqrt{2}\approx 5.83$。

当 A_3 与 A 相位相反时,三个简谐运动的合振幅最小,由

$$\theta-\varphi=(2k+1)\pi \quad (k=0,\pm 1,\cdots)$$

可得

$$\theta=2k\pi+\frac{7\pi}{4} \quad (k=0,\pm 1,\cdots)$$

此时最小合振幅为 $3-2\sqrt{2}\approx 0.17$。

9.3.2 两个同方向不同频率简谐运动的合成

设一质点同时独立地参与同一方向振动的两个不同频率的简谐运动。为简单起见,考虑一种特殊情形,角频率相差很小,即 $\omega_1\approx\omega_2$,而 $\omega_2>\omega_1$,且两者均远大于它们的差值,即 $\omega_1\gg\omega_2-\omega_1$,$\omega_2\gg\omega_2-\omega_1$。由于 $\omega_2>\omega_1$,因此两分振动的相位差不固定,

是随时间变化而变化的。可以选择两分振动相位相同的瞬时作为计时的零点,并令两个分振动的初相位都为零,则两个分振动的位移分别为

$$x_1 = A_1\cos(\omega_1 t) = A_1\cos(2\pi\nu_1 t)$$

$$x_2 = A_2\cos(\omega_2 t) = A_2\cos(2\pi\nu_2 t)$$

合振动的位移为

$$x = x_1 + x_2 = A_1\cos(2\pi\nu_1 t) + A_2\cos(2\pi\nu_2 t)$$

已知 $A_1 = A_2$,故合振动的简谐运动方程为

$$x = 2A_1\cos\left(2\pi\frac{\nu_2 - \nu_1}{2}t\right)\cos\left(2\pi\frac{\nu_2 + \nu_1}{2}t\right)$$

式中可将 $\frac{\nu_2 + \nu_1}{2}$ 看成合振动的频率,$\left|2A_1\cos\left(2\pi\frac{\nu_2 - \nu_1}{2}t\right)\right|$ 看成合振动的振幅。由于 $|\nu_2 - \nu_1| \ll \nu_2 + \nu_1$,所以合振动的振幅随时间做缓慢的周期性变化,从而出现振幅时大时小的现象,合振幅的数值在 $0 \sim 2A_1$ 范围内。这种频率较大而频率之差很小的两个同方向简谐运动合成时,其合振动的振幅时而加强时而减弱的现象称为拍。由于余弦函数的绝对值以 π 为周期,所以有

$$\left|2A_1\cos\left(2\pi\frac{\nu_2 - \nu_1}{2}t\right)\right| = \left|2A_1\cos\left(2\pi\frac{\nu_2 - \nu_1}{2}t + \pi\right)\right| = \left|2A_1\cos\left[2\pi\frac{\nu_2 - \nu_1}{2}\left(t + \frac{1}{\nu_2 - \nu_1}\right)\right]\right|$$

可见,合振幅变化的周期 $T = 1/(\nu_2 - \nu_1)$,所以合振幅变化的频率,即拍频

$$\nu = \nu_2 - \nu_1$$

拍频的数值为两个分振动的频率之差。

如有两个频率相差很小的音叉同时振动,就会听到时而加强和时而减弱的声音,称为拍音。在吹奏双簧管时,由于簧管两个簧片的频率略有差别,就能听到时强时弱的悦耳的拍音。

上述现象,可用位移-时间曲线来说明。为简明计,设两简谐运动的振幅分别为 A_1 和 $A_2(=A_1)$,初相位分别为 φ_1 和 φ_2,角频率分别为 ω_1 和 ω_2,设 $\omega_2 > \omega_1$ 并且成简单的整数比,如图 9.18 所示。图中(a)和(b)分别表示两个分振动的位移-时间曲线,图(c)表示合振动的位移-时间曲线。由图 9.18 可知,在 t_1 时刻,两分振动的相位相同,合振幅最大;在 t_2 时刻,两分振动的相位相反,合振幅最小;在 t_3 时刻,两分振动的相位相同,合振幅又最大。图 9.18(c)中的虚线表示合振动的振幅随时间做周期性缓慢变化。

拍现象也可以从简谐运动的旋转矢量合成图示法得到说明。设 $\boldsymbol{A}_2$ 比 $\boldsymbol{A}_1$ 转得快,单位时间内 $\boldsymbol{A}_2$ 比 $\boldsymbol{A}_1$ 多转 $\nu_2 - \nu_1$ 圈,即在单位时间内,两个矢量恰好相重(在相同方向)和相背(在相反方向)的次数都是 $\nu_2 - \nu_1$ 次,也就是合振动将加强或减弱 $\nu_2 - \nu_1$ 次,这样就形成了合振幅时而加强时而减弱的拍现象,拍频等于 $\nu_2 - \nu_1$。

拍现象在技术上有重要应用。例如,管乐器中的双簧管就是利用两个簧片振

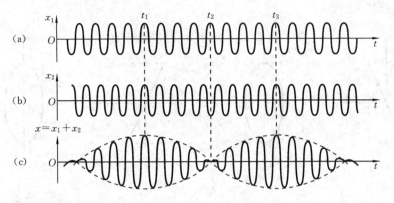

图 9.18

动频率的微小差别产生颤动的拍音;调整乐器时,使它和标准音叉出现的拍音消失来校准乐器;拍现象还可用来测量频率,如果已知一个高频振动频率,使它和另一个频率相近但未知的振动叠加,测量合成振动的拍频,就可以求出未知的频率。拍现象常用于速度监视器、地面卫星跟踪等。此外,在各种电子学测量仪器中,也常常用到拍现象。

*9.3.3 两个同频率相互垂直简谐运动的合成

当一个质点同时参与两个不同方向的振动时,质点的位移是这两个振动的位移的矢量和。在一般情况下,质点将在平面上做曲线运动。质点的轨迹可有各种形状,轨迹的形状由两个振动的周期、振幅和相位差来决定。

设两个同频率的简谐运动分别在 x 轴和 y 轴上进行,振动表达式分别为

$$x = A_x \cos(\omega t + \varphi_x)$$
$$y = A_y \cos(\omega t + \varphi_y)$$

在任意时刻 t,质点的位置是 (x, y),t 改变时,(x, y) 也改变,所以上列两个表达式就是用参量 t 来表示的质点运动轨迹的参量方程。如果把时间参量 t 消去,就得到轨迹的直角坐标方程

$$\frac{x^2}{A_x^2} + \frac{y^2}{A_y^2} - \frac{2xy}{A_x A_y} \cos(\varphi_y - \varphi_x) = \sin^2(\varphi_y - \varphi_x) \tag{9.28}$$

一般地说,上述方程是椭圆方程。因为质点的位移 x 和 y 在有限范围内变动,所以椭圆轨迹不会超出以 $2A_1$ 和 $2A_2$ 为边的矩形范围。椭圆的具体形状,则由相位差 $\varphi_y - \varphi_x$ 来决定。下面选择几个特殊的相位差进行讨论。

(1) 当相位差 $\varphi_y - \varphi_x = 0$,即两振动同相时,式(9.28)变为

$$\left(\frac{x}{A_x} - \frac{y}{A_y}\right)^2 = 0, \quad 即 \quad y = \frac{A_y}{A_x} x$$

合振动的轨迹是一条通过坐标原点的直线,其斜率为这两个振动振幅之比,如

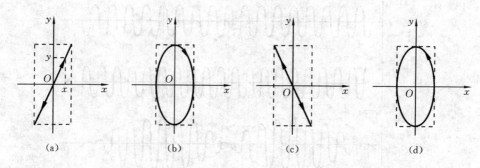

图 9.19

(a) $\Delta\varphi=\varphi_y-\varphi_x=0$; (b) $\Delta\varphi=\dfrac{\pi}{2}$; (c) $\Delta\varphi=\pi$; (d) $\Delta\varphi=\dfrac{3}{2}\pi$

图 9.19(a)所示。在任意时刻 t,质点离开平衡位置的位移

$$s=\sqrt{x^2+y^2}=\sqrt{A_x^2+A_y^2}\cos(\omega t+\varphi)$$

所以合振动也是简谐运动,振动频率与分振动的频率相同,振幅为 $A=\sqrt{A_x^2+A_y^2}$。

(2) 当相位差 $\varphi_y-\varphi_x=\dfrac{\pi}{2}$ 时,式(9.28)变为

$$\dfrac{x^2}{A_x^2}+\dfrac{y^2}{A_y^2}=1$$

合振动的轨迹是一以坐标轴为主轴的沿顺时针方向运行的正椭圆,如图 9.19(b)所示。

(3) 当相位差 $\varphi_y-\varphi_x=\pi$,即两振动反相时,式(9.28)变为

$$y=-\dfrac{A_y}{A_x}x$$

合振动的轨迹也是一条通过坐标原点的直线,其斜率为这两个振动振幅之比的负值,如图 9.19(c)所示。合振动也是简谐运动,振动频率与分振动的频率相同,振幅也为 $A=\sqrt{A_x^2+A_y^2}$。

(4) 当相位差 $\varphi_y-\varphi_x=\dfrac{3\pi}{2}$ 或 $-\dfrac{\pi}{2}$ 时,合振动的轨迹是一以坐标轴为主轴的沿逆时针方向运行的正椭圆,如图 9.19(d)所示。

当两个等幅($A_1=A_2$)的振动相位差为 $\varphi_y-\varphi_x=\pm\dfrac{\pi}{2}$ 时,椭圆将变为圆,如图 9.20 所示。

总之,两个相互垂直的同频率的简谐运动合成时,合运动的轨迹是椭圆。椭圆的性质视两个振动的相位差 $\varphi_y-\varphi_x$ 而定。图 9.21表示不同相位差的合成图形。

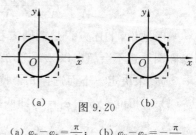

图 9.20

(a) $\varphi_y-\varphi_x=\dfrac{\pi}{2}$; (b) $\varphi_y-\varphi_x=-\dfrac{\pi}{2}$

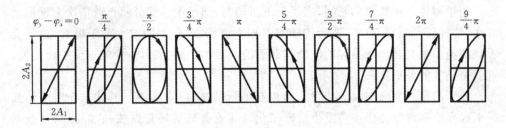

图 9.21

9.4 简 谐 波

振动的传播过程称为波动,简称波。自然界存在着各种不同的波,在日常生活中人们最容易感受到的是机械波和电磁波。

机械波是机械振动在弹性介质内的传播过程,例如,绳子上的波、空气中的声波和水面波等都是机械波。电磁波是交变电磁场在空间的传播过程,如无线电波、光波等。机械波和电磁波在本质上是不同的,但是它们都具有波动的共同特征,即都具有一定的传播速度,且都伴随着能量的传播,都能产生干涉和衍射等现象,而且有相似的数学表述形式。

9.4.1 机械波的产生

1. 机械波产生的条件

一般的介质都由大量相互联系的原子或分子所组成。当我们着重研究介质内部的弹性相互作用以及由此引起的介质内部运动时,常将该介质称为弹性介质。振动物体在弹性介质中振动时,它引起邻近质点产生相对形变。振动质点对邻近质点施以周期性的弹性力,从而使邻近质点也振动起来,由于弹性力的联系,就把这种振动在介质中由近及远地传播出去。这种机械振动在弹性介质(固体、液体和气体)内的传播过程,形成机械波。例如,投石落入平静的湖面,引起振动,这种振动向周围水面传播出去形成水面波;又如人们说话时声带振动,引起周围空气发生压缩和膨胀,空气压强也随之变化,从而引起四周空气的疏密变化,形成空气中的声波。

机械波的产生,首先要有做机械振动的物体,即波源;其次要有能够传播这种机械振动的介质,只有通过介质质点间的相互作用,才可能把机械振动向外传播。振动传播时,各个质点都在一定的平衡位置附近振动,并没有沿传播方向流动,而且质点的振动方向和波的传播方向也不一定相同。声带、乐器、电话机的膜片等都是波源,而空气则是传播振动的介质。

2. 横波和纵波

按照质点振动方向和波的传播方向的关系,机械波可分为横波与纵波,这是波动的两种基本形式。

用手握住一根绷紧的长绳,当手上下抖动时,绳子上各部分质点就依次上下振动起来,这种质点振动方向与波的传播方向相垂直的波,称为横波。对于横波,你将会看到在绳子上交替出现凸起的波峰和凹下的波谷,并且它们以一定的速度沿绳传播,这就是横波的外形特征。

质点的振动方向与波的传播方向相互平行的波,称为纵波。纵波在介质中传播时引起介质密度沿传播方向发生疏密变化。无论是横波还是纵波,它们都只是振动状态(即振动相位)的传播,弹性介质中各质点仅在它们各自的平衡位置附近振动,并没有随振动的传播而流走。

进一步说,在弹性介质中形成横波时,必是一层介质相对于另一层介质发生横向的平移,即发生切变。由于固体会产生切变,因此横波只能在固体中传播。而在弹性介质中形成纵波时,介质要发生压缩或拉伸,即发生体变(也称容变),固体、液体和气体都会产生体变,因此,纵波可以在固体、液体和气体中传播。

3. 波长、频率与波速

在波动过程中,某一振动状态(即振动相位)在单位时间内所传播的距离称为波速,用 u 表示,也称为相速。沿波传播方向两个相邻的、相位差为 2π 的振动质点之间的距离,即一个完整波形的长度,称为波长,用 λ 表示。显然,横波上相邻两个波峰之间或相邻两个波谷之间的距离,都是一个波长;纵波上相邻两个密部或相邻两个疏部对应点之间的距离,也是一个波长。

波的周期是波前进一个波长的距离所需要的时间,用 T 表示。周期的倒数称为波的频率,用 ν 表示,即 $\nu = 1/T$,频率等于单位时间内波动所传播的完整波的数目。由于波源做一次完全振动,波就前进一个波长的距离,所以波的周期(或频率)等于波源的振动周期(或频率)。

波速、波长和周期之间有如下关系

$$u = \frac{\lambda}{T} \tag{9.29}$$

或

$$u = \lambda \nu \tag{9.30}$$

式(9.29)和式(9.30)具有普遍的意义,对各类波都适用。

波速反映振动状态传播的快慢,而振动状态的传播是通过弹性介质中质点间的弹性力来实现的。因此波速取决于介质的弹性模量和密度,即波速的大小取决于介质的性质,在不同的介质中,波速是不同的。

可以证明,固体内横波和纵波的传播速度 u 分别为

$$u = \sqrt{\frac{G}{\rho}} \quad (横波)$$

$$u = \sqrt{\frac{E}{\rho}} \quad (纵波)$$

式中,G、E 和 ρ 分别为固体的切变模量、弹性模量和密度。在液体和气体内,纵波的

传播速度为

$$u=\sqrt{\frac{K}{\rho}} \quad (纵波)$$

式中,K 为体积模量。

必须指出,波速虽由介质决定,但波的频率是波源振动的频率,与介质无关,因此,由式(9.29)或式(9.30)可知,同一频率的波,其波长将随介质的不同而不同。

下面简单介绍介质的弹性模量 E、切变模量 G 和体积模量 K。

(1) 弹性模量。如图 9.22(a)所示,设长为 l、截面积为 S 的固体,在外力作用下,当其伸长量为 Δl 时,固体内部将产生一个恢复原状的弹性力 F,它的方向沿着截面 S 的法线方向。我们把物体单位面积所受的弹性力 F/S 称为正应力,物体长度的相对变化量 $\Delta l/l$ 称为线应变。实验表明,正应力与线应变成正比,有

$$\frac{F}{S}=E\frac{\Delta l}{l}$$

式中,比例系数 E 称为弹性模量。

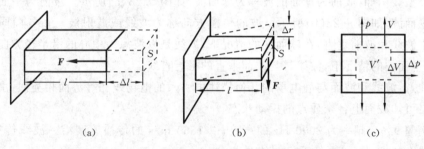

图 9.22

(a) 长变; (b) 切变; (c) 体变

(2) 切变模量。如图 9.22(b)所示,当物体受到切向力的作用产生形变 Δr 时,在物体内部将出现一个使其恢复原状的切向弹性力 F。其方向沿着截面 S 的表面。实验表明,切应力 F/S 与切应变 $\Delta r/l$ 成正比,有

$$\frac{F}{S}=G\frac{\Delta r}{l}$$

式中,比例系数 G 称为切变模量。

(3) 体积模量。如图 9.22(c)所示,设有一体积为 V(图中实线所示)、压强为 p 的液体或气体,当其受到外力压缩而使体积由 V 缩小至 V'(图中虚线所示)时,体积的增量为 $\Delta V=V'-V$(因 $V'<V$,故 ΔV 为负值),这时,压强也相应地增大了 Δp。实验表明,压强增量 Δp 与体积应变 $\Delta V/V$ 成正比,有

$$\Delta p=-K\frac{\Delta V}{V}$$

式中,比例系数 K 称为体积模量,负号表示压强增大(减小)时体积缩小(增大)。

4. 波线、波面与波前

波线、波面与波前都是为了形象地描述波在空间的传播而引入的概念。

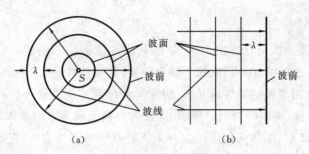

图 9.23
(a) 球面波； (b) 平面波

对波做几何描述时,把某一时刻介质中振动相位相同的各点所连成的曲面称为波面(同相面)。波传播到达的最前面的那个波面称为波前或波阵面,它的形状决定波的类型。例如,波前为球面的波称为球面波,如图 9.23(a)所示。波前为平面的波称为平面波,如图 9.23(b)所示。波的传播方向称为波线或波射线。在各向同性的介质中波线和波前垂直,在球面波的情况下,波线是以波源为中心的沿半径方向的直线;在平面波的情况下,波线是与波前垂直的平行直线。

注意:波线和波面与静电场的几何描述中引入的电场线和等势面相类似;由波前的定义可知波面上各个质点的振动状态。

例题 9.6 频率为 3000 Hz 的声波,以 1560 m/s 的传播速度沿一波线传播,经过波线上的点 A 后,再经 13 cm 传至点 B。

(1) 求点 B 的振动比点 A 落后的时间。

(2) 求波在 A、B 两点振动时的相位差是多少?

(3) 设波源做简谐运动,振幅为 1 mm,求振动速度的幅值是否与波的传播速度相等?

解 (1) 波的周期为
$$T = \frac{1}{\nu} = \frac{1}{3\,000}\text{ s}$$

波长为
$$\lambda = \frac{u}{\nu} = \frac{1.56 \times 10^3}{3000}\text{ m} = 0.52\text{ m} = 52\text{ cm}$$

点 B 比点 A 落后的时间为 $\frac{0.13}{1.56 \times 10^3}$ s $= \frac{1}{12000}$ s,即 $\frac{1}{4}T$。

(2) A、B 两点相差 $\frac{13}{52}\lambda = \frac{1}{4}\lambda$,点 B 比点 A 落后的相位差为 $\frac{1}{4} \times 2\pi = \frac{\pi}{2}$。

(3) 如果振幅 $A = 1$ mm,则振动速度的幅值为
$$v_m = A\omega = 0.1 \times 3000 \times 2\pi \text{ cm/s} = 1.88 \times 10^3 \text{ cm/s}$$

振动速度是交变的,其幅值为 18.8 m/s,远小于波动的传播速度。

9.4.2 简谐波的波函数

1. 简谐波的波函数

简谐运动在介质中传播而形成的波称为简谐波。前进中的波一般称为行波。简谐波是最简单、最基本的波,由于一切复杂的振动都可以看成是由简谐运动合成的,所以一切复杂的波也可看成是由简谐运动的传播所构成的波合成的。

假设在均匀介质中沿 x 轴正方向无吸收地传播一列平面简谐波。在波线上任取一质点 O 作为坐标原点,波线就是 x 轴,如图 9.24 所示。在原点 O 处的质点做简谐运动,为简便计,设其初相位为零,故其振动方程为

$$y_O = A\cos(\omega t)$$

式中,y_O 是质点在 t 时刻相对平衡位置的位移,A 是振幅,ω 是角频率。因为波是运动状态的传播,这样的振动沿 x 轴传播时,每传到一处,那里的质点将以同样的振幅和频率重复着原点的振动。为了找出在 Ox 轴上所有质点在任一时刻的位移,现在考察波线

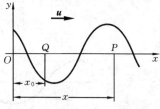

图 9.24

上另一任意点 P,该点距点 O 的距离为 x。显然,当振动从点 O 传播到点 P 时,点 P 将以相同的振幅和频率重复点 O 的振动。但振动从点 O 传播到点 P 用的时间为 $t_0 = x/u$(u 为波速)。这就是说,点 P 在 $t + x/u$ 时刻的位移与点 O 在 t 时刻的位移相同,所以,点 P 在 t 时刻的位移与点 O 在 $t - x/u$ 时刻的位移相同。于是点 P 在时刻 t 的位移为

$$y_P = A\cos\left[\omega\left(t - \frac{x}{u}\right)\right] \tag{9.31a}$$

因为点 P 是 x 轴上任意一点,所以式(9.31a)表示波传播的介质中任一质点的位移,因此,式(9.31a)即为沿 Ox 轴正方向传播的平面简谐波的波函数,也常称为平面简谐波的波方程。

由于 $\omega = 2\pi/T = 2\pi\nu, u = \lambda\nu = \lambda/T$,所以通常式(9.31a)还可以表示成

$$y = A\cos\left[2\pi\left(\frac{t}{T} - \frac{x}{\lambda}\right)\right] \tag{9.31b}$$

如取 $k = \dfrac{2\pi}{\lambda}$($k$ 称为角波数),表示单位长度上波的相位变化,它的数值等于 2π 长度内所包含的完整波的个数,则波函数又可写成

$$y = A\cos(\omega t - kx) \tag{9.31c}$$

2. 波函数的物理意义

为了帮助大家理解波函数的物理含义,不妨以式(9.31)为例做一番研讨。

(1) 当 x 一定时,即对于波线上一个确定的点 x_0,位移 y 仅为时间 t 的函数。此时式(9.31)表示的是确定点做简谐运动的情况。以 y 为纵坐标、t 为横坐标,可得波线上不同质点的位移-时间曲线。

(2) 当 t 一定时(即某一瞬时),位移 y 是 x 的函数。式(9.31)表示在该瞬时介质中各质点的位移分布情况。以 y 为纵坐标、x 为横坐标,可得不同时刻的 y-x 曲线,该曲线又称波形图。

(3) 当 t 和 x 都变化时,波函数就表示了所有质点的位移随时间变化的整体情况。图 9.25 分别画出了 t 时刻和 $t+\Delta t$ 时刻的两个波形图,从而描绘出波动在 Δt 时间内传播了 Δx 距离的情形。换句话说,波在 t 时刻 x 处的相位,经过 Δt 时间已传至 $x+\Delta x$ 处了。于是按式(9.31),便有

$$\frac{2\pi}{\lambda}(ut-x) = \frac{2\pi}{\lambda}[u(t+\Delta t)-(x+\Delta x)]$$

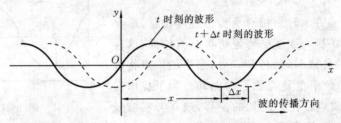

图 9.25

式中,u 为波速。由上式可解得

$$\Delta x = u\Delta t$$

这就告诉我们,波的传播是相位的传播,也是振动这种运动形式的传播,或说是整个波形的传播,波速 u 就是相位或波形向前传播的速度。总之,当 t 和 x 都变化时,波函数就描述了波的传播过程,所以这种波又称为行波,或前进波。

如果波沿 Ox 轴负方向传播,则点 P 的振动比点 O 早开始一段时间 x/u,亦即当点 O 的相位是 ωt 时,点 P 的相位已是 $\omega\left(t+\dfrac{x}{u}\right)$。所以点 P 在任一时刻的位移为

$$y = A\cos\left[\omega\left(t+\frac{x}{u}\right)\right] \tag{9.32}$$

这就是沿 Ox 轴负方向传播的平面简谐波的波函数,并且同样也可写成以下两种常用的形式

$$y = A\cos\left[2\pi\left(\frac{t}{T}+\frac{x}{\lambda}\right)\right], \quad y = A\cos(\omega t + kx)$$

至此,不难将以上的讨论推广到更一般的情形,若波沿 Ox 轴的正方向传播,且已知距点 O 为 x_0 的点 Q 的振动规律为

$$y_Q = A\cos(\omega t + \varphi)$$

则相应的波函数为

$$y = A\cos\left[\omega\left(t-\frac{x-x_0}{u}\right)+\varphi\right] \tag{9.33}$$

3. 波动微分方程

将平面简谐波的波函数 $y = A\cos\left[\omega\left(t - \dfrac{x}{u}\right)\right]$ 分别对 t 和 x 求二阶偏微分,得

$$\frac{\partial^2 y}{\partial t^2} = -A\omega^2 \cos\left[\omega\left(t - \frac{x}{u}\right)\right]$$

$$\frac{\partial^2 y}{\partial x^2} = -A\frac{\omega^2}{u^2} \cos\left[\omega\left(t - \frac{x}{u}\right)\right]$$

由此可得

$$\frac{\partial^2 y}{\partial x^2} = \frac{1}{u^2}\frac{\partial^2 y}{\partial t^2}$$

这就是波动微分方程的一般表达式,可以证明任意函数 $y = y\left(t \pm \dfrac{x}{u}\right)$ 都是它的解。

其中,$y = y\left(t - \dfrac{x}{u}\right)$ 表示一个沿 Ox 轴正方向传播的波;$y = y\left(t + \dfrac{x}{u}\right)$ 表示一个沿 Ox 轴负方向传播的波。

例题 9.7 一平面简谐波沿 x 轴的正方向传播,已知其波函数为 $y = 0.02\cos[\pi(5x - 200t)]$,求:

(1) 波的振幅、波长、周期、波速;

(2) 介质中质元振动的最大速度;

(3) 画出 $t_1 = 0.0025$ s 及 $t_2 = 0.005$ s 时的波形曲线。

解 (1) 将已知波函数写成标准形式

$$y = 0.02\cos\left[2\pi\left(100t - \frac{5}{2}x\right)\right]$$

将上式与 $y = A\cos\left[2\pi\left(\dfrac{t}{T} - \dfrac{x}{\lambda}\right)\right]$ 比较,可得

$$A = 0.02 \text{ m}, \quad \lambda = \frac{2}{5}\text{m} = 0.4 \text{ m}, \quad T = \frac{1}{100}\text{s} = 0.01 \text{ s}, \quad u = \frac{\lambda}{T} = 40 \text{ m/s}$$

(2) 介质中质元的振动速度为

$$v = \frac{dy}{dt} = 0.02 \times 200\pi \sin[\pi(5x - 200t)] \text{ m/s}$$

其最大值为

$$v_{\max} = 4\pi \text{ m/s} \approx 12.6 \text{ m/s}$$

(3) 当 $t_1 = 0.0025$ s 时,波形表达式为
$y = 0.02\cos[\pi(5x - 0.5)] = 0.02\sin(5\pi x)$

当 $t_2 = 0.005$ s 时,波形表达式为
$y = 0.02\cos[\pi(5x - 1)] = -0.02\cos(5\pi x)$

于是,便可画出两条波形曲线,如图 9.26 所示。

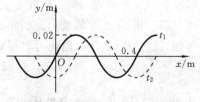

图 9.26

例题 9.8 一平面简谐波沿 x 轴的正方向传播,其传播速度为 1 m/s,振幅为

$A=1.0\times 10^{-3}$ m,周期为 2.0 s,距原点为 4 m 处的质点的振动方程为 $y=A\cos(\omega t+\varphi)$。已知在 $t=0$ 时刻,该质点的振动位移为 $y_0=0$,振动速度为 $u_0=1.0\times 10^{-3}\pi$ m/s。试求:

(1) 平面简谐波的波函数;

(2) $t=1$ s 时刻各质点的位移分布;

(3) $x=0.5$ m 处质点的振动规律。

解 (1) 先求 $x=4$ m 处质点振动的初相位 φ。将 $\omega=\dfrac{2\pi}{T}=\dfrac{2\pi}{2}$ rad/s $=\pi$ rad/s,$A=1.0\times 10^{-3}$ m,$u_0=1.0\times 10^{-3}\pi$ m/s 及 $y_0=0$ 分别代入该点的振动速度表达式及振动表达式,分别得到

$$\sin\varphi=-1,\quad \cos\varphi=0$$

由此得

$$\varphi=\frac{3}{2}\pi\quad \text{或}\quad -\frac{1}{2}\pi$$

于是,平面简谐波的波函数可写出

$$y=1.0\times 10^{-3}\cos\left\{\pi[t-(x-4)]-\frac{1}{2}\pi\right\}\ \text{m}$$

(2) 将 $t=1$ s 代入上式,即可得各质点的位移分布

$$y=1.0\times 10^{-3}\cos\left(\frac{1}{2}\pi-\pi x\right)=1.0\times 10^{-3}\sin(\pi x)\ \text{m}$$

(3) $x=0.5$ m 处质点的振动规律为

$$y=1.0\times 10^{-3}\cos\left[\pi(t+3.5)-\frac{1}{2}\pi\right]=1.0\times 10^{-3}\sin(\pi t)\ \text{m}$$

例题 9.9 图 9.27(a)为一平面简谐波在 $t=0$ 时的波形曲线,在波线上 $x=1$ m 处,质元 P 点的振动曲线如图 9.27(b)所示。求该平面简谐波的波函数。

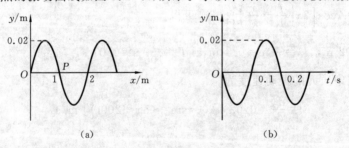

图 9.27

解 由 $t=0$ 时的波形曲线可得 $A=0.02$ m,$\lambda=2$ m。由点 P 处质元的振动曲线可知,周期 $T=0.2$ s,由此可以得到波速

$$u=\frac{\lambda}{T}=\frac{2}{0.2}\ \text{m/s}=10\ \text{m/s}$$

从图 9.27(b)可知,点 P 处质元在 $t=0$ 时刻向下运动。结合 $t=0$ 时的波形曲线分析,可知此波向 x 轴的负方向传播。所以坐标原点 O 处的质元在 $t=0$ 时刻正好过平衡位置向 y 轴正方向运动,即 $t=0$ 时,$y_0=0,v_0>0$,由此可得原点 O 处的质点的初

相位为 $\varphi_0 = -\pi/2$，于是其波函数为

$$y(x,t) = A\cos\left[2\pi\left(\frac{t}{T} + \frac{x}{\lambda}\right) + \varphi_0\right] = 0.02\cos\left[10\pi\left(t + \frac{x}{10}\right) - \frac{\pi}{2}\right]$$

$$= 0.02\sin\left[10\pi\left(t + \frac{x}{10}\right)\right]$$

通过例题 9.9 可以比较出波形曲线与质点振动曲线在物理意义上的联系和区别。

9.4.3 简谐波的能量

1. 波动能量的传播

在弹性介质中有波传播时，介质的各质元由于运动而具有动能。同时又由于产生了形变，所以还具有弹性势能。这样，随同波动的传播就有机械能的传播，这是波动过程的一个重要特征。本节以棒中的简谐纵波为例，对波的能量传播做一番分析。

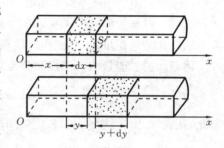

图 9.28

如图 9.28 所示，有一密度为 ρ、截面积为 S 的细长棒体沿 Ox 轴放置。当有纵波

$$y = A\cos\left[\omega\left(t - \frac{x}{u}\right)\right]$$

在棒中沿 Ox 轴正方向传播时，棒体的每一小段将不断交替地经历拉伸和压缩形变。今在棒上距原点 O 为 x 处取一长为 dx 的体积元，它的体积为 $dV(dV = Sdx)$，质量为 $dm = \rho dV$。当波传到该体积元时，其振动动能为

$$dE_k = \frac{1}{2}(dm)v^2$$

所以，该体积元的振动速度为

$$v = \frac{\partial y}{\partial t} = -A\omega\sin\left[\omega\left(t - \frac{x}{u}\right)\right]$$

它在该时刻的振动动能为

$$dE_k = \frac{1}{2}\rho A^2\omega^2\sin^2\left[\omega\left(t - \frac{x}{u}\right)\right]dV \tag{9.34}$$

同时，体积元因形变而具有弹性势能，当波传到该体积元时，假定它左端的位移为 y，右端的位移为 $y + dy$，即它被拉长了 dy，发生了拉伸形变，所以弹性势能 $dE_p = \frac{1}{2}k(dy)^2$。此处 k 为棒的劲度系数，根据前面可知 $k = SE/dx$，于是弹性势能为

$$dE_p = \frac{1}{2}k(dy)^2 = \frac{1}{2}SEdx\left(\frac{dy}{dx}\right)^2$$

式中，Sdx 为体积元的体积 dV，又因固体内纵波的传播速度 $u = \sqrt{E/\rho}$，上式可改写为

$$dE_p = \frac{1}{2}\rho u^2 dV \left(\frac{dy}{dx}\right)^2$$

现在考虑 y 是 x 和 t 的函数,故上式中 dy/dx 应是 y 对 x 的偏导数,于是有

$$dE_p = \frac{1}{2}\rho u^2 dV \left(\frac{\partial y}{\partial x}\right)^2 \tag{9.35}$$

而

$$\frac{\partial y}{\partial x} = -A\frac{\omega}{u}\sin\left[\omega\left(t - \frac{x}{u}\right)\right]$$

因此式(9.35)可改写为

$$dE_p = \frac{1}{2}\rho A^2 \omega^2 \sin^2\left[\omega\left(t - \frac{x}{u}\right)\right]dV \tag{9.36}$$

比较式(9.34)和式(9.36)可见,$dE_p = dE_k$,即两者时时相等。并且在波动中,动能和势能的变化是同相位的,它们同时达到最大值,又同时达到最小值。

体积元的总能量为其动能和势能之和,即 $dE = dE_p + dE_k$,所以

$$dE = \rho A^2 \omega^2 \sin^2\left[\omega\left(t - \frac{x}{u}\right)\right]dV \tag{9.37}$$

至此,从式(9.34)、式(9.36)和式(9.37)可以看出,波动的能量和简谐运动的能量有显著的不同。在简谐运动系统中,动能和势能有 $\frac{\pi}{2}$ 的相位差,即动能达到最大时势能为零,势能达到最大时动能为零,两者相互转化,使系统的总机械能保持守恒。而对任意体积元来说,它的机械能是不守恒的,即沿着波动的传播方向,该体积元不断地从后面的介质获得能量,又不断地把能量传递给前面的介质。这样,能量就随着波动的行进,从介质的这一部分传向另一部分。所以,波动是能量传递的一种方式。

波传播过程中,介质中单位体积的波动能量称为能量密度,用 w 表示。由式(9.37)可得出介质在 x 处 t 时刻的能量密度为

$$w = \frac{dE}{dV} = \rho A^2 \omega^2 \sin^2\left[\omega\left(t - \frac{x}{u}\right)\right] \tag{9.38}$$

显然,介质中任一点处波的能量密度是随时间 t 做周期性变化的。通常可取其在一个周期内的平均值,称为平均能量密度 $\overline{w}$。因为 $\sin^2\left[\omega\left(t - \frac{x}{u}\right)\right]$ 在一个周期内的平均值为 $1/2$,所以

$$\overline{w} = \frac{1}{2}\rho A^2 \omega^2 \tag{9.39}$$

式(9.39)表明,平均能量密度与振幅的平方、角频率的平方和介质的密度成正比。式(9.39)虽然是从平面简谐纵波在弹性棒中传播的特例导出的,但对于所有简谐波均适用。

2. 能流和平均能流密度

如上所述,波的传播过程必然伴随着能量的传播或能量的流动。为了表述波动能量的这一特性,人们引入了能流的概念。单位时间内垂直通过某一面积的能量,称

为通过该面积的能流,用 P 表示。如图 9.29 所示,设想在介质内取垂直于波速 u 的面积 S,则 dt 时间内通过 S 的能量应等于体积 $Sudt$ 中的能量,于是有

$$P = wuS$$

显然 P 和 w 一样,是随时间周期性变化的,取其在一个周期内的平均值,便有平均能流

$$\overline{P} = \overline{w}uS \quad (9.40)$$

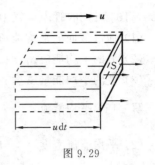

图 9.29

能流的单位为 W(瓦[特]),因此波的平均能流又称为波的功率。

波的强弱是用所传播的能量比较的,为此引入平均能流密度的概念。平均能流密度是单位时间内垂直通过单位面积的平均能流,用 I 表示

$$I = \frac{\overline{P}}{S} = \overline{w}u = \frac{1}{2}\rho A^2 \omega^2 u \quad (9.41)$$

显然平均能流密度越大,单位时间垂直通过单位面积的能量就越多,表示波动越强烈,所以平均能流密度 I 也称为波的强度,它的单位为 W/m^2。

球面波的波线沿半径方向向外,如果球面波在均匀无吸收的介质中传播,则振幅将随 r 改变。设以点波源 O 为圆心画半径分别为 r_1 和 r_2 的两个球面。在介质不吸收波的能量的条件下,一个周期内通过这两个球面的能量应该相等。不过 S_1 和 S_2 应该分别用球面 $4\pi r_1^2$ 和 $4\pi r_2^2$ 代替。由此,对于球面波应有

$$A_1^2 r_1^2 = A_2^2 r_2^2 \quad \text{或} \quad A_1 r_1 = A_2 r_2$$

即振幅与离点波源的距离成反比。以 A_0 表示离波源的距离为单位长度处的振幅,则在离波源任意距离 r 处的振幅为 $A = A_0/r$。由于振动的相位随 r 的增加而落后的关系与平面波类似,所以球面简谐波的波函数应该是

$$y = \frac{A_0}{r}\cos\left[\omega\left(t - \frac{r}{u}\right)\right]$$

实际上,波在介质中传播时,介质总要吸收波的一部分能量,因此即使在平面波的情况下,波的振幅和波的强度沿波的传播方向逐渐减小,所吸收的能量通常转换成介质的内能或热。这种现象称为波的吸收。

例题 9.10 用聚焦超声波的方法,可以在液体中产生强度达 120 kW/cm^2 的大振幅超声波。设波源做简谐运动,频率为 500 kHz,液体的密度为 1 g/cm^3,声速为 $1\,500 \text{ m/s}$,求这时液体质点振动的振幅。

解 因为 $I = \frac{1}{2}\rho u A^2 \omega^2$,所以

$$A = \frac{1}{\omega}\sqrt{\frac{2I}{\rho u}} = \frac{1}{2\pi \times 5 \times 10^5}\sqrt{\frac{2 \times 120 \times 10^7}{1 \times 10^3 \times 1.5 \times 10^3}} \text{ m} \approx 1.27 \times 10^{-5} \text{ m}$$

可见液体中质点振动的振幅实际上是极小的。

例题 9.11 一余弦波,其波速为 310 m/s,频率为 1 kHz,在截面积为

$2.00×10^{-2}$ m² 的管内空气中传播,若在 5 s 内通过截面的能量为 $2.50×10^2$ J,求:

(1) 通过截面的平均能流;

(2) 波的平均能流密度;

(3) 波的平均能量密度。

解 (1) 平均能流 $\bar{P} = \dfrac{w}{t} = 5.00×10^{-3}$ W

(2) 平均能流密度 $I = \dfrac{\bar{P}}{S} = 2.50×10^{-1}$ W/m²

(3) 由公式 $I = \bar{w}u$ 可得,平均能量密度

$$\bar{w} = \dfrac{I}{u} \approx 8×10^{-4} \text{ J/m}^2$$

9.5 波的叠加 驻波

9.5.1 惠更斯原理

波动的起源是波源的振动,波的传播是由于介质中质点之间的相互作用。介质中任一点的振动将引起邻近质点的振动,因而在波的传播过程中,介质中任一点都可以看做新的波源。例如,在图 9.30 中,水面波传播时,遇到一障碍物,当障碍物小孔的大小与波长相差不多时,就可以看到穿过小孔的波是圆形的,与原来波的形状无关。这说明小孔可以看做是新的波源。

1690 年惠更斯在建立光的波动学说时,基于上述概念,提出了一条原理,即惠更斯原理。惠更斯原理的内容是,介质中波动传播到的各点都可以看做是发射子波的波源,而在其后的任意时刻,这些子波的包络面就是新的波前。对任何波动过程(机械波或电磁波),不论其传播波动的介质是均匀的还是非

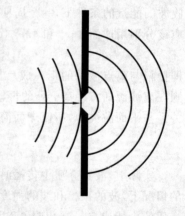

图 9.30

均匀的,是各向同性的还是各向异性的,惠更斯原理都是适用的。若已知某一时刻波前的位置,就可以根据这一原理,用几何作图的方法,确定出下一时刻波前的位置,从而确定波传播的方向。

下面举例说明惠更斯原理的应用。如图 9.31(a)所示,以 O 为中心的球面波以波速 u 在各向同性的介质中传播,在时刻 t 的波前是半径为 R_1 的球面 S_1。根据惠更斯原理,S_1 上的各点都可以看成发射子波的波源。以 S_1 上各点为中心,以 $r = u\Delta t$ 为半径画出许多半球形子波。这些子波的包络面 S_2 即为 $t+\Delta t$ 时刻新的波前。显然,S_2 是以 O 为中心,以 $R_2 = R_1 + u\Delta t$ 为半径的球面。由太阳发射的球面波到达地

面时的一部分波前,即可看做是平面波,用惠更斯原理同样可求得其波前,如图 9.31(b)所示。

需要注意的是,当波动在均匀的各向同性的介质中传播时,应用惠更斯原理作图法的波前的几何形状才是保持不变的。当波在不均匀介质或各向异性的介质中传播时,同样可以应用惠更斯原理作图法求出波前,不过波前的几何形状和波的传播方向都可能发生变化。

用惠更斯原理能够定性地说明衍射现象。如图 9.32 所示,当一平面波在传播过程中遇到障碍物时,其传播方向发生改变,并能绕过障碍物的边缘,继续向前传播。这种现象称为波的衍射。平面波到达一宽度与波长相近的缝时,缝上各点都可看做是子波的波源。作出这些子波的包络面,就得出新的波前。很明显,此时波前与原来的平面略有不同,靠近边缘处,波前弯曲,即波绕过了障碍物而继续传播。

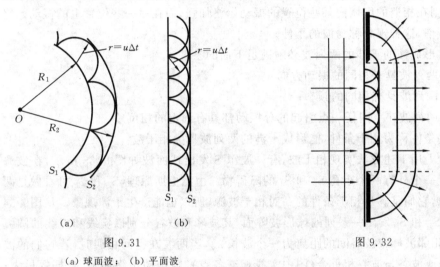

图 9.31
(a) 球面波;(b) 平面波

图 9.32

机械波和电磁波都会产生衍射现象。衍射现象是波动的重要特征之一。

9.5.2 波的干涉

让我们来研究波的一类常见且重要的问题,即几列波同时在介质中传播并相遇时,介质中质点的运动情况及波的传播规律。

1. 波的叠加原理

大量实验事实表明,若有几列波同时在介质中传播,不管它们是否相遇,它们都各自以原有的振幅、波长、频率和振动方向独立传播,彼此互不影响,这一结论称为波的独立传播原理。例如,在平静的水面上,观察在两处投石激起的两列波,在水面上相遇,相交叉穿过后,各自仍以原波源为中心继续传播;听乐队演奏或几个人同时讲话时,我们仍能从综合音响中辨别出每种乐器或每个人的声音,这表明某种乐器或某个人发出的声波,并不因其他乐器或其他人同时发出的声波而受到影响。可见,波的传播是独立进行的。又如在水面有两列水波相遇时,或者几束灯光在空间相遇时,都有类似的情况发生。通过对这些现象的观察和研究,可总结出以下规律：

(1) 几列波相遇之后,仍然保持它们各自原有的特征(频率、波长、振幅、振动方向等)不变,并按照原来的方向继续前进,好像没有遇到过其他波一样；

(2) 在相遇区域内任一点的振动,为各列波单独存在时在该点所引起的振动位移的矢量和。

上述规律称为波的叠加原理。

2. 波的干涉

两列波同时在介质中相遇时,根据波的叠加原理,相遇处质点的位移等于各波所引起的分位移的矢量和。如果两列波振动方向不同、频率不同,则在相遇处引起的合振动是很复杂的。但如果两列频率相同、振动方向相同、相位相同或相位差恒定的波相遇时,则在相遇的区域内某些位置的振动始终加强,而在另一些位置上的振动始终减弱或抵消,这种现象称为波的干涉。

能够形成波的干涉的两列波必须满足下面的条件：

(1) 两列波具有相同的振动方向；

(2) 两列波具有相同的频率；

(3) 两列波在空间任一点引起的分振动都具有固定的相位差。

这些条件称为相干条件,能形成干涉的两列波称为相干波。

实验上用下述方法实现相干波,有一波源 S 发出球面波如图 9.33 所示,在波源附近放置一个外有两个小孔 S_1 和 S_2 的障碍物。由惠更斯原理,S_1 和 S_2 可看做是两个子波源,它们是满足相干条件的一对相干波源,所以也能产生干涉现象。从图9.34可见,由 S_1 和 S_2 发出一系列的球形波阵面,其波峰和波谷分别以实线和虚线的圆弧表示,两相邻波峰或波谷间的距离为一个波长 λ。当两波在空间相遇时,若它们的波峰与波峰或波谷与波谷相重合(图中实线相交各点),则振动始终加强,合振幅最大；若两波的波峰与波谷相重合(图中虚线与实线相交各点),则振动始终减弱,合振幅最小。

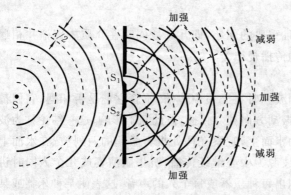

图 9.33

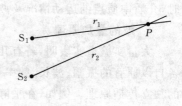

图 9.34

如图 9.34 所示，设有两相干波源 S_1、S_2，它们的简谐运动方程分别为
$$y_1 = A_1\cos(\omega t + \varphi_1)$$
$$y_2 = A_2\cos(\omega t + \varphi_2)$$
式中，ω 为两波源的角频率，A_1、A_2 分别为它们的振幅，φ_1、φ_2 分别为两波源的初相位。从这两个波源发出的两列波在介质中传播时，分别经过 r_1 和 r_2 的距离后在点 P 相遇，那么各自在点 P 引起的分振动分别为
$$y_1 = A_1\cos\left(\omega t + \varphi_1 - \frac{2\pi r_1}{\lambda}\right)$$
$$y_2 = A_2\cos\left(\omega t + \varphi_2 - \frac{2\pi r_2}{\lambda}\right)$$
式中，A_1 和 A_2 分别为两列波传到点 P 时引起分振动的振幅。两列波在点 P 引起分振动的相位差为
$$\Delta\varphi = \left(\varphi_2 - \frac{2\pi r_2}{\lambda}\right) - \left(\varphi_1 - \frac{2\pi r_1}{\lambda}\right) = \varphi_2 - \varphi_1 - 2\pi\frac{r_2 - r_1}{\lambda} \tag{9.42}$$
根据波的叠加原理，点 P 合振动的运动方程为
$$y = y_1 + y_2 = A\cos(\omega t + \varphi)$$
式中，φ 为合振动的初相位，由振动公式得
$$\tan\varphi = \frac{A_1\sin\left(\varphi_1 - \dfrac{2\pi r_1}{\lambda}\right) + A_2\sin\left(\varphi_2 - \dfrac{2\pi r_2}{\lambda}\right)}{A_1\cos\left(\varphi_1 - \dfrac{2\pi r_1}{\lambda}\right) + A_2\cos\left(\varphi_2 - \dfrac{2\pi r_2}{\lambda}\right)}$$
$$A = \sqrt{A_1^2 + A_2^2 + 2A_1A_2\cos(\Delta\varphi)} \tag{9.43}$$
式(9.42)和式(9.43)表明，两列波在空间任一点 P 引起的分振动的相位差与时间无关；对空间任一给定的点，合振动的振幅是确定的；对不同的点，振幅一般不同。对适合条件
$$\Delta\varphi = \varphi_2 - \varphi_1 - 2\pi\frac{r_2 - r_1}{\lambda} = \pm 2k\pi \quad (k = 0, 1, 2, \cdots) \tag{9.44}$$
的空间各点，合振幅最大，其值为 $A = A_1 + A_2$；而对适合条件
$$\Delta\varphi = \varphi_2 - \varphi_1 - 2\pi\frac{r_2 - r_1}{\lambda} = \pm(2k+1)\pi \quad (k = 0, 1, 2, \cdots) \tag{9.45}$$
的空间各点，分振动的振幅最小，其值为 $A = |A_1 - A_2|$。这样，干涉的结果使空间某些点的振动始终加强，而另一些点的振动始终减弱。式(9.44)和式(9.45)分别称为相干波的干涉加强条件和减弱条件。

下面讨论一个特殊情况，如果两相干波源的初相位相同，即 $\varphi_2 = \varphi_1$，并取 δ 为两相干波源各自到点 P 的波程差，即 $\delta = r_2 - r_1$，那么上述条件又可简化为当
$$\delta = r_2 - r_1 = \pm k\lambda \quad (k = 0, 1, 2, \cdots) \tag{9.46}$$
时，即对波程差等于零或者波长整数倍的空间各点，合振幅最大；当

$$\delta = r_2 - r_1 = \pm(2k+1)\frac{\lambda}{2} \quad (k=0,1,2,\cdots) \tag{9.47}$$

时,即对波程差等于半波长的奇数倍的空间各点,合振幅最小。

在其他情况下,合振幅的数值则在最大值 A_1+A_2 和最小值 $|A_1-A_2|$ 之间。

由上述讨论可知,两相干波在空间任一点相遇时,其干涉加强和减弱的条件,除了两波源的初相位差之外,只取决于该点至两相干波源间的波程差。

必须注意,如两波源不是相干波源,则不会出现干涉现象。

由于波的强度正比于振幅的平方,所以两列波叠加后的强度

$$I \propto A^2 = A_1^2 + A_2^2 + 2A_1 A_2 \cos(\Delta\varphi)$$

也就是

$$I = I_1 + I_2 + 2\sqrt{I_1 I_2}\cos(\Delta\varphi)$$

由此可知,叠加后波的强度随着两列相干波在空间各点所引起的振动相位差的不同而不同,也就是说,空间各点的强度重新分布了,有些地方加强,有些地方减弱。如果 $I_1 = I_2$,那么叠加后波的强度

$$I = 2I_1[1+\cos(\Delta\varphi)] = 4I_1\cos^2\left(\frac{\Delta\varphi}{2}\right)$$

当 $\Delta\varphi = 2k\pi(k=0,\pm1,\pm2,\cdots)$ 时,在这些位置波的强度最大,等于单个波强度的 4 倍。当 $\Delta\varphi = (2k+1)\pi(k=0,\pm1,\pm2,\cdots)$ 时,波的强度最小。

干涉现象是波动所独有的现象,对于光学、声学和许多工程学科都非常重要,并且有广泛的实际应用。例如,大礼堂、影院、剧院等的设计就必须考虑到声波的干涉,以避免某些区域声音过强,而某些区域声音又过弱。在噪声太强的地方还可以利用干涉原理来达到消声的目的。

例题 9.12 介质中两相干波源位于 x 轴上 P、Q 两点,如图 9.35 所示,它们的频率均为 100 Hz,振幅相同,初相位相差 π,波速为 400 m/s,相距 10 m。试求 x 轴上因干涉而静止的各点位置。

解 求解干涉现象中相长或相消点的位置时,关键是要求出两列波在叠加区域中任一点的相位差,再利用相长和相消的条件,求出该点的位置。

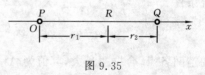

图 9.35

以点 P 为坐标原点,两列波在空间叠加区域内任意一点 R 的相位差为

$$\Delta\varphi = \varphi_Q - \varphi_P - \frac{2\pi}{\lambda}(r_2-r_1) = \pi - \frac{2\pi}{\lambda}(r_2-r_1)$$

波长

$$\lambda = \frac{u}{\nu} = \frac{400}{100} \text{ m} = 4 \text{ m}$$

(1) 设 R 在 PQ 之间,其坐标为 x,则有

$$r_2 - r_1 = (10-x) - x$$

点 R 的相位差为

$$\Delta\varphi = \pi - \frac{\pi}{2}(10-2x) = \pi x - 4\pi$$

干涉相消条件取决于下式,即
$$\pi x - 4\pi = (2k+1)\pi \quad (k=0,\pm1,\pm2,\cdots)$$
由此可解得
$$x = (2k+5) \text{ m}$$
于是在 PQ 之间因干涉而静止的点的位置为 $x=1,3,5,7,9$ m,共 5 个静止点。

(2) 设 R 在点 P 的左侧,则 $r_2 - r_1 = 10$ m,
$$\Delta\varphi = \pi - \frac{\pi}{2} \times 10 = -4\pi$$
点 P 左侧各点的相位差 $\Delta\varphi = 2k\pi$ 为常量,表明此区域内各点均为干涉相长点,无干涉静止点。

(3) 设 R 在 Q 的右侧,则 $r_2 - r_1 = -10$ m,
$$\Delta\varphi = \pi + \frac{\pi}{2} \times 10 = 6\pi$$
显然,在此区域也没有干涉静止点,由此可得 x 轴上因干涉而静止的点均在 P、Q 两点之间。

9.5.3 驻波

1. 驻波的产生

驻波是干涉的特例,在同一介质中两列振幅也相同的相干简谐波,在同一直线上沿相反方向传播时就叠加形成驻波。

设有两列振幅相同、频率相同的简谐波,分别沿 x 轴正方向和负方向传播,如图 9.36 所示,简谐波的波函数为
$$y_1 = A\cos\left[2\pi\left(\nu t - \frac{x}{\lambda}\right)\right]$$
$$y_2 = A\cos\left[2\pi\left(\nu t + \frac{x}{\lambda}\right)\right]$$
式中,A 为振幅、ν 为频率、λ 为波长。两波在任意位置处任意时刻叠加产生的合位移为
$$y = y_1 + y_2 = A\cos\left[2\pi\left(\nu t - \frac{x}{\lambda}\right)\right] + A\cos\left[2\pi\left(\nu t + \frac{x}{\lambda}\right)\right]$$
应用三角关系,上式可化为
$$y = 2A\cos\left(2\pi\frac{x}{\lambda}\right)\cos(2\pi\nu t)$$
这就是驻波的波函数,即常称的驻波方程。由上式可知,合成以后,沿坐标各点处都在做同一周期的简谐运动,但具有不同的振幅 $\left|2A\cos\left(2\pi\frac{x}{\lambda}\right)\right|$。在 $\left|\cos\left(2\pi\frac{x}{\lambda}\right)\right| = 1$ 的那些点,振动的振幅最大,等于 $2A$,称为波腹;在 $\left|\cos\left(2\pi\frac{x}{\lambda}\right)\right| = 0$ 的那些点,振动的振幅为零,即静止不动,称为波节。

如图 9.36 所示,虚线和细实线分别表示沿 Ox 轴正、负方向传播的简谐波,粗实

线表示两波叠加的结果。设 $t=0$ 时,入射波和反射波的波形刚好重合,其合成波形为两波形在各点相加所得,表明各点振动加强了,如图 9.36(a)所示;在 $t=T/8$ 时,两波分别向右、左传播了 $\lambda/8$ 的距离,其合成波形仍为一余弦曲线,如图 9.36(b)所示;在 $t=T/4$ 时,两列波分别向右、左传播了 $\lambda/4$,合成波形为一合振幅为零的直线,如图 9.36(c)所示;在 $t=3T/8$ 和 $t=T/2$ 时,其合成波形在各点的合位移分别与 $t=T/8$ 和 $t=0$ 时的合位移大小相等,但方向相反,分别如图 9.36(d)、(e)所示。

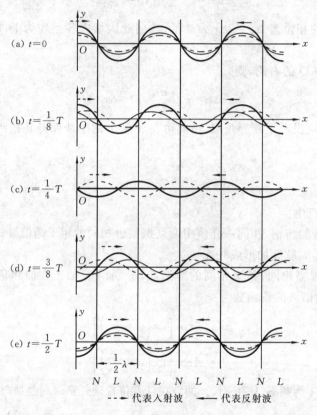

图 9.36

从图 9.36 可以看出,两波节之间各点沿相同方向达到各自位移的最大值,又同时沿相同方向通过平衡位置,所以在两波节之间各点的振动相位相同;而在波节两边各点,同时沿相反方向达到各自位移的最大值,又同时沿相反方向通过平衡位置,所以波节两边的振动相位相反。可见,弦线不仅做分段振动,而且各段作为一个整体,一起同步振动。在每一时刻,驻波都有一定的波形,但此波形既不左移,又不右移,各点以确定的振幅在各自的平衡位置附近振动,因此称为驻波。

以上对弦上驻波所得到的结论是普遍的,不仅对各种介质中的机械驻波,而且对电磁波和光波的驻波也都适用。

从图 9.36 可以看出驻波是由振幅、频率和传播速度都相同的两列相干波,在同一直线上沿相反方向传播时叠加而成的一种特殊形式的干涉现象。例如,将一水平弦线 AB 一端系在音叉的末端,另一端系着砝码使弦线拉紧,如图 9.37 所示。当音叉振动时,弦线产生波动,向右传播。到达点 B 时,在点 B 反向,产生反射波,向左传播。调节劈尖至适当的位置,可以看到 AB 段弦线被分成几段长度相等的做稳定振动的部分,即在整个弦线上,并没有波形的传播。线上各点的振幅不同,有些点始终静止不动,即振幅为零,而另一些点振动最强,即振幅最大。而且还发现,相邻两段的振动方向是相反的。此时线上各点,只有段与段之间的相位突变,而没有振动状态或相位的逐点传播,也就没有什么跑动的波形,即没有什么能量向外传播。

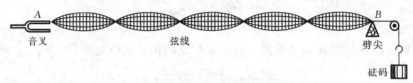

图 9.37

2. 相位跃变

在图 9.37 所示的实验中,弦线的 B 端为固定端,形成波节。说明在固定端 B 处,入射波和反射波必定产生相消干涉,使得 B 的振动位移始终为零,即在固定点 B 的反射波与入射波具有 π 的相位突变,或称半波损失。如果弦线的 B 端是自由端,也可以形成驻波,则反射处是波腹。这说明入射波在弦线的自由端产生的反射波与入射波具有相同的相位,没有相位突变。因此,入射波与反射波在自由端必定是相长干涉,使得点 B 的振幅达最大值,成为一波腹。

一般情况下,在两种介质分界处形成波节还是波腹,与波的种类、两种介质的性质等有关。定量研究证实,对机械波而言,它由介质的密度 ρ 和波速 u 的乘积 ρu(称为波阻)所决定。我们将 ρu 较大的介质,称为波密介质;ρu 较小的介质,称为波疏介质。波从波疏介质垂直入射到波密介质,并被反射回到波疏介质时,在反射处形成波节;反之,则在反射处形成波腹。

驻波在声波、无线电和光学中有许多重要的应用,既可用来测定波长,又可用来确定系统的固有频率。

例题 9.13 一列沿 x 轴正方向传播的入射波的波函数为 $y_1 = A\cos\left[2\pi\left(\dfrac{t}{T} - \dfrac{x}{\lambda}\right)\right]$,该波在距坐标轴原点 O 为 $x_0 = 5\lambda$ 处被一垂直面反射,如图9.38所示,反射点为一波节。求:

(1) 反射波的波函数;

(2) 驻波的波函数;

(3) 原点 O 到 x_0 间各个波节和波腹的坐标。

解 (1) 为了写出反射波的波函数,可以先找出反射波在某点处质元的振动表达式。

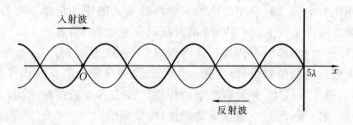

图 9.38

从入射波的波函数可以确定波在原点的振动表达式为

$$y_{10} = A\cos\frac{2\pi t}{T}$$

反射波在点 O 的振动相位比入射波在点 O 的振动相位要落后

$$\frac{2\pi(2x_0)}{\lambda} + \pi = \frac{2\pi(2\times 5\lambda)}{\lambda} + \pi = 21\pi$$

式中,后一项 π 是考虑反射端有半波损失而加上的(也可用 $-\pi$)。由此可得反射波在点 O 的振动表达式为

$$y_{20} = A\cos\left(\frac{2\pi t}{T} - 21\pi\right) = A\cos\left(\frac{2\pi t}{T} - \pi\right)$$

得反射波的波函数为

$$y_2 = A\cos\left[\frac{2\pi}{T}\left(t + \frac{x}{u}\right) - \pi\right] = A\cos\left(\frac{2\pi t}{T} + \frac{2\pi x}{\lambda} - \pi\right) = -A\cos\left[2\pi\left(\frac{t}{T} + \frac{x}{\lambda}\right)\right]$$

(2) 驻波的波函数为

$$y = y_1 + y_2 = A\cos\left[2\pi\left(\frac{t}{T} - \frac{x}{\lambda}\right)\right] - A\cos\left[2\pi\left(\frac{t}{T} + \frac{x}{\lambda}\right)\right] = 2A\sin\frac{2\pi x}{\lambda}\sin\frac{2\pi t}{T}$$

(3) 因为原点 O 和 $x_0 = 5\lambda$ 处均为波节,鉴于相邻波节的间距为 $\lambda/2$,可知各波节点的坐标为

$$x_{\min} = k\frac{\lambda}{2} \quad (k = 0, 1, 2, \cdots, 10)$$

又两波节之间为波腹,故波腹点的坐标为

$$x_{\max} = \frac{\lambda}{4} + k\frac{\lambda}{2} \quad (k = 0, 1, 2, \cdots, 9)$$

也可用下面的方法求反射波的波函数。入射波经反射后再传到任意点 x 所需的时间为 $\Delta t = \dfrac{2x_0 - x}{u}$,于是可借助于入射波在原点 O 的振动方程 y_{10} 直接写出反射波的波函数,即

$$y_2 = A\cos\left[\frac{2\pi}{T}\left(t - \frac{2x_0 - x}{u}\right) + \pi\right] = A\cos\left[\frac{2\pi}{T}\left(t + \frac{x}{u}\right) + \pi\right]$$

驻波在理论上和实际应用上都是十分重要的。激光谐振腔的设计和所有的弦乐器的弦振动以及鼓乐器的面振动,都分别是一维和二维驻波的实例。

*9.6 声 波

9.6.1 声波

在弹性介质中传播的机械纵波,能引起人听觉的频率在 20～20 000 Hz 范围的,通常称为声波或可听波;频率低于 20 Hz 的称为次声波;而高于 20 000 Hz 的称为超声波。从波动的基本特征来看,次声波和超声波与能引起听觉的声波并没有什么本质的差异。

声波的强度称为声强。人们能够听见的声波不仅受到频率范围的限制,而且要求处于一定的声强范围之内。声强太小,不能引起听觉;声强太大,只能使耳朵产生痛觉,也不能引起听觉。能够引起人们听觉的声强的变化范围是很大的,为 $10^{-12} \sim 1 \text{ W/m}^2$,数量级相差很大(达 10^{12})。因此,为了比较介质中各点声波的强弱,不是使用声强,而是使用两声强之比的以 10 为底的对数值,称为声强级。人们规定声强 $I_0 = 10^{-12} \text{ W/m}^2$(即相当于频率为 1 000 Hz 的声波能引起听觉的最弱的声强)为测定声强的标准。如某声波的声强为 I,则比值 I/I_0 的对数,称为相应于 I 的声强级 L_I,即

$$L_I = \lg \frac{I}{I_0}$$

L_I 的单位为 B(贝[尔])。通常采用 B 的 1/10,即 dB(分贝)为单位,则

$$L_I = 10 \lg \frac{I}{I_0} \text{ dB} \tag{9.48}$$

人耳感觉到的声音响度与声强级有一定的关系,声强级越高,人耳感觉越响。

由于规定了闻阈的声强 $I_0 = 10^{-12} \text{ W/m}^2$,因此闻阈的声强级为 0 dB,而痛阈的声强级则为 120 dB。微风轻轻吹动树叶的声音约 14 dB;在房间中高声谈话的声音(相距 1 m 处)为 68～74 dB;炮声的声强级约为 120 dB。人耳对声音强弱分辨能力约为 0.5 dB。

还必须指出,分贝不能用代数加减。例如,一台机器所产生的噪音为 50 dB,若再增加一台相同的机器,则声强级不是变为 100 dB,而只是增加了 3 dB,即为 53 dB。

9.6.2 超声波

超声波是频率高于 20 000 Hz 的声波,通常可用机械法或电磁法来产生,例如,利用石英晶体的弹性振动可产生 10^9 Hz,甚至更高频率的超声波。由于频率高、波长短,故超声波具有许多一般声波所没有的特性。

(1) 能流密度大。由于能流密度与频率的平方成正比,故超声波的能流密度比一般声波大得多。

(2) 方向性好。由于超声波的波长短,衍射效应不显著,所以可以近似地认为超声波沿直线传播,即传播的方向性好,容易得到定向而集中的超声波束,能够产生反射、折射,也可以被聚焦。

(3) 穿透性强。超声波的穿透本领大,特别在液体和固体中传播时,衰减很小;在不透明的固体中,也能穿透几十米的厚度。

下面结合超声波的特性简略介绍一些典型的应用。

1. 在检测中的应用

既然超声波的波长短,衍射现象不显著,因而具有良好的定向传播特性。由于声强与频率的二次方成正比,超声波的频率高,因而功率大。此外,超声波的穿透本领也很大。特别是在液体和固体中传播时,吸收比气体中少得多,以致在不透明的固体中能穿透几十米的厚度。

根据以上特性,可应用超声波测量海洋的深度,研究海底的地形起伏,发现海礁和浅滩,确定潜艇、沉船和鱼群的位置等;在工业上超声波可用于探测工件内部的缺陷(如气泡、裂缝、砂眼等);医学上可以利用超声波将人体内脏的病变用图像显示出来,即 B 超。

2. 在加工处理和医学治疗中的应用

超声波在液体中会引起空化作用。这是因为超声波的频率高、功率大,可引起液体的疏密变化,使液体时而受压、时而受拉。由于液体承受拉力的能力是很差的,所以在较强的拉力作用下,液体就会断裂(特别在有杂质或气泡的地方),产生一些近似真空的小空穴。在液体压缩过程中,空穴内的压力会达到大气压强的几万倍,空穴被压发生崩溃,伴随着压力的巨大突变,会产生局部高温。此外,在小空穴形成的过程中,由于摩擦产生正、负电荷,还会引起放电发光等现象。超声波的这种作用,称为空化作用。利用空化作用,可以把水银捣碎成小粒子,使其和水均匀地混合在一起成为乳浊液;在医药上可用于捣碎药物制成各种药剂;在食品工业上可用于制成许许多多的调味汁;在建筑业上则用于制成水泥乳浊液等。

超声波的高频强烈振荡还可用于清洁空气,洗涤毛织品上的油腻,清洗蒸汽锅炉中的水垢和钟表轴承以及精密复杂金属部件上的污物,制成超声波烙铁,用于焊接铝质物件等。

超声波用于医学治疗已有多年的历史,应用面广泛。近年来新报道了用超声波治疗偏瘫、面神经麻痹、小儿麻痹后遗症、乳腺炎、乳腺增生症、血肿等疾病,都有一定的疗效。

3. 在电子技术方面的应用

由于超声波的频率与一般无线电波的频率相近,且声信号又很容易转换成电信号,因此可以利用超声元件代替电子元件制作在 $10^7 \sim 10^9$ Hz 范围内的延迟线、振荡器、谐振器、带通滤波器等仪器,可广泛用于电视、通讯、雷达等方面。用声波代替电磁波的优越之处在于声波在介质中的传播速度比电磁波的传播速度大约要小 5 个数量级。例如,用超声波延迟时间就比用电磁波延迟时间方便得多。

9.6.3 次声波

除超声波外,次声波的研究和应用也日益发展。次声波的频率低,大气对次声波的吸收很小,次声波能传播数千公里以上。例如,1883年苏门答腊和爪哇之间一次火山爆发产生的次声波,绕地球三周,历时108小时。次声波的传播速度和声波相同,随着各种次声波探测器的发展,次声波已经成为研究地球、海洋、大气等大规模运动的有力工具。对次声波的产生、传播、接收和应用等方面的研究,已经形成现代声学的一个新的分支,这就是次声学。

提　　要

1. 简谐运动

动力学方程　　　　$\dfrac{\mathrm{d}^2 x}{\mathrm{d}t^2}+\omega^2 x=0$

运动学方程　　　　$x=A\cos(\omega t+\varphi)$

其中　　　　$A=\sqrt{x_0^2+\dfrac{v_0^2}{\omega^2}},\quad \tan\varphi=-\dfrac{v_0}{\omega x_0}$

速度　　$v=\dfrac{\mathrm{d}x}{\mathrm{d}t}=-\omega A\sin(\omega t+\varphi)=v_\mathrm{m}\cos\left(\omega t+\varphi+\dfrac{\pi}{2}\right)$

加速度　$a=\dfrac{\mathrm{d}^2 x}{\mathrm{d}t^2}=-\omega^2 A\cos(\omega t+\varphi)=a_\mathrm{m}\cos(\omega t+\varphi+\pi)=-\omega^2 x$

动能　　$E_\mathrm{k}=\dfrac{1}{2}mv^2=\dfrac{1}{2}m\omega^2 A^2\sin^2(\omega t+\varphi)$

势能　　$E_\mathrm{p}=\dfrac{1}{2}kx^2=\dfrac{1}{2}kA^2\cos^2(\omega t+\varphi)$

总能量　$E=E_\mathrm{k}+E_\mathrm{p}=\dfrac{1}{2}m\omega^2 A^2=\dfrac{1}{2}kA^2$

2. 振动的合成

同方向同频率的合成

$$A=\sqrt{A_1^2+A_2^2+2A_1 A_2\cos(\varphi_2-\varphi_1)}$$

$$\varphi=\arctan\dfrac{A_1\sin\varphi_1+A_2\sin\varphi_2}{A_1\cos\varphi_1+A_2\cos\varphi_2}$$

$\varphi_2-\varphi_1=2k\pi(k=0,\pm 1,\pm 2,\cdots)$时,合振幅最大为

$$A=\sqrt{A_1^2+A_2^2+2A_1 A_2}=A_1+A_2$$

$\varphi_2-\varphi_1=(2k+1)\pi(k=0,\pm 1,\pm 2,\cdots)$时,合振幅最小为

$$A=\sqrt{A_1^2+A_2^2-2A_1 A_2}=|A_1-A_2|$$

同方向不同频率的合成

$$x = 2A_1\cos\left(2\pi\frac{\nu_2-\nu_1}{2}t\right)\cos\left(2\pi\frac{\nu_2+\nu_1}{2}t\right)$$

合振动的频率为 $\dfrac{\nu_2+\nu_1}{2}$

拍频为 $\nu = \nu_2 - \nu_1$

3. 简谐波

平面简谐波的波函数
$$y_P = A\cos\left[\omega\left(t-\frac{x}{u}\right)\right]$$

或
$$y = A\cos\left[2\pi\left(\frac{t}{T}-\frac{x}{\lambda}\right)\right]$$

或
$$y = A\cos(\omega t - kx)$$

波的能量
$$\mathrm{d}E_k = \frac{1}{2}\rho A^2\omega^2\sin^2\left[\omega\left(t-\frac{x}{u}\right)\right]\mathrm{d}V$$

$$\mathrm{d}E_p = \frac{1}{2}\rho A^2\omega^2\sin^2\left[\omega\left(t-\frac{x}{u}\right)\right]\mathrm{d}V$$

$$\mathrm{d}E = \rho A^2\omega^2\sin^2\left[\omega\left(t-\frac{x}{u}\right)\right]\mathrm{d}V$$

能量密度
$$w = \frac{\mathrm{d}E}{\mathrm{d}V} = \rho A^2\omega^2\sin^2\left[\omega\left(t-\frac{x}{u}\right)\right], \quad \overline{w} = \frac{1}{2}\rho A^2\omega^2$$

波的强度
$$I = \overline{w}u = \frac{1}{2}\rho A^2\omega^2 u$$

4. 波的干涉

相位差
$$\Delta\varphi = \left(\varphi_2 - \frac{2\pi r_2}{\lambda}\right) - \left(\varphi_1 - \frac{2\pi r_1}{\lambda}\right) = \varphi_2 - \varphi_1 - 2\pi\frac{r_2-r_1}{\lambda}$$

干涉加强
$$\Delta\varphi = \varphi_2 - \varphi_1 - 2\pi\frac{r_2-r_1}{\lambda} = \pm 2k\pi, \quad k = 0,1,2,\cdots$$

干涉相消
$$\Delta\varphi = \varphi_2 - \varphi_1 - 2\pi\frac{r_2-r_1}{\lambda} = \pm(2k+1)\pi, \quad k = 0,1,2,\cdots$$

5. 驻波

驻波方程
$$y = 2A\cos\left(2\pi\frac{x}{\lambda}\right)\cos(2\pi\nu t)$$

波腹的位置
$$\left|\cos\left(2\pi\frac{x}{\lambda}\right)\right| = 1$$

波节的位置
$$\left|\cos\left(2\pi\frac{x}{\lambda}\right)\right| = 0$$

思 考 题

9.1 什么是简谐运动？下列运动哪些是简谐运动？

(1) 拍皮球时皮球的运动；
(2) 单摆小角度的摆动；
(3) 旋转矢量的运动；
(4) 人荡秋千时的运动；
(5) 活塞的往复运动；
(6) 竖直悬挂的弹簧系一重物,将物体从静止位置向下拉一距离(在弹性范围内),然后放手使其自由运动的运动。

9.2 分析下列表述是否正确,为什么?
(1) 若物体受到一个总指向平衡位置的合力,则物体必然做振动,但不一定是简谐运动；
(2) 简谐运动的过程是能量守恒的过程,因此,凡是能量守恒的过程就是简谐运动。

9.3 对于同一个弹簧振子,使其一个在光滑的水平面上做一维的简谐运动,一个悬挂在树枝上做简谐运动,问两者的振动频率是否相同?

9.4 一个质量未知的物体悬挂在劲度系数为 k 的弹簧上,只要测得此物体所引起的弹簧的静平衡伸长度,就可知此弹簧系统的振动周期,为什么?

9.5 在静止的升降机中悬挂着一弹簧振子和一单摆,在它们振动的过程中,升降机突然从静止开始自由下落。试分别讨论这两个振动系统的运动情况。

9.6 做简谐运动的弹簧振子,当物体处于下列情况时,其速度、加速度、动能、弹性势能等物理量中,哪几个达到最大值,哪几个为零?
(1) 通过平衡位置时；
(2) 达到最大位移时。

9.7 弹簧的无阻尼自由振动是简谐运动,同一弹簧在简谐驱动力持续作用下的稳态的受迫振动也是简谐运动,这两种振动有何区别?

9.8 两个简谐运动的运动频率相同,振动方向也相同,若两个振动的振动相位关系为反向,则合振动的振幅为多少? 合振动的初相位为多少? 两者为同相关系时又如何?

9.9 什么是波动? 振动和波动有什么区别与联系? 波形曲线与振动曲线有什么不同? 试简单说明。

9.10 试判断下列几种关于波长的说法是否正确:
(1) 在波的传播方向上相邻两个位移相同点的距离；
(2) 在波的传播方向上相邻两个运动速度相同点的距离；
(3) 在波的传播方向上相邻两个振动相位相同点的距离。

9.11 设某一时刻的横波波形曲线如图 9.39 所示,水平箭头表示该波的传播方向,试分别用矢号标明图中 A、B、C、D、E、F、G、H、I 等质点在该时刻的运动方向,并画出经过四分之一周期后的波形曲线。

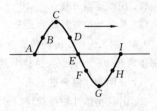

图 9.39

9.12 根据波长、频率、波速的关系式 $u=\lambda\nu$,有人认为频率高的波传播速度大,你认为是否正确?

9.13 机械波的波长、频率、周期和波速四个量中:
(1) 在同一介质中,哪些量是不变的?
(2) 当波从一种介质中进入另一种介质中时,哪些量是不变的?

9.14 "波的传播是介质质点的随波逐流、长江后浪推前浪"这句话从物理上说是否有根据？

9.15 波的能量与哪些物理量相关？比较波的能量与简谐运动的能量。

9.16 (1) 在波的传播过程中,每个质元的能量随时间而变,这是否违反能量守恒定律？

(2) 在波的传播过程中,动能密度与势能密度相等的结论,对非简谐波是否成立？为什么？

9.17 "若两列波不是相干波,则当这两列波相遇时,相互穿过后且互不影响；若两列波是相干波,则互相影响。"这句话对不对？为什么？同时请分析叠加原理成立的条件。

9.18 两列简谐波叠加时,讨论下列各种情况：

(1) 若两列波的振动方向相同,初相位也相同,但频率不同,能不能发生干涉？

(2) 若两列波的频率相同,初相位也相同,但振动方向不同,能不能发生干涉？

(3) 若两列波的频率相同,振动方向也相同,但相位差不能保持恒定,能不能发生干涉？

(4) 若两列波的频率相同,振动方向也相同,初相位也相同,但振幅不同,能不能发生干涉？

9.19 (1) 为什么有人认为驻波不是波？

(2) 在驻波中,相邻两波节间各点均做相位相同的简谐运动,那么每个振动质点的能量是否保持不变？

习 题

9.1 设简谐运动方程为 $x=0.02\cos(100\pi t+\pi/3)$ (SI),求：

(1) 振幅、频率、角频率、周期和初相位；

(2) $t=1$ s、2 s、10 s 时的相位；

(3) 分别画出位移、速度、加速度与时间的关系曲线。

9.2 有一个和轻弹簧相连的小球,沿 x 轴作振幅为 A 的简谐运动,其振动方程用余弦函数表示。若 $t=0$ 时,球的运动状态为：

(1) $x_0=-A$；

(2) 过平衡位置向 x 轴正方向运动；

(3) 过 $x=-A/2$ 处向 x 轴负方向运动。

试用矢量图示法确定初相位,并写出振动方程。

9.3 有一弹簧振子,振幅为 4 cm,周期为 5 s,将物体经过平衡位置且向正方向运动记为计时起点,求：

(1) 简谐运动方程；

(2) 从初始位置开始到二分之一最大位移处所需要的时间。

9.4 原长为 0.5 m 的弹簧上端固定,下端悬挂一质量为 0.1 kg 的物体,弹簧的长度为 0.6 m,将物体推至弹簧回到原长后放手,物体上下振动。

(1) 证明物体做简谐运动；

(2) 若从物体开始振动计时,写出振动方程(以向下为正方向)。

9.5 一弹簧沿水平方向运动,振幅为 10 cm,当弹簧振子离开平衡位置 6 cm 时,速度为 24 cm/s。求：

(1) 振动的周期；

(2) 速度为 12 cm/s 时的位移。

9.6 质量 $m=100$ g 的小球与弹簧构成的系统,按 $x=0.05\cos(4\pi t+\pi/3)$ 的规律作自由振动。式中,t 以 s 为单位,x 以 m 为单位。求:

(1) 振动的角频率、周期、振幅和初相;

(2) 振动的速度和加速度表达式;

(3) 振动的能量;

(4) 平均动能和平均势能。

9.7 物体的质量为 0.25 kg,在弹性力作用下做简谐运动,弹簧的劲度系数 $k=25$ N/m。如果物体开始振动时的动能为 0.02 J,势能为 0.06 J,求:

(1) 物体的振幅;

(2) 动能和势能相等时的位移;

(3) 经过平衡位置时的速度。

9.8 如图 9.40 所示,一物体沿 x 轴做简谐运动,选该物体向右通过点 A 为计时起点。经过 2 s 物体第一次经过点 B,再经过 2 s 后第二次经过点 B。若已知物体经过 A、B 两点时具有相同的速率,且 $AB=10$ cm。求:

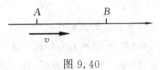

图 9.40

(1) 物体的振动方程;

(2) 物体在点 A 处的速率。

9.9 一弹簧振子由劲度系数为 k 的弹簧和质量为 M 的物块组成,将弹簧一端与顶板相连,如图 9.41 所示。开始时物块静止,一颗质量为 m、速度为 v_0 的子弹由下而上射入物块,并留在物块中。

(1) 求振子以后的振动振幅与周期。

(2) 求物块从初始位置运动到最高点所需的时间。

9.10 如图 9.42 所示,一劲度系数为 k 的轻弹簧,系一质量为 m' 的物体,在水平面上作振幅为 A 的简谐运动,有一质量为 m 的黏土粒,从高度为 h 处自由下落,正好在(a)物体通过平衡位置时,(b)物体在最大位置时,落在物体上。分别求:

(1) 振动周期有何变化?

(2) 振幅有何变化?

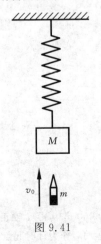

图 9.41

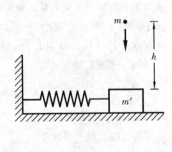

图 9.42

9.11 一单摆的摆长 $l=1$ m,摆锤质量 $m=0.01$ kg。开始时处于平衡位置。

(1) 若给小球一个向右的水平冲量 $I=2.5\times 10^{-3}$ N/s。设摆角向右为正。如以刚打击后为 $t=0$,求振动的初相位及振幅;

(2) 若冲量是向左的,则初相位为多少?

9.12 已知两个同方向同频率的简谐运动的运动方程分别为 $x_1=0.05\cos(10t+0.75\pi)$, $x_2=0.06\cos(10t+0.25\pi)$(式中 x_1、x_2 的单位为 cm,t 的单位为 s),求:

(1) 合振动的振幅和初相位;

(2) 若有另一同方向同频率的简谐运动 $x_3=0.07\cos(10t+\varphi_3)$(式中 x_1 的单位为 cm,t 的单位为 s),则 φ_3 为多少时,x_1+x_3 振幅最大? 又 φ_3 为多少时,x_2+x_3 振幅最小?

9.13 一质点同时参与两个在同一直线上的简谐运动:

$$x_1=0.04\cos\left(2t+\frac{\pi}{6}\right), \quad x_2=0.03\cos\left(2t-\frac{5\pi}{6}\right)$$

试求其合振动的振幅和初相位(式中 x 的单位为 m,t 的单位为 s)。

9.14 两个同方向的简谐运动,周期相同,振幅分别为 $A_1=0.05$ m,$A_2=0.07$ m,组成一个振幅为 $A=0.09$ m 的简谐运动。求两个分振动的相位差。

9.15 当两个同方向的简谐运动合成为一个振动时,其振动表式为 $x=A\cos(2.1t)\cdot\cos(50.0t)$,式中 t 的单位为 s。求各分振动的角频率和合振动的周期。

9.16 一质点同时参与两个互相垂直的简谐运动,其振动方程分别为

$$x=A\cos(\omega t+\varphi_0), \quad y=2A\cos(2\omega t+2\varphi_0)$$

若 $\varphi_0=\frac{\pi}{4}$,试用消去法求出合振动的轨迹方程,并判断这是一条什么曲线。

9.17 (1) 已知在室温下空气中的声速为 340 m/s。水中的声速为 1 450 m/s,能使人耳听到的声波频率在 20～20 000 Hz 之间,求这两极限频率的声速在空气和水中的波长。

(2) 人眼所能见到的光(可见光)的波长范围为 400 nm(属于紫光)至 760 nm(属于红光)。求可见光的频率范围(1 nm $=10^9$ m)。

9.18 一横波沿绳子传播时的波函数为

$$y=0.05\cos(10\pi t-4\pi x)$$

式中,x、y 的单位为 m,t 的单位为 s。

(1) 求此波的振幅、波速、频率和波长;

(2) 求绳子上各质点振动的最大速度和最大加速度;

(3) 求 $x=0.2$ m 处的质点在 $t=1$ s 时的相位;

(4) 分别画出 $t=1$ s、1.25 s、1.50 s 各时刻的波形。

9.19 设有一平面简谐波

$$y=0.02\cos\left[2\pi\left(\frac{t}{0.01}-\frac{x}{0.3}\right)\right]$$

式中,x、y 的单位为 m,t 的单位为 s。

(1) 求振幅、波长、频率和波速;

(2) 求 $x=0.1$ m 处质点振动的初相位。

9.20 平面简谐波的振幅为 5.0 cm,频率为 100 Hz,波速为 400 m/s,沿 x 轴正方向传播,以波源(设在坐标原点 O)处的质点在平衡位置且正向 y 轴正方向运动时作为计时起点,求:

(1) 波源的振动方程;
(2) 波函数。

9.21 两相干波波源位于同一介质中的 A、B 两点,如图 9.43 所示。其振幅相等,频率均为 100 Hz,B 比 A 的相位超前 π。若 A、B 相距 30 m,波速为 400 m/s,试求 AB 连线上因干涉而静止的各点的位置。

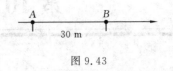

图 9.43

9.22 已知波的波函数为 $y = A\cos[\pi(4t+2x)]$。

(1) 写出 $t=2$ s 时各波峰位置的坐标表示式,并计算此时离原点最近一个波峰的位置,该波峰何时通过原点?

(2) 画出 $t=2$ s 时的波形曲线。

9.23 一平面简谐波的频率为 500 Hz,在密度为 $\rho = 1.3$ kg/m^3 的空气中以 $v=340$ m/s 的速度传播,达到人耳时振幅约为 $A=1.0 \times 10^{-4}$ m。试求波在耳中的平均能量密度和声强。

9.24 一弹性波在介质中传播的速度为 $u=10^3$ m/s,振幅 $A=1.0\times10^{-4}$ m,频率 $\nu=10^3$ Hz。若该介质的密度为 $\rho=800$ kg/m^3,求:

(1) 该波的平均能流密度;

(2) 一分钟内垂直通过一平面 $S=4\times10^{-4}$ m^2 的总能量。

9.25 一驻波波函数为 $y=0.02\cos(20x)\cos(750t)$,求:

(1) 形成此驻波的两行波的振幅和波速各为多少?

(2) 相邻两波节间的距离多大?

(3) $t=2.0\times10^{-3}$ s 时,$x=5.0\times10^{-2}$ m 处质点振动的速度多大?

9.26 两人轻声说话时的声强级为 40 dB,闹市中的声强级为 80 dB,问闹市中的声强是轻声说话时声强的多少倍?

9.27 两个波在一很长的弦线上传播。设其波动表达式为

$$y_1 = 0.06\cos\frac{\pi}{2}(2.0x - 8.0t)$$

$$y_2 = 0.06\cos\frac{\pi}{2}(2.0x + 8.0t)$$

用 SI 单位,求:

(1) 求各波的频率、波长、波速;

(2) 求节点的位置;

(3) 在哪些位置上,振幅最大?

第10章 波动光学

光是一种很重要的自然现象。人类对光这种自然现象的认识,是从眼睛为什么能看见周围的物体这样一个问题开始的。对于光的研究,在历史上经过了一个漫长曲折的过程。早在我国先秦时代(公元前 400—382 年),以墨翟为代表所著的《墨经》中就详细论述了光的直线传播和折射、反射等有关光在透明介质中的传播规律。1668 年英国科学家牛顿根据光的直线传播性质,提出了光的微粒说。比牛顿的微粒说稍晚,1678 年荷兰物理学家惠更斯在《论光》一文中提出了光的机械波动学说。

1801 年,英国人托马斯·杨完成了杨氏实验,并提出了干涉原理,从而对惠更斯的波动学说提供了有力支持。1809 年,马吕斯确认了光具有横波的偏振性。1815 年,菲涅耳综合了惠更斯子波假设与杨氏干涉原理,运用次波干涉的理论成功地解释了光的直线传播规律,并且定量地说明了一些光的衍射图样的强度分布规律。至此,支持光的微粒说的人已经很少,光的波动说取得了决定性的胜利。1860 年,麦克斯韦在法拉第、安培等人研究电磁场工作的基础上,认识到光是一种电磁波。1888 年,赫兹用实验证实了光和电磁波之间的联系,从而为光的电磁理论奠定了基础。

然而,19 世纪末至 20 世纪初,一些新的实验,如黑体辐射、光电效应和康普顿效应等,用经典的光的电磁理论无法解释。为此,普朗克于 1900 年提出了量子论,并成功解释了黑体辐射问题。1905 年,爱因斯坦提出了光量子(简称光子)理论,成功解释了光电效应。光的干涉、衍射与偏振等现象证实了光具有波动的性质,而黑体辐射、光电效应和康普顿效应等实验又证明光具有粒子的性质。在此基础上,人们认识到光具有波动和粒子的双重性质,即所谓的波粒二象性。对于光的波粒二象性的认识,是人们对于光的本性的认识向前迈进的一大步。1924 年,德布罗意将光所具有的波粒二象性推广到所有的微观粒子。1925 年,玻恩进一步提出了关于波粒二象性的概率解释。这些实验现象与相关的理论解释,成为量子力学学科建立的基础。

光学是研究光的本性、光的发射、传播和吸收,以及光与物质相互作用及其应用的学科。它是物理学中一门重要的基础学科。随着 20 世纪 60 年代激光的发现,光学这门物理学中最古老学科的发展又获得了新的动力,它又成为当今科学领域中非常活跃的前沿阵地。随着科技的发展,光学与其他学科相互结合与相互渗透,逐渐形成了诸多新的学科,不断推动物理学向前发展。

本章介绍光学的基础知识,重点介绍的是有关波动光学的内容,即根据光的波动性研究光的传播规律与性质等,主要内容包括光的干涉、衍射、偏振等各种现象及其遵从的规律以及有关的一些应用等。

10.1 光的干涉

10.1.1 光源

发射光波的物体称为光源。太阳、日光灯等都是常见的光源。

物体的发光过程往往伴随着其内部的能量变化,常见的光源包括利用热能激发的热辐射发光光源(如白炽灯)、利用电能转化为光能的电致发光光源(如霓虹灯)、利用光激发引起发光的光致发光光源(如日光灯)、由于化学反应而发光的化学发光光源(如燃烧发光的物体),还有受激辐射的激光光源等。在上述常见的各种光源中,除激光光源外,其他普通光源的发光机理都是处于激发态的原子或分子的自发辐射。以原子为例,当光源中的原子吸收外界能量后处于较高能量的激发态,由于这些激发态通常是不稳定的,因此原子会自发地回到能量较低的状态,并将以电磁波的形式辐射出多余的能量。这个辐射过程很短暂,为 $10^{-9} \sim 10^{-8}$ s。因此,不妨将原子发射的光波视为一段频率一定的有限长的光波波列,如图 10.1 所示。普通光源中的大量原子或分子所发出的光波波列彼此间相互独立,这是由于它们的辐射是随机的,彼此间并无任何联系。因而同一时刻不同原子或分子所发出的光,其频率、振动方向与相位都各自独立。另外,原子或分子的发光过程又是间歇性的,即每经过一次发光后,需要间隔一段时间才能发出第二个光波波列。所以,同一原子或分子在不同时刻所发出的光波波列也往往具有不同的振动方向和相位。

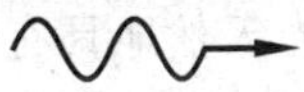

图 10.1

10.1.2 相干光

在讨论波的干涉问题时已经指出,只有频率相同、振动方向平行、相位差恒定的两列波才是相干波,在两相干波相遇的区域会产生干涉现象。光波是电磁波,振动的是电场强度矢量 E 和磁场强度矢量 H,其中能够引起人眼视觉或对感光仪器起作用的是电场强度矢量 E,通常将其称为光矢量。如果两列光波的光矢量 E 能够满足相干条件,则称这两列光波为相干光,对应的光源称为相干光源。

由前面的讨论可以得知,普通光源发出的光是由光源中各原子或分子发出的相互独立的光波波列组成的,它们彼此之间并没有恒定的相位差,不能满足相干条件。因而两个独立的普通光源不能构成相干光源,由它们所发出的光不会产生干涉现象。而即便是同一光源的两个不同部分发出的光,因为类似的原因,它们也不是相干光。因此,要想获得相干光,通常需要采取一定的措施或方法。

10.1.3 获得相干光的方法

对于普通光源,要获得相干光,一种常见的思路是将光源上同一点所发出的光设法一分为二,使它们沿不同路径传播后再相遇。由于这两部分光是同一光源上的一点在同一时刻所发出的,它们的频率自然相同,其光矢量振动方向也平行,而且这两部分光经不同路径传播再相遇时,彼此相位的改变是确定的,即它们间的相位差恒定,由此容易判断这两部分光显然是相干光,当它们相遇时才可能产生干涉现象。

那么如何才能做到将光源上同一点发出的光一分为二呢?通常可以采取的方法有分振幅法和分波阵面法两种。所谓分振幅法,就是利用反射、折射或透射的方法,将一束光分成两束或多束,然后再设法使各束光相遇,从而产生干涉现象,其原理示意图如图 10.2 所示。至于分波阵面法,就是从光源发出的某同一波阵面上,取出两个(或多个)部

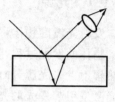

图 10.2

分作为相干光源,当这两个相干光源各自所发出的光相遇时,会产生干涉的结果。在 10.2 节我们将要介绍的杨氏双缝干涉实验实际上就是采用了分波阵面法以获得相干结果。

除了上面介绍的两种方法外,还可以直接采用激光光源作为相干光源。激光的发光机理不同于普通光源的自发辐射,而是一种称为受激辐射的发光原理,从而使得激光天然地具有相干性好的特性。因此,当以激光光源作为相干光源进行干涉实验时,将能够获得较好的干涉图样。

10.1.4 光程 光程差

1. 光程

两束相干光在传播过程中的某一位置相遇时,将会产生干涉现象。它们相干叠加的结果是干涉加强或干涉减弱,主要取决于这两束相干光之间的相位差 $\Delta\varphi$。如果这两束相干光在同一种介质(如空气)中传播,则它们之间的相位差可以通过两束光传播到相遇位置时所经历的几何路程差 Δr 计算得到,即 $\Delta\varphi=\dfrac{2\pi}{\lambda}\Delta r$。但如果这两束相干光在传播过程中经历了两种(甚至多种)不同介质,则由于光在不同介质中的波长和传播速度有差异,这时就不能仅仅根据两束光所经历的几何路程差 Δr 来计算它们之间的相位差了。为了讨论的方便,下面引入光程这一概念。

一束频率为 ν 的单色光,在真空中传播时的波长为 λ,传播速度为光速 c。当该单色光在折射率为 n 的介质中传播时,它的传播速度 v 是真空中光速 c 的 $1/n$,所以在这种介质中,它的波长为 $\lambda_n = v/\nu = c/(n\nu) = \lambda/n$。由此可见,当单色光在折射率为 n 的介质中传播时,其波长是它在真空中传播时波长的 $1/n$。考虑到光波在传播过程中,每行进一个波长的距离,其相位变化为 2π,那么,当该单色光在折射率为 n 的介质中传播的几何路程为 L 时,其相位发生的变化是

$$\Delta\varphi = \dfrac{L}{\lambda_n} \cdot 2\pi = \dfrac{2\pi n L}{\lambda} \tag{10.1}$$

而同样的单色光在真空中传播的几何路程为 L 时,其相位发生的变化是 $\Delta\varphi' = \dfrac{2\pi}{\lambda}L$ $= \dfrac{\Delta\varphi}{n}$。由此可见,该束单色光在折射率为 n 的介质中行进几何路程 L 所引起的相位变化,相当于这束光在真空中行进同样路程所引起相位变化的 n 倍,或说是相当于这束光在真空中行进路程为 nL 时所引起的相位变化。所以,我们将光在介质中传播的几何路程 L 和介质的折射率 n 的乘积 nL,称为光程,用符号 Δ 表示。

2. 光程差

从光程的定义可以看到,光在介质中传播时,其光程不仅与光所传播的几何路程有关,还与介质的折射率有关。光程实际上是一个折合量,采用光程的概念后,就可以将光在不同介质中传播的几何路程,全部折算为这束光在真空中传播的几何路程。这样,当我们分析两束在不同介质中传播的相干光在某点相遇并产生相干叠加的问题时,就可以通过计算这两束光之间的光程差 δ,进而求得它们之间的相位差 $\Delta\varphi$,从而在理论上分析得到这两束光在相遇处获得的干涉结果。综上所述,若两束相干光之间的光程差为 δ,则它们之间的相位差可以通过式(10.2)计算得到。

$$\Delta\varphi = \dfrac{2\pi}{\lambda}\delta \tag{10.2}$$

那么,当这两束相干光之间的光程差满足

$$\delta = \pm k\lambda \quad (k=0,1,2,\cdots) \tag{10.3}$$

时,它们之间的相位差为

$$\Delta\varphi = \pm 2k\pi \tag{10.4}$$

这两束相干光在相遇处的叠加结果是干涉加强(明条纹);当这两束相干光之间的光程差满足

$$\delta = \pm(2k+1)\dfrac{\lambda}{2} \quad (k=0,1,2,\cdots) \tag{10.5}$$

时,它们之间的相位差为

$$\Delta\varphi = \pm(2k+1)\pi \tag{10.6}$$

这两束相干光叠加的结果是干涉减弱(暗条纹)。

例题 10.1 由光源 S 发出波长为 λ 的单色光,该单色光在真空中传播过程中经过点 A。已知点 A 与光源之间的距离为 d,若光从光源处发出时的初相位为零,则当光传播到点 A 时,其相位为多少?如果在光源与点 A 之间插入一段厚度为 $x(x<d)$、折射率为 n 的透明介质,则此种情况下光传播到点 A 时的相位又是多少?

解 单色光在传播过程中,其相位差与光程差的关系应满足式(10.2),即

$$\Delta\varphi = \dfrac{2\pi}{\lambda}\delta$$

当该单色光在真空中传播时,其光程差与其几何路程差相等,即 $\delta = d$。由于光源处相位为零,因此光传播到点 A 时的相位为

$$\varphi = \frac{2\pi}{\lambda} d$$

若在光的传播路径中插入一定厚度的透明介质,则光在介质内传播时经历的光程差为

$$\delta_1 = nx$$

而光在介质外,即真空中经历的光程差为

$$\delta_2 = d - x$$

因此光从光源传播到点 A 时经历的总光程差为

$$\delta = \delta_1 + \delta_2 = d + (n-1)x$$

由此可知光传播到点 A 时的相位为

$$\varphi' = \frac{2\pi}{\lambda}[d + (n-1)x]$$

由例题 10.1 可以看出,光在不同介质中传播相同的几何距离,其相位的变化既与几何距离大小有关,又与所经历介质的折射率有关。遇到类似问题时,应用光程和光程差的概念可以使对问题的分析过程得到简化,这也正是我们引入光程和光程差这些概念的意义所在。

3. 薄透镜的等光程性

在研究光的干涉、衍射等相关实验过程中,经常需要使用薄透镜装置将平行光汇聚到一点,在这一过程中,被汇聚的各束光的光程是否会发生变化呢?针对这一问题,下面简单介绍一下薄透镜的等光程性问题。

如图 10.3 所示,一束平行光通过薄透镜后,汇聚于焦平面 F' 上一点。AB 为入射平行光束的某一波振面,该波振面上各点的相位相同。当这些平行光束被透镜会聚于焦平面上一点时,汇聚点为一个亮点,由此可见这些光束在汇聚点的相

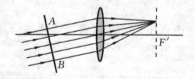

图 10.3

干叠加结果为干涉加强,即它们在汇聚点相遇时的相位相同。这说明,虽然这些平行光线通过透镜后行进的几何路程并不相同,但它们的光程却是相同的。由此可以判断,透镜的引入仅会改变光的传播方向,而不会引起物、像之间各光线附加的光程差。

10.2 杨氏双缝干涉

在 10.1 节介绍的有关相干光的获取方法中,有一种常见的方法称为分波阵面法,即从光源所发出光波的某一波阵面上,取出两个或多个部分作为相干光源的方法。1801 年,托马斯·杨最早运用分波阵面法研究了光的干涉现象。他先让太阳光通过一个小孔,继而投射到与该孔有一定距离的另外两个靠近的小孔上,最后在位于两个小孔前方的屏幕上观察到明暗相间的干涉条纹。此后,在双孔实验的基础上,托

马斯·杨又以两条相互平行的狭缝代替之前的双孔,应用分波阵面法获得相干光源,并观察到了明暗相间的干涉条纹,而且应用双缝方法获得的干涉图样,条纹更加明亮、清晰,这一实验称为杨氏双缝干涉实验。本节将就杨氏双缝干涉实验的相关内容进行分析,从而进一步了解光的干涉图样形成的条件和特点。

10.2.1 杨氏双缝干涉实验

如图 10.4(a)所示为杨氏双缝干涉实验装置图。波长为 λ 的单色光入射到单缝 S 上,形成一个缝光源。在缝 S 后放置两个与 S 平行的狭缝 S_1 与 S_2,这两条狭缝与 S 间的距离均相等,且 S_1 与 S_2 之间的距离很小。此时 S_1 与 S_2 形成一对相干光源,从这两条狭缝发出的光频率相同,振动方向平行,相位差恒定,满足相干条件。由它们发出的光在空间相遇时,会产生干涉现象。如果在双缝后放置一个观察屏 P,则在 P 上会出现一系列明暗相间的干涉直条纹,这些条纹与狭缝平行,条纹间距相等,如图 10.4(b)所示。

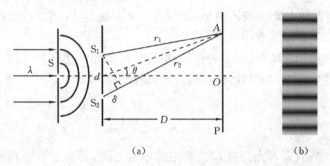

图 10.4

下面定量分析在屏幕上形成干涉条纹的条件。如图 10.4(a)所示,双缝 S_1 与 S_2 之间的距离为 d,双缝所在平面与 P 平行,双缝到 P 的距离为 D。在 P 上任选一点 A,它与双缝 S_1 与 S_2 之间的距离分别为 r_1 与 r_2。通常情况下,双缝与 P 间的距离 D 远大于双缝间的距离 d,即 $D \gg d$,所以从双缝发出的光,传播到点 A 时所经历的光程差是

$$\delta = r_2 - r_1 \approx d\sin\theta$$

其中,θ 如图 10.4(a)所示。

由于 $D \gg d$,所以 θ 很小,于是有 $\sin\theta \approx \tan\theta = |OA|/D$,$|OA|$ 表示点 A 到点 O 的距离。令 $|OA| = x$,则有

$$\delta = r_2 - r_1 \approx d\sin\theta = \frac{d}{D}x$$

因此,当满足条件

$$\frac{d}{D}x = \pm k\lambda \quad (k=0,1,2,\cdots)$$

即点 A 到点 O 的距离满足

$$x = \pm k \frac{D\lambda}{d} \quad (k=0,1,2,\cdots) \tag{10.7}$$

时,两相干光在点 A 处的光程差恰满足干涉加强的条件,此时点 A 正好对应干涉明条纹的中心。在式(10.7)中,对应于 $k=0$ 的明条纹称为中央明纹,很显然,图 10.4(a)中的点 O 即为中央明纹的中心;对应于 $k=1,2,\cdots$ 的明条纹,相应地称为第 1 级,第 2 级,$\cdots$ 明条纹。而式(10.7)中的"$\pm$"表明,这些第 1 级,第 2 级,$\cdots$ 明条纹将对称地分布在中央明纹两侧。

当满足条件 $\quad \frac{d}{D}x = \pm(2k+1)\frac{\lambda}{2} \quad (k=0,1,2,\cdots)$

即点 A 到点 O 的距离满足

$$x = \pm(2k+1)\frac{D\lambda}{2d} \quad (k=0,1,2,\cdots) \tag{10.8}$$

时,两相干光在点 A 处的光程差恰满足干涉减弱的条件,此时点 A 处对应为暗条纹中心。

若点 A 到点 O 的距离既不满足式(10.7),又不满足式(10.8),则点 A 处既不是明条纹中心,又不是暗条纹中心。

一般认为,两相邻暗条纹(或明条纹)中心之间的距离等于明条纹(或暗条纹)的宽度,因此从式(10.7)和式(10.8)可以看出,杨氏双缝干涉实验中明条纹(或暗条纹)的宽度为

$$\Delta x = x_{k+1} - x_k = \frac{D}{d}\lambda \tag{10.9}$$

由式(10.9)可知,当入射光为波长 λ 确定的单色光时,其通过双缝后所形成的干涉明、暗条纹应是等间距分布的;当入射光中包含几种不同波长的单色光时,对应波长 λ 越小的入射光,其形成的明、暗条纹的间距也越小;若采用白光作为入射光,则在中央明纹处依旧是白光,在中央明纹以外的区域,将以中央明纹为中心,对称分布着不同色彩的条纹。

例题 10.2 在杨氏双缝干涉实验中,采用钠光灯作为入射光源($\lambda = 589.3$ nm)。若已知屏幕与双缝之间的距离 $D = 1.5$ m,问:

(1) 当双缝之间的距离分别为 $d = 2$ mm 和 $d = 20$ mm 时,两相邻明条纹中心的间距是多少?

(2) 如果人的肉眼能够分辨的最小间距为 0.15 mm,则上述两种情况下,两相邻明条纹的间距是否都能由肉眼直接进行观察?

解 (1) 当 $d = 2$ mm 时,由式(10.9)可知,两相邻明条纹中心的间距为

$$\Delta x = \frac{1.5 \times 589.3 \times 10^{-9}}{2 \times 10^{-3}} \text{ m} \approx 4.4 \times 10^{-4} \text{ m} = 0.44 \text{ mm}$$

当 $d = 20$ mm 时,则

$$\Delta x = \frac{1.5 \times 589.3 \times 10^{-9}}{20 \times 10^{-3}} \text{ m} \approx 4.4 \times 10^{-5} \text{ m} = 0.044 \text{ mm}$$

(2) 显然,当 $d=2$ mm 时,两相邻明条纹之间的间距 0.44 mm>0.15 mm,此时肉眼可以直接观察到两相邻明条纹之间的间距;当 $d=20$ mm 时,两相邻明条纹之间的间距 0.044 mm<0.15 mm,肉眼就难以直接观察到了。由此可见,通常情况下的双缝干涉实验中,双缝之间的距离不宜太大。

例题 10.3 在杨氏双缝干涉实验中,若以一片薄的透明云母片(折射率 $n=1.58$)遮挡住其中一条狭缝后,发现原中央明纹中心处此时变为第五级明纹的中心,问:

(1) 若光源的波长 $\lambda=550$ nm,则该云母片的厚度是多少?

(2) 若双缝间的距离 $d=0.6$ mm,屏幕到双缝的距离 $D=2.5$ m,则此时中央明纹的中心相对于其原来的位置移动的距离是多少?

解 (1) 插入云母片之前,双缝到中央明纹中心处的距离相等,两束光之间的光程差为零。通过 10.1 节的内容可以知道,当其中一条狭缝被云母片遮挡之后,通过该狭缝的光,其光程发生了变化。设云母片的厚度为 l,则插入该云母片后,通过该条狭缝的光产生了 $\Delta\delta=(n-1)l$ 的光程差变化。

光程差每变化一个波长 λ,干涉条纹将移动一条,由题得知,此时原中央明纹中心处变为第五级明纹中心,根据上述分析可以得知

$$\Delta\delta=(n-1)l=5\lambda$$

所以,该云母片的厚度为

$$l=\frac{5\lambda}{n-1}=\frac{5\times550\times10^{-9}}{1.58-1} \text{ m}\approx 4.74\times10^{-6} \text{ m}$$

(2) 由于此时原中央明纹中心处变为第五级明纹中心,因此明纹中心相对于第五级明纹的距离,就是其相对于原来位置移动的距离。将已知条件代入式(10.7)可知,明纹中心移动的距离为

$$\Delta x=5\times\frac{2.5\times550\times10^{-9}}{0.6\times10^{-3}} \text{ m}\approx 1.15\times10^{-2} \text{ m}$$

*10.2.2 光波的空间相干性

在前面的分析过程中,并未特别强调光源的尺寸大小,但实际上,光源的大小也会对干涉图样产生直接的影响。以双缝干涉实验为例,随着其光源(双缝装置之前的单缝 S)的宽度逐渐增加,屏幕上的干涉条纹将逐渐模糊,直至最后消失。分析其原因,可将单缝 S 视为许多平行线状光源的组合,这些线状光源彼此是不相干的,它们发出的光通过双缝后会形成各自的干涉条纹。由于这些线状光源所发光的光程差不同,在某线状光源形成明纹的位置,可能恰好是另一条线状光源形成暗纹的位置。由于这些线状光源彼此不相干,所以它们形成的这些干涉条纹的叠加也是非相干的叠加,从而导致屏幕上的干涉明纹与暗纹之间的亮度差别缩小。随着单缝 S 逐渐加宽,它所包含的线状光源逐渐增多,这些线状光源形成的干涉条纹彼此之间的非相干叠

加,使得屏幕上的条纹逐渐变得模糊,直至消失。因此,若要获得较为清晰的干涉图样,就需要控制光源的大小,这就是所谓的光波的空间相干性。

然而,光源的大小并非越小越好。光源过小,入射到双缝的光将缺乏足够的强度,从而导致条纹的亮度不够,视觉或感光将遇到困难。事实上,人们总希望能获得既清晰又明亮的干涉条纹,却发现两者往往不可兼得。我们采取的办法是选取合适大小的光源,以期使干涉条纹在清晰度和亮度上尽量有利于实验观察。

*10.2.3 劳埃德镜

如图 10.5 所示的装置,称为劳埃德镜。通过该装置同样可以观察到光的干涉现象。图中 M 为一反射镜(下表面涂黑的平玻璃板或金属平板),S_1 是一个狭缝光源,由该光源发出的光一部分以掠射(入射角接近 90°)的方式入射到 M 上,再经 M 反射至屏幕;光源发出的另一部分光则直接入射到屏幕上。显然,这两部分光是相干光,在它们相遇叠加的区域(即图中的阴影部分)将观察到明暗相间的干涉条纹。

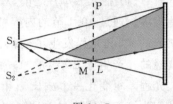

图 10.5

实际上,经过简单分析不难得知,由光源 S_1 发出并经过反射镜 M 反射的这部分光,也可以看成是由虚光源 S_2 所发出的,虚光源 S_2 相当于是实光源 S_1 的虚像。这样,S_1 和 S_2 就形成了一对相干光源,它们发出的光相遇叠加时,将会形成干涉条纹。在此基础上对于劳埃德镜干涉条纹所作的相关分析,与之前杨氏双缝干涉实验的分析方法相似。

在劳埃德镜实验中,如果将屏幕平移至图中虚线所示的位置,即让屏幕与反射镜 M 的一边相接触时,在接触点 L 处,实验观察得到的结果是暗条纹。从光程的角度分析,由 S_1 和 S_2 所发出的相干光到达点 L 的距离是一致的,也就是说这两束光的光程应该相等,那么实验观察到的结果应该是明条纹。为什么实验结果与理论分析的结果相反呢?点 L 的干涉条纹是暗条纹,说明 S_1 和 S_2 各自所发光到达该点时的相位是相反的,即两者的相位相差应为 π(或 π 的奇数倍)。考虑到这两束光在传播过程中并没有发生能引起这种相位突变的情况,因此只能认为这个相位突变是光在反射过程中所引入的,也就是说反射光相对于入射光发生了相位差为 π 的突变。

进一步的实验表明,光在两种介质界面处发生反射时,如果光是从折射率较小的介质(光疏介质)射向折射率较大的介质(光密介质),则反射光的相位相对入射光的相位会产生相位差为 π 的突变;如果光是从光密介质射向光疏介质时,则不会产生相位的突变。当反射光发生了这种相位突变时,其结果等效于反射光与入射光之间的光程差附加了半个波长,所以这种现象通常称为半波损失。

今后分析相干光的叠加时,凡遇到半波损失的情况,在计算光程差时必须计入,否则会得出与实际情况不同的理论结果。

10.3 薄膜干涉

本节将对几种常见模型所产生的干涉现象进行详细分析,介绍一般干涉问题的分析思路与方法,并进一步加深对光程、光程差和干涉条件的理解。

在日常生活中,我们常常观察到阳光照射下的油膜或肥皂泡的表面呈现出各种色彩的花纹。这些实际上是光在薄膜表面所产生的干涉现象,称为薄膜干涉。一般情况下,当薄膜的厚度均匀时,所形成的干涉条纹属于等倾干涉条纹;当薄膜的厚度不均匀时,所形成的干涉条纹属于等厚干涉条纹。下面将对这两种不同的干涉条纹分别进行相关分析。

10.3.1 薄膜干涉

1. 薄膜干涉——等倾干涉条纹

如图 10.6 所示,在折射率为 n_1 的某均匀介质中,放入一个折射率为 n_2($n_2 > n_1$)、厚度均匀且为 d 的薄膜。当光源发出的光线 1 以入射角 i 投射到薄膜上表面 M_1 的点 A 处时,一部分光将被反射,如图 10.6 中的光线 2 所示;另一部分则将折射进入介质内,折射角为 γ,这部分的光在介质下表面 M_2 上再次反射,最后经上表面 M_1 折射而出,如图 10.6 中的光线 3 所示。显然,光线 2、3 所示的这两束反射光是平行的,并且根据 10.1.3 节的内容可知,光线 2、3 是通过分振幅法获得的相干光,当它们经过透镜会聚后,将产生干涉。下面对光线 2、3 之间的光程差进行讨论,并进而分析其干涉结果。

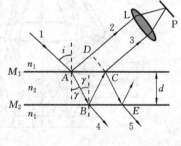

图 10.6

为计算光线 2、3 之间的光程差,可由点 C 处引反射光 2 的垂线 CD,从图 10.6 中可以看出,光线 2、3 在 CD 之后部分的光程是相等的(薄透镜不会引入附加的光程差)。考虑到光线 2 一直是在折射率为 n_1 的介质中传递,因此其光程为 $n_1 \overline{AD}$;经同样的分析可以得知,光线 3 在折射率为 n_2 的介质中的光程为 $n_2(\overline{AB}+\overline{BC})$,由此得到光线 2、3 之间的光程差为

$$\delta' = n_2(\overline{AB}+\overline{BC}) - n_1\overline{AD}$$

已知薄膜的厚度为 d,相关量间满足 $\overline{AB}=\overline{BC}=d/\cos\gamma$,$\overline{AD}=\overline{AC}\sin i = 2d\tan\gamma\sin i$,将这些关系式代入上式,可得

$$\delta' = \frac{2d}{\cos\gamma}(n_2 - n_1\sin\gamma\sin i) = \frac{2d}{\cos\gamma}n_2(1-\sin^2\gamma) = 2n_2 d\cos\gamma \qquad (10.10)$$

式(10.10)的计算中运用了折射定律 $n_1\sin i=n_2\sin\gamma$。同时,式(10.10)还可以写为

$$\delta'=2n_2d\sqrt{1-\sin^2\gamma}=2d\sqrt{n_2^2-n_1^2\sin^2 i} \tag{10.11}$$

然而之前的分析过程中并未充分考虑在反射过程中可能引入的半波损失。由于此处两种介质的折射率不同,且 $n_2>n_1$,因此当光经由折射率为 n_1 的介质入射到折射率为 n_2 的介质时,发生在这两种介质界面上的反射(即图10.6中光线1在点 A 处的反射)会有相位差为 π 的相位跃变(半波损失);发生在点 B 处的反射则不会引入这一附加光程差。由此不难得出,光线2、3之间的总光程差应为

$$\delta=2d\sqrt{n_2^2-n_1^2\sin^2 i}+\frac{\lambda}{2} \tag{10.12}$$

从式(10.12)可以看出,对于厚度均匀的薄膜来说,其上、下表面分别形成的反射光之间的光程差是由入射角 i 决定的。凡是以相同角度入射的光,其在薄膜上、下表面经反射所产生的相干光都具有相同的光程差,它们对应于同一干涉条纹。所以,这样形成的干涉条纹通常称为等倾干涉条纹。图10.7(a)所示为观察等倾干涉条纹的实验装置,图10.7(b)所示为实验中观察到的等倾干涉条纹。

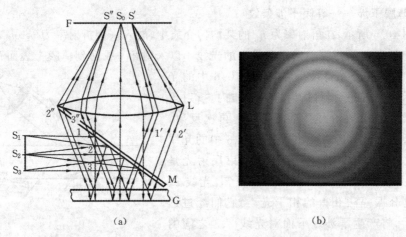

图 10.7

下面对形成薄膜干涉条纹的条件作进一步分析。根据式(10.12)可知,若

$$\delta=2d\sqrt{n_2^2-n_1^2\sin^2 i}+\frac{\lambda}{2}=k\lambda \quad (k=1,2,\cdots) \tag{10.13}$$

则满足干涉加强的条件,所得到的是干涉明条纹;若

$$\delta=2d\sqrt{n_2^2-n_1^2\sin^2 i}+\frac{\lambda}{2}=(2k+1)\frac{\lambda}{2} \quad (k=0,1,2,\cdots) \tag{10.14}$$

则满足干涉减弱的条件,所得到的是干涉暗条纹。

当光垂直入射(即 $i=0$)时,上述干涉条件可改写为

$$\delta=2n_2d+\frac{\lambda}{2}=k\lambda \quad (k=1,2,\cdots) \tag{10.15}$$

此时干涉加强;

$$\delta = 2n_2 d + \frac{\lambda}{2} = (2k+1)\frac{\lambda}{2} \quad (k=0,1,2,\cdots) \tag{10.16}$$

此时干涉减弱。

需要指出的是,不仅反射光为相干光,透射光也同样可视为相干光,透射光会聚时也会产生干涉现象。如图 10.6 所示的光线 4、5 都是透射光,它们彼此平行,而且都是由分振幅法所获得的相干光,因此,当光线 4、5 相遇时,同样会产生干涉现象。类似对反射光部分所作的分析不难得知,透射光 4、5 之间的总光程差为

$$\delta_t = 2d\sqrt{n_2^2 - n_1^2 \sin^2 i} \tag{10.17}$$

与式(10.12)相比较,两反射光之间的总光程差 δ 与两透射光之间的总光程差 δ_t 相差 $\frac{\lambda}{2}$,即它们之间的相位差相差 π。其主要原因是由于透射光部分没有半波损失的引入。所以,当两反射光形成的干涉条纹为明条纹时,相应的透射光形成的干涉条纹恰为暗条纹。显然,这种结果正好也是符合能量守恒定律的要求的。

例题 10.4 一束白光垂直照射到一层厚度 d 为 380 nm 的油膜上,已知该油膜的折射率 n 为 1.33,油膜放置于空气中,试问该油膜的正面呈现何种颜色?背面又呈现何种颜色?

解 白光垂直照射到油膜上,在其上、下表面分别形成的反射光(或透射光)为相干光,该油膜正面所呈现的颜色将与那些满足干涉加强条件的反射光的波长相对应;油膜背面所呈现的颜色则与那些满足干涉加强条件的透射光的波长相对应。

按照上述分析,对于反射光部分,由式(10.12)可知,油膜上、下表面产生的反射光之间的光程差为

$$\delta = 2nd + \frac{\lambda}{2}$$

因此,干涉加强条件为

$$\delta = 2nd + \frac{\lambda}{2} = k\lambda \quad (k=1,2,\cdots)$$

当 $k=1$ 时,

$$\lambda = \frac{4nd}{2k-1} = \frac{4 \times 1.33 \times 380 \times 10^{-9}}{2 \times 1 - 1} \text{ m} = 2\,021.6 \times 10^{-9} \text{ m} = 2\,021.6 \text{ nm}$$

当 $k=2$ 时,

$$\lambda = \frac{4nd}{2k-1} = \frac{4 \times 1.33 \times 380 \times 10^{-9}}{2 \times 2 - 1} \text{ m} \approx 673.87 \times 10^{-9} \text{ m} = 673.87 \text{ nm}$$

当 $k=3$ 时,

$$\lambda = \frac{4nd}{2k-1} = \frac{4 \times 1.33 \times 380 \times 10^{-9}}{2 \times 3 - 1} \text{ m} = 404.32 \times 10^{-9} \text{ m} = 404.32 \text{ nm}$$

当 $k=4$ 时,

$$\lambda = \frac{4nd}{2k-1} = \frac{4 \times 1.33 \times 380 \times 10^{-9}}{2 \times 4 - 1} \text{ m} = 288.8 \times 10^{-9} \text{ m} = 288.8 \text{ nm}$$

在上述所得结果中,波长在可见光范围(400~760 nm)内的只有 673.87 nm 和 404.32 nm 这两种光,分别对应红光和紫光,故油膜的正面呈现紫红色。

对于透射光部分,两透射光之间的光程差为
$$\delta = 2nd$$
因此,干涉加强条件为
$$\delta = 2nd = k\lambda \quad (k=1,2,\cdots)$$
当 $k=1$ 时,
$$\lambda = \frac{2nd}{k} = \frac{2\times1.33\times380\times10^{-9}}{1} \text{ m} = 1\,010.8\times10^{-9} \text{ m} = 1\,010.8 \text{ nm}$$
当 $k=2$ 时,
$$\lambda = \frac{2nd}{k} = \frac{2\times1.33\times380\times10^{-9}}{2} \text{ m} = 505.4\times10^{-9} \text{ m} = 505.4 \text{ nm}$$
当 $k=3$ 时,
$$\lambda = \frac{2nd}{k} = \frac{2\times1.33\times380\times10^{-9}}{3} \text{ m} \approx 336.9\times10^{-9} \text{ m} = 336.9 \text{ nm}$$

可见,在上述满足干涉加强条件的结果中,在可见光范围(400~760 nm)内的只有 505.4 nm 这一种波长的光,因此油膜的背面呈现绿色。

2. 增透膜与增反膜

透镜是一种常见的光学元件,在许多光学仪器或实验的光路中,都会用到一个或多个透镜。当光投射到透镜表面时,不可避免会发生反射,损失掉一部分光能。所使用透镜的数目越多,因反射而损失的光能也就越多,这样不仅会影响仪器效果或实验质量,而且会产生许多无用的光,形成一种光污染。如何尽量减少光在透镜表面的反射,获得尽可能高的透射率呢? 实验表明,利用薄膜干涉的方法,可以实现这一目的。

在透镜表面涂上一层厚度均匀的薄膜,该薄膜介质的折射率比空气的折射率大,但比透镜材料的折射率小(通常使用的薄膜介质是 MgF_2,其折射率 $n=1.38$)。当光入射时,其在薄膜的上、下表面发生的反射都会引入半波损失,因而两反射光之间的光程差中不必考虑附加光程差。假定薄膜厚度为 d,则两反射光之间的光程差若满足
$$2nd = \left(k+\frac{1}{2}\right)\lambda \quad (k=0,1,2,\cdots)$$
则反射光相干叠加的结果为干涉减弱,从而实现了减少反射光、提高透射光的目的。当入射光为单色光,则满足上述条件的薄膜最小厚度(上式中 $k=0$)为 $d=\lambda/4n$,即光在该薄膜中波长的四分之一。若入射光为白光,则通常将上式中的波长选为人眼最为敏感的 550 nm(黄绿光)。通过这种薄膜,使反射光干涉减弱,而透射光得到加强,这种减少反射光强度、增加透射光强度的薄膜称为增透膜。

另有一些情况下,可能需要获得尽可能高的反射率。同样可以通过薄膜干涉的方法实现这一目的,满足这种要求的薄膜称为增反膜。增反膜与增透膜所选用的介

质不同,其折射率比空气折射率和透镜材料的折射率都要大(通常选用 ZnS 作为增反膜介质),此时只有在增反膜的一个表面处发生的反射会引入半波损失,因此反射光之间的光程差需要考虑附加光程差。当两反射光之间的光程差满足干涉加强条件时,就可以使得反射光获得加强,而透射光此时则相应减弱。

利用增透膜和增反膜,可以提高或降低光的透射率。在此基础上,通过采用多层镀膜的方法,还可以再进一步提高或降低光的透射率。

例题 10.5 在折射率 $n_1=1.52$ 的照相机镜头表面涂有一层折射率 $n_2=1.38$ 的 MgF_2 增透膜,若该膜主要适用于波长 $\lambda=550$ nm 的光,则此膜的最小厚度为多少?

解 对于透射光而言,由于照相机镜头、增透膜和空气三者折射率的关系满足 $n<n_2<n_1$,因此两透射光的光程差为 $\delta=2n_2d+\dfrac{\lambda}{2}$,由干涉加强条件可得

$$\delta=2n_2d+\frac{\lambda}{2}=k\lambda \quad (k=1,2,\cdots)$$

因此,增透膜的厚度应满足条件

$$d=\left(k-\frac{1}{2}\right)\frac{\lambda}{2n_2} \quad (k=1,2,\cdots)$$

对于最小厚度,即上式中 $k=1$,故

$$d_{min}=\left(1-\frac{1}{2}\right)\frac{\lambda}{2n_2}=\frac{550\times10^{-9}}{2\times2\times1.38}\ m\approx99.6\times10^{-9}\ m=99.6\ nm$$

例题 10.5 还可以利用薄膜上、下表面产生的相干反射光叠加结果满足干涉减弱条件这一思路进行计算。但应注意的是,在计算反射光之间的光程差时,由于此时上、下两表面处的反射光都需要计入半波损失,因此反射光之间的光程差与透射光之间的光程差相比,两者相差 $\dfrac{\lambda}{2}$。利用这种方法得出的结果与上述分析结果相同,具体过程同学们不妨自行推导比较。

10.3.2 劈尖 牛顿环

前面介绍了薄膜厚度均匀时所得到的干涉条纹——等倾干涉条纹,现在介绍另一种干涉条纹,即当薄膜厚度不均匀时所得到的干涉条纹——等厚干涉条纹。下面介绍几种有代表性的等厚干涉实例,通过对这些实例的分析,来理解等厚干涉条纹的特点及其形成的条件。

1. 劈尖

如图 10.8(a)所示为劈尖干涉的实验装置示意图,图 10.8(b)所示为劈尖的干涉条纹图样,图中相邻两暗纹(或明纹)中心之间的距离 b 可视为劈尖干涉条纹的条纹宽度。

在图 10.8(a)所示的劈尖干涉的实验装置示意图中,两块平板玻璃一端的棱边相接触,另一端则用一定厚度的物体(一般该物体的厚度较小,例如,直径很小的光纤

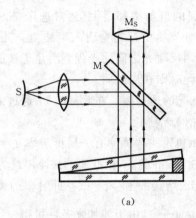
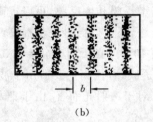

图 10.8

或很薄的纸片)隔开。这样,在两块玻璃平板之间就形成了具有一定厚度的空气薄膜,这层空气薄膜就是一种空气劈尖。由单色光源 S 发出的光经透镜后成为平行光束,该平行光束投射到玻璃片 M 上,经 M 反射后垂直入射(或近似垂直入射)到下方的空气劈尖。这部分光将在空气劈尖的上、下表面分别发生反射,所得反射光是相干光。正如图 10.8(a)所示,当这些相干反射光入射到显微镜中相遇时,会产生干涉现象,从而可以观察到如图 10.8(b)所示的明暗相间且等间距均匀分布的干涉条纹。这些干涉明条纹(或暗条纹)的具体形成条件如何,下面将对此作进一步分析。

为方便计,采用如图 10.9 所示的分析示意图。设空气折射率为 n,两平板玻璃的折射率为 n_1($n_1 > n$),平板玻璃的长度为 L。两平板玻璃一端的棱边相接触,它们之间的夹角为 θ;两平板玻璃的另一端被物体隔开,该物体的厚度(即图中所示空气劈尖的最大厚度)为 D。如之前所述,用来隔开两平板玻璃的物体,其厚度 D 很小,因此夹角 θ 也很小,故入射到劈

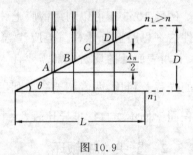

图 10.9

尖上、下表面的光就都可近似视为垂直入射,即入射角 $i=0$ 的情况。

设入射光的波长为 λ,考察劈尖上任一点 P,该点处空气劈尖厚度为 d。入射光在点 P 处的劈尖上、下表面都会产生反射,分析后不难得知,这两束反射光为相干光,它们之间的光程差为 $2nd$。同时考虑到玻璃折射率比空气折射率大,即 $n_1 > n$,所以当入射光在空气劈尖下表面反射时,反射光相对于入射光有半波损失,需要引入附加光程差 $\dfrac{\lambda}{2}$。因此,空气劈尖上、下表面反射产生的两相干光之间的实际光程差为

$$\delta = 2nd + \frac{\lambda}{2}$$

由此可知,当

$$\delta = 2nd + \frac{\lambda}{2} = k\lambda \quad (k=1,2,\cdots) \tag{10.18}$$

时,两相干光满足干涉加强的条件,点 P 处对应的是干涉明条纹的中心;当

$$\delta = 2nd + \frac{\lambda}{2} = (2k+1)\frac{\lambda}{2} \quad (k=0,1,2,\cdots) \tag{10.19}$$

时,两相干光满足干涉减弱的条件,点 P 处对应的则是干涉暗条纹的中心。

从式(10.18)和式(10.19)可以看出,对应空气劈尖厚度 d 相同的位置,其满足的相干条件是一样的,所对应的干涉条纹也一样。这种薄膜厚度相同的位置,对应相同干涉条纹的现象,称为等厚干涉。等厚干涉所形成的条纹,称为等厚干涉条纹。

在图10.9中,劈尖膜厚度相同的那些点,它们的连线组成一系列与劈尖棱边平行的直线,因此该空气劈尖的干涉条纹是一系列与劈尖棱边相平行且明暗相间的直条纹,如图10.8(b)所示。

而在劈尖的棱边处,两平板玻璃相接触,空气劈尖膜的厚度为零,两相干反射光之间的实际光程差 $\delta = \frac{\lambda}{2}$,恰满足干涉减弱条件,因此对应的干涉条纹为暗条纹,这与图10.8(b)所示结果也是一致的。

由式(10.18)和式(10.19)还可进一步求得相邻明条纹(或暗条纹)所对应劈尖膜的厚度差。设第 k 级明条纹对应劈尖的厚度为 d_k,第 $k+1$ 级明条纹对应劈尖的厚度为 d_{k+1},由式(10.18)可得

$$2n(d_{k+1} - d_k) = \lambda$$

将上式化简后即可得知第 k 级与第 $k+1$ 级明条纹所对应劈尖膜的厚度差为

$$\Delta d = d_{k+1} - d_k = \frac{\lambda}{2n} = \frac{\lambda_n}{2} \tag{10.20}$$

式中,λ_n 表示光在折射率为 n 的介质中传播时的波长。同理可知,相邻两暗条纹所对应劈尖膜的厚度差也是 $\lambda_n/2$。由此可见,相邻明条纹(或暗条纹)所对应劈尖膜的厚度差都等于光在该劈尖介质中传播时波长的一半;介质厚度每增加 $\lambda_n/2$,则相应的干涉条纹随之增加一级。

设相邻明条纹(或暗条纹)间的距离,即劈尖干涉条纹的条纹宽度为 b,则由图10.9可得

$$b\sin\theta = \frac{\lambda_n}{2}$$

即

$$b = \frac{\lambda_n}{2\sin\theta} \tag{10.21}$$

从式(10.21)可以看出,劈尖的夹角 θ 越小,则相邻明条纹(或暗条纹)间的距离 b 越大。随着夹角 θ 的增大,相邻明条纹(或暗条纹)间的距离 b 逐渐变小,干涉条纹逐渐密集。当夹角 θ 增大到一定程度时,干涉条纹因过于密集,将无法分辨,即干涉图样无法观察。因此,通常情况下劈尖所对应的夹角 θ 是一个小量。

当劈尖夹角 θ 很小时，$\sin\theta\approx\theta$，将其代入式(10.21)，得到

$$\theta = \frac{\lambda_n}{2b} = \frac{D}{L} \tag{10.22}$$

式中，D 为劈尖厚度，L 表示劈尖长度。从式(10.22)可以看出，如果已知劈尖介质的折射率 n、劈尖的夹角 θ 和长度 L，以及入射光的波长 λ，就可以求出劈尖的厚度 D。在工程技术上常利用这个原理测量薄片的厚度或细丝的直径。只需将待测的物体夹在两块平板玻璃间形成一个空气劈尖，用已知波长的单色光垂直入射，形成等厚干涉条纹，由此就可以测得该物体的厚度了。当待测对象是某种材料的薄膜时（如 SiO_2），则可将该薄膜的一部分直接制成劈尖形状，如图 10.10 所示。利用已知波长的单色光垂直照射，根据劈尖干涉的原理，通过测量在薄膜劈尖上形成的干涉条纹的数目，就可以得出该薄膜的厚度。

除此以外，利用劈尖干涉的原理，还可以检查光学元件表面的平整度。利用劈尖干涉检查光学元件表面平整度的示意图如图 10.11(a)所示。图中用来构成劈尖的两块平板，一块是表面为理想光学平面的透明标准平板 M，另一块是表面平整度待测的平板 N。由这两块平板构成的劈尖，在已知波长的单色光垂直照射下，将产生劈尖干涉的等厚干涉条纹。若待测平板表面的平整度也是理想情况，则测得的等厚干涉条纹将是一系列明暗相间的平行直线，如图 10.11(b)所示；若待测平板表面的平整度有瑕疵，即待测平板的表面不是理想的光学平面，则测得的等厚干涉条纹将会出现扭曲，如图 10.11(c)所示。根据等厚干涉条纹扭曲的方向和扭曲的程度（即图中所示 b'），还可以进一步分析出待测平板表面在该处的瑕疵是凸起或是凹陷，以及凸起的高度或凹陷的深度。在图 10.11(c)所示的等厚干涉条纹中，条纹向左扭曲的位置，对应的是待测平板上相应位置出现了凹陷的瑕疵；条纹中向右扭曲的位置，对应的是待测平板上相应位置出现了凸起的瑕疵。

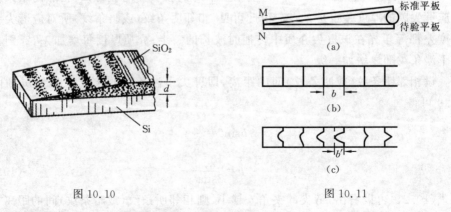

图 10.10　　　　　　　　　　　图 10.11

例题 10.6　现有一块折射率 $n=1.4$ 的玻璃片，经腐蚀将其制成劈尖形状。已知玻璃片的长度 $L=3.5$ cm，制成劈尖形状后的夹角 $\theta=10^{-4}$ rad。现以波长 $\lambda=700$ nm 的单色光垂直照射到该劈尖上，试求：玻璃片上产生的两相邻明条纹之间的距离 b 为

多少? 该玻璃片上一共可以出现多少条明条纹和多少条暗条纹?

解 由题设可知,这是一个玻璃制成的劈尖,入射光在这个劈尖上、下表面反射的光相干叠加产生干涉,从而形成明暗相间的干涉条纹。根据式(10.21)可知,相邻明条纹之间的距离为

$$b = \frac{\lambda_n}{2\sin\theta}$$

式中,λ_n 是入射光在玻璃中的波长。代入数据后可得

$$b = \frac{\lambda_n}{2\sin\theta} = \frac{\lambda}{2n\sin\theta} \approx \frac{\lambda}{2n\theta} = \frac{700 \times 10^{-9}}{2 \times 1.4 \times 10^{-4}} \text{ m} = 2.5 \times 10^{-3} \text{ m}$$

根据式(10.19)可知,劈尖上形成暗条纹时,应满足

$$2nd + \frac{\lambda}{2} = (2k+1)\frac{\lambda}{2} \quad (k = 0, 1, 2, \cdots)$$

已知玻璃片的长度 $L = 3.5$ cm,劈尖的夹角 $\theta = 10^{-4}$ rad,因而对应于该劈尖上所能形成的最大级次的暗条纹,有

$$2nL\tan\theta + \frac{\lambda}{2} \approx 2nL\theta + \frac{\lambda}{2} = (2k_m + 1)\frac{\lambda}{2}$$

由此得到暗条纹的最大级次应为

$$k_m = \frac{2nL\theta}{\lambda} = \frac{L}{b} = \frac{3.5 \times 10^{-2}}{2.5 \times 10^{-3}} = 14$$

由此可知,该玻璃片上一共可以出现 14 条明条纹。由于在劈尖厚度 $d = 0$ 的一端,入射光与反射光之间存在因半波损失引入的附加光程差 $\frac{\lambda}{2}$,因此该处的干涉条纹为暗条纹。由此可知,劈尖上产生的暗条纹总数为 $k_m + 1 = 15$。

例题 10.7 如图 10.12 所示,是根据薄膜干涉原理制成的测量固体膨胀系数的干涉膨胀仪的示意图。图中 AB 和 $A'B'$ 均为平板玻璃,CC' 为热膨胀系数极小的石英圆环罩,W 为待测热膨胀系数的样品,其上表面与玻璃板 AB 的下表面形成空气劈尖。现以波长为 λ 的单色光向下垂直照射样品。设在温度为 t_0 时测得样品 W 的高度为 L_0,在温度升高到 t 时测得样品 W 的高度为 L,在此过程中石英圆环罩 CC' 的高度基本不变。若在温度升高的过程中,测得共有 N 条干涉明条纹在视场中移过,试求样品 W 的热膨胀系数 β。

解 由待测样品与玻璃板形成的空气劈尖,在温度升高的过程中,样品因热膨胀的缘故造成其高度发生变化,而玻璃板的位置则基本不变,从而使得由它们形成的空气劈尖的厚度随温度改变而发生相应变化。在此过程中,入射单色光形成的干涉明条纹会发生移动,且干涉明条纹每移过一条,表明相干光的光程差改变一个波长,对应空气劈尖厚度的改变为 $\lambda/2$。因此,根据实验

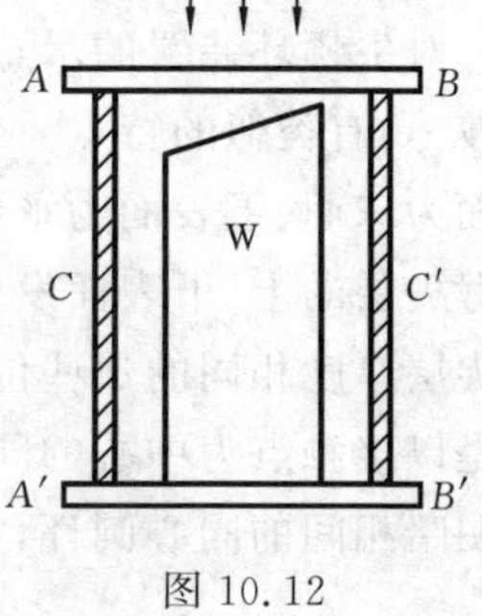

图 10.12

中所测得的干涉明条纹移过的数目,可以计算出劈尖厚度的改变量,进而分析得到待测样品的热膨胀系数 β。

根据上述分析,可知在温度由 t_0 升高到 t 的过程中,空气劈尖的厚度改变为

$$\Delta L = L - L_0 = \frac{N\lambda}{2}$$

将上述结果代入热膨胀系数的定义可得

$$\beta = \frac{\Delta L}{L_0} \cdot \frac{1}{t-t_0} = \frac{N\lambda}{2L_0(t-t_0)}$$

2. 牛顿环

等厚干涉的另一个常见实例是牛顿环。如图 10.13(a) 所示为牛顿环实验装置的示意图。在一块平玻璃上,放置一个曲率半径 R 很大的平凸透镜,透镜与平玻璃间形成一个上表面为球面、下表面为平面的空气薄层。当光源 S 发出的光经光路变为平行光束后,以垂直入射的方式投射到该空气薄层,并分别在空气薄层的上、下表面发生反射,这些反射光为相干光。当这些相干光传播到显微镜时,相遇叠加会产生干涉现象,从而在显微镜内观察到以平凸透镜与平玻璃接触点为中心的一系列明暗相间的同心圆环状的干涉条纹,如图 10.13(b) 所示。因该现象最早是由牛顿发现的,所以称为牛顿环。

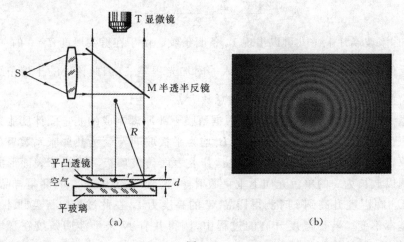

图 10.13

对牛顿环装置的示意图经过简单分析后不难发现,该装置与之前的劈尖模型相比较,具有类似的特点。牛顿环装置中的平凸透镜与平玻璃放置在一起,所形成的上表面为球面、下表面为平面的空气薄层也可视为一个空气劈尖层,垂直入射光在该空气劈尖层的上、下表面发生反射后,反射光相遇时相干叠加,产生干涉条纹,而且空气劈尖层厚度相同的那些位置,对应于同一干涉条纹。由于空气劈尖层厚度相同的位置是以接触点为中心的同心圆,因此,牛顿环的干涉条纹也是一系列以接触点为中心的明暗相间的同心圆环,如图 10.13(b) 所示,很显然它们也是等厚干涉条纹。下面

对牛顿环进行定量分析。

设空气折射率为 n，玻璃折射率为 n_1($n_1 > n$)。由于入射光是垂直入射，即入射角 $i = 0$，根据式(10.12)可知，对应空气劈尖层中厚度为 d 的位置，劈尖层上、下表面所产生反射光之间的光程差为

$$\delta = 2nd + \frac{\lambda}{2}$$

从图 10.13(a)可以得知

$$r^2 = R^2 - (R-d)^2 = 2dR - d^2$$

其中，R 是平凸透镜的曲率半径，r 是圆环形干涉条纹的半径。一般情况下有 $R \gg d$，因而可以略去上式中的 d^2，由此可得

$$r = \sqrt{2dR} = \sqrt{\left(\delta - \frac{\lambda}{2}\right)R}$$

根据式(10.18)和式(10.19)，不难得出牛顿环的明、暗条纹半径分别满足

明条纹半径 $\qquad r = \sqrt{\left(k - \frac{1}{2}\right)R\lambda} \quad (k = 1, 2, \cdots)$ \hfill (10.23)

暗条纹半径 $\qquad r = \sqrt{kR\lambda} \quad (k = 0, 1, 2, \cdots)$ \hfill (10.24)

在透镜与平玻璃的接触点处，劈尖厚度为零，光程差为 $\frac{\lambda}{2}$（即半波损失所引入的附加光程差），因而接触点的牛顿环条纹是暗条纹，这与图 10.13(b)所示结果一致。

从式(10.23)和式(10.24)可以看出，牛顿环的条纹间距并不相等。随着干涉级数 k 的增大，无论明条纹半径还是暗条纹半径，其大小的增加逐渐减缓，牛顿环相邻明、暗条纹之间的间距也随之变小，条纹分布变得越来越密集。

在实验中，常可利用牛顿环来测定光的波长或平凸透镜的曲率半径。然而，直接采用式(10.23)和式(10.24)计算光波波长 λ 或平凸透镜的曲率半径 R 时，通常会有很大的误差，其主要原因是，假定了透镜凸面与玻璃平面相切于一点。而实际上，即使两表面都是理想的，在接触时也会因它们之间的接触压力而引起形变，从而使接触处实际为一圆面。所以，为减小误差，比较准确的方法是测量距离中心较远的两个干涉条纹的半径。例如，分别测得较远的第 k 级和第 $k+m$ 级的明环半径 r_k 和 r_{k+m}，再利用式(10.23)得到

$$r_{k+m}^2 - r_k^2 = mR\lambda$$

从而得到 $\qquad \lambda = \dfrac{r_{k+m}^2 - r_k^2}{mR}$ \hfill (10.25)

或 $\qquad R = \dfrac{r_{k+m}^2 - r_k^2}{m\lambda}$ \hfill (10.26)

若 r_k 与 r_{k+m} 对应暗环半径，可通过类似分析得出结果，如例题 10.8 所示。

例题 10.8 以 He-Ne 激光器所发出的单色光($\lambda = 633$ nm)为光源，在牛顿环实验过程中，测得第 k 级暗环半径为 0.563 cm，第 $k+5$ 级暗环半径为 0.796 cm，求所

用平凸透镜的曲率半径 R。

解 由式(10.24),可知

$$r_k = \sqrt{kR\lambda} \quad \text{和} \quad r_{k+5} = \sqrt{(k+5)R\lambda}$$

两式联立可得
$$5R\lambda = r_{k+5}^2 - r_k^2$$

代入数据得
$$R = \frac{r_{k+5}^2 - r_k^2}{5\lambda} = \frac{(0.796 \times 10^{-2})^2 - (0.563 \times 10^{-2})^2}{5 \times 633 \times 10^{-9}} \text{ m} \approx 10.0 \text{ m}$$

通过例题 10.8 的分析可知,式(10.25)和式(10.26)同样可适用于对象为暗环半径 r_k 与 r_{k+m} 的情况。

*10.3.3 迈克耳孙干涉仪

干涉仪是根据光的干涉原理制成的精密测量仪器,它可以很精密地测量长度及其微小的变化,因而在现代科学技术方面有着重要的应用。干涉仪的种类很多,本节所要介绍的迈克耳孙干涉仪是其中比较典型的一种。在它的基础上,衍生出了多种不同的干涉仪。了解迈克耳孙干涉仪的基本原理和成像特点,将有助于理解干涉仪的工作原理和分析方法。通过下面对迈克耳孙干涉仪的相关介绍,还可以对等倾干涉与等厚干涉这两种常见干涉形式加深理解。

如图 10.14(a)所示为迈克耳孙干涉仪的结构示意图,图(b)为迈克耳孙干涉仪的实物照片。图 10.14(a)中 M_1、M_2 是两块平面反射镜,分别置于相互垂直的两平台顶部,其中 M_2 固定不动,M_1 与精密丝杆(常采用螺旋测微计)V_1 相连,使其可以前后做微小移动,并可通过精密丝杆 V_1 上的读数确定 M_1 移动的距离。G_1 与 G_2 是两块厚度和折射率相同的平板玻璃,其中在 G_1 朝着观察者 E 的一面上镀有一层很薄的半透半反膜,以便从光源投射过来的光线可在 G_1 上一半被反射、一半被透射,即 G_1 为半透半反镜。G_1 与 G_2 平行放置,且和 M_1、M_2 所成夹角都是 45°。

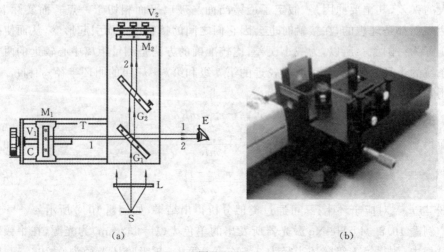

(a)   (b)

图 10.14

由图 10.14(a)可以看出,从光源 S 发出的光,经过透镜 L 后变为平行光束,当这些光束入射到 G_1 上时,分成光线 1 和光线 2 两部分。其中光线 1 是经 G_1 反射后生成的光线,它将向平面反射镜 M_1 传播,并经 M_1 再次反射后穿过 G_1 传播向 E 处。光线 2 是透射穿过 G_1 后产生的光线,它在通过 G_1 后,将继续穿过 G_2,向平面反射镜 M_2 传播,在 M_2 处又被反射后,反射光再次穿过 G_2,并在 G_1 底面发生反射,最后也传播向 E 处。显然,最后分别向 E 处传播的光线 1 和光线 2 实际可视为是利用分振幅法所得到的相干光,它们在 E 处相遇时会产生干涉图样。稍加分析不难得知,当两块平面反射镜 M_1 与 M_2 严格垂直放置时,得到的干涉图样应具有等倾干涉的特点;若 M_1 与 M_2 并不严格垂直放置时,得到的图样则应具有等厚干涉的特点。相关原理将在之后做具体讨论。

在图 10.14(a)中可以看出,光线 1 总共需要穿过平板玻璃 G_1 三次,而光线 2 只需穿过 G_1 一次,为避免光线 1 与光线 2 之间在传播过程中出现额外的光程差,故而在光路中引入了厚度和折射率都与 G_1 相同的平板玻璃 G_2,G_2 的引入使得光线 1 与光线 2 都需要三次穿过厚薄相同的平板玻璃,因此 G_2 又称为补偿玻璃。特别需要指出的是,当采用白光作为入射光源时,补偿玻璃 G_2 是必不可少的。

下面对迈克耳孙干涉仪的成像原理做具体分析。如图 10.15 所示为迈克耳孙干涉仪的原理示意图。在这幅原理图中已经将补偿玻璃 G_2 的作用考虑在内,故在图中并未将 G_2 标出。

从图 10.15 可以看到,光线 1 和光线 2 是原入射光经半透半反镜 G_1 后形成的两束光线,其中的光线 2 在经过平面反射镜 M_2 的反射后,传播向 G_1,再经 G_1 反射而投射到 E 处与光线 1 相遇叠加成像。因此,光线 2 又可以看成是由 M_2' 所发出来的,而 M_2' 即是 M_2 经由 G_1 所形成的虚像。这样,两束相干光 1,2 之间的光程差,则主要取决于图 10.15 中 M_1 和 M_2' 到 G_1 的距离差。

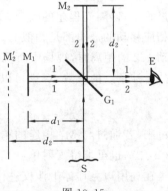

图 10.15

如果 M_1 和 M_2 之间严格地相互垂直,那么 M_1 和 M_2' 就是严格地相互平行,则此时由 M_1 和 M_2' 形成的实际是一个厚度均匀的等厚空气层,光线 1 与光线 2 就相当于从这个等厚空气层的上、下表面分别反射产生的相干光。由于空气层厚度相等,因此这种干涉属于等倾干涉,干涉图像是一系列明暗相间的同心圆环,如图 10.16(a)~(e)所示。如果 M_1 和 M_2 之间并非严格地相互垂直,那么 M_1 和 M_2' 之间会有一定的夹角(通常该夹角比较小),由 M_1 和 M_2' 所形成的实际上是一个空气劈尖层,此时光线 1 与光线 2 就相当于从这个空气劈尖层的上、下表面分别反射产生的相干光。由于空气劈尖上厚度相等的各点对应于相同的干涉条纹,故此时的干涉属于等厚干涉,干涉图像是一系列明暗相间的等厚条纹,如图 10.16(f)~(j)所示。

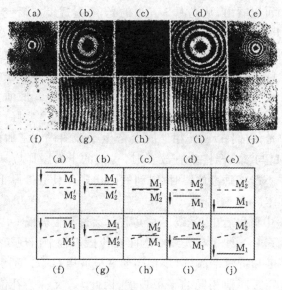

图 10.16

然而,无论迈克耳孙干涉仪最终形成的是等倾干涉条纹还是等厚干涉条纹,在实验过程中,伴随光程差的改变,即随着与 M_1 相连的精密丝杆 V_1 的调节,干涉条纹发生相应移动的规律都是相似的。设入射的单色光波长为 λ,那么每当 M_1 向前或向后移动 $\lambda/2$ 的距离时,视场中所观察到的干涉条纹就会移过一条。因此,测出视场中移过的干涉条纹的总数 N,就可以算出 M_1 移动的距离 d 为

$$d = N\frac{\lambda}{2} \tag{10.27}$$

反过来,若通过与 M_1 相连的精密丝杆 V_1 上的读数知道 M_1 移动的距离 d,则利用式(10.27)也可求得入射单色光的波长。

在利用迈克耳孙干涉仪进行的相关实验中,除可以使用单色光作为入射光源外,也可以直接采用白光作为光源。当以白光作为光源时,得到的干涉条纹将是一系列彩色的条纹。

迈克耳孙干涉仪的精度较高,因此它可以用于精确地测定光谱线的波长及其精细结构,迈克耳孙本人就曾精密地测定了镉(Cd)所发出的红色谱线的波长(643.846 96 nm)。此外,迈克耳孙干涉仪还可用于检测透镜和棱镜的光学质量、测量物镜的像差以及测量星体的直径,等等。1887年,迈克耳孙和莫雷两人利用迈克耳孙干涉仪装置,进行了著名的迈克耳孙-莫雷实验,该实验最终否定了"以太"参考系的存在,从而为爱因斯坦建立的狭义相对论提供了重要支持。同时,多种近代常见的干涉仪,也都是以迈克耳孙干涉仪作为设计原型的。迈克耳孙本人正因发明了干涉仪器和光速的测量方法而获得了1907年度诺贝尔物理学奖。

例题 10.9 (1) 在迈克耳孙干涉仪实验中,测得平面镜 M_1 的移动距离为 $d = 0.032$ cm,在此过程中观察到视场中的干涉条纹一共移动了 1 024 条。若已知入射

光为某种单色光,试求该种单色光的波长。

(2) 若在 M_1 一臂的光路中,插入一个折射率 $n=1.632$ 的玻璃片,在此过程中观察到视场中的干涉条纹共移动了 150 条。若已知入射光的波长 $\lambda=500$ nm,试求所插入的玻璃片的厚度。

解 (1) 由式(10.27)可知,根据干涉条纹移动的数目和平面镜 M_1 的移动距离,就可以求得入射单色光的波长。由题设得知,平面镜移动距离为 $d=0.032$ cm,干涉条纹移动数 $N=1\,024$ 条,将这些数据代入式(10.27)可得入射光的波长为

$$\lambda=\frac{2d}{N}=\frac{2\times 0.032\times 10^{-2}}{1\,024}\text{ m}=6.25\times 10^{-7}\text{ m}$$

即入射单色光的波长为 625 nm。

(2) 由光程的概念可知,当光路中插入玻璃片后,沿 M_1 光路传播的光线,其光程发生了变化,从而引起了相干光之间光程差的相应变化,于是导致了干涉条纹的移动。考虑到视场中的干涉条纹每移过一条,代表光程差的改变为一个波长,因此利用已知的干涉条纹移动数和入射光的波长,可计算得到光程差的变化量,进而可以求出所插入玻璃介质的厚度。

已知视场中的干涉条纹移动了 $N=150$ 条,因此对应光程差的变化为 $N\lambda$。

设所插入玻璃片的厚度为 d,从迈克耳孙干涉仪的光路分析可知,插入玻璃片前后,引起光程差的变化为 $2(n-1)d$。这个光程差应该与观察所得干涉条纹的变化相对应,由此可得

$$N\lambda=2(n-1)d$$

代入数据计算可得玻璃片的厚度为

$$d=\frac{N\lambda}{2(n-1)}=\frac{150\times 500\times 10^{-9}}{2\times(1.632-1)}\text{ m}\approx 5.93\times 10^{-5}\text{ m}$$

10.4 光 的 衍 射

10.4.1 光的衍射现象

我们知道,当人在墙壁的一边讲话时,声音会传到墙壁的另一边。水流遇到桥孔时,可以绕过桥孔继续传播。这些声波、水波等在遇到障碍物时能够绕过障碍物,并在障碍物的阴影区域内继续传播的现象,称为波的衍射。光作为一种电磁波,也应该具有衍射的性质。然而在通常情况下,我们却很少观察到光的衍射现象。这是因为,波的衍射现象明显与否,与波长和障碍物尺寸之间的关系有着紧密联系。只有当障碍物的尺寸与波长相近时,衍射现象才比较明显。与声波、水波等不同,光的波长很短(可见光的波长范围是 400~760 nm),比一般的障碍物尺寸小得多,因此一般情况下光的衍射现象并不明显,而主要呈现出沿直线传播的性质,这就是几何光学中所谓

的光的直线传播定律,也是几何光学的基础。然而在某些情况下,当障碍物的尺寸与光的波长相差不大,例如光通过狭缝、小孔、细针等尺寸接近光的波长的障碍物时,在这些障碍物后面的屏幕上将会观察到,在几何光学所预料的阴影范围内出现光强分布,这是光的直线传播定律所不能解释的。这种当光遇到障碍物时,不遵循光的直线传播定律,而会绕过障碍物,并在障碍物之后的阴影区域呈现明暗相间的光强分布条纹的现象,称为光的衍射现象。如图 10.17 所示,是当光在通过尺寸很小的狭缝时,会偏离直线而绕到障碍物后面,在其后的观察屏上将出现明暗相间的衍射条纹。若光线遇到的是一个直径很小的圆孔,观察屏上会产生一些明暗相间的同心圆环状条纹,这些也是光的衍射条纹。此外,当一束光遇到一个细小的圆形障碍物(如圆盘等)时,在障碍物后面的屏上会出现如图 10.18 所示的图样,而且在图样中心处产生了一个亮斑,该亮斑称为菲涅耳斑,又称泊松亮斑或阿喇戈斑。

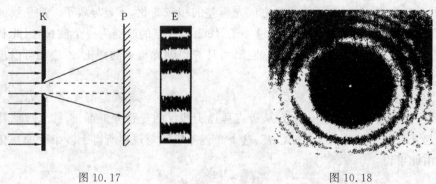

图 10.17　　　　　　　　　　图 10.18

光的衍射现象与干涉现象一样,都是光具有波动性的有力证据。光的衍射是光波传播的客观规律,研究光的衍射,实质上就是研究光本身的传播规律。建立在光的直线传播基础上的几何光学规律,实际上都要受到衍射现象的影响和限制。从本节开始,将对光的衍射现象及其规律进行分析。通过这些分析,使同学们在光的干涉现象之外,从另一侧面再次理解光的波动性质。

10.4.2　惠更斯-菲涅耳原理

惠更斯原理能够定性地说明衍射现象,但不能说明光的衍射现象中出现的明暗条纹的光强分布。其后,菲涅耳在惠更斯原理的基础上,对其进行了合理补充。这样用干涉原理补充的惠更斯原理,通常称为惠更斯-菲涅耳原理,它是研究衍射现象的理论基础。

荷兰物理学家惠更斯在 1679 年首先提出,在波的传播过程中,波动传播到的各点都可视为发射子波(或次波)的波源,在其后的任意时刻,这些子波的包迹就是新的波振面(波前)。这就是惠更斯原理。运用惠更斯原理,可以定性分析光的衍射现象。如图 10.19 所示为一平面波通过小孔时的情形。当平面波传到小孔区域时,小孔(平面)上的每一点都可视为新的波源,这些子波波源向前发出球面子波。经过一段时间后,这些子波已传播一段距离。从图 10.19 中可以看出,这时子波的包迹,在中间部分仍是平面,而在边缘处却是弯曲的。由此可知,在小孔边缘处传播的光,将不沿原方向行进,且可以绕到小孔两侧的阴影区域。这表明有光的衍射现象发生,而光的直线传播理论是不能解释这种衍射现象的。然而,惠更斯原理却不能用于考察光的衍射现象的细节,如衍射条纹的光强分布等。换言之,惠更斯原理有助于确定光波的传播方向,但不能确定沿不同方向传播的光波的振幅,它只是一个不完善的理论。

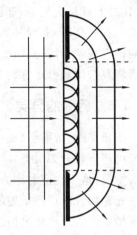

菲涅耳在前人研究的基础上,吸取了惠更斯原理中子波的思想,并在干涉原理的启发下,对惠更斯原理提出了合理补充。他认为,同一波阵面上的各点都可视为发射子波的波源,从这些子波波源所发出的子波是相干波,这些相干子波传播到空间某点时,它们的叠加属于相干叠加。这就是惠更斯-菲涅耳原理。这个原理可以用"子波相干叠加"来加以概括。

图 10.19

下面以图 10.20 所示情况为例,对惠更斯-菲涅耳原理做进一步讨论。如图10.20所示,在某波阵面 S 上划分出很多的面元 dS,每一个面元都可视为子波的波源,它们发出球面子波。这些面元在同一波阵面上,它们是相干波源,因此它们所发出的子波都是相干波。当这些相干子波在空间中一点 P 相遇时,所引起的点 P 的光

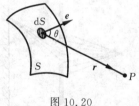

图 10.20

振动将取决于所有子波在该点相互干涉的最终结果。知道了点 P 的光振动,就可确定点 P 的光强度,从而可以进一步确定空间的光强分布。

关于子波的振幅和相位,可做如下设想:球面子波在点 P 的振幅应正比于面元 dS 的面积,反比于面元 dS 到点 P 的距离 r,并且随 r 与面元 dS 的法线方向 e 之间的夹角 θ 的增加而减小,即存在一个倾斜因子 $K(\theta)$。菲涅耳假设这个倾斜因子 $K(\theta)$ 既可说明子波随方向的变化,又可说明子波不会向后传播,即可以消除倒退波,故有

$$K(\theta) = \begin{cases} \cos\theta & (0 \leqslant \theta < \pi/2) \\ 0 & (\theta \geqslant \pi/2) \end{cases} \tag{10.28}$$

至于点 P 的振动相位,则取决于面元 dS 的初相位和面元 dS 到点 P 的光程。若面元上的初相位为零,则子波在点 P 引起振动的相位延迟为 $\dfrac{2\pi}{\lambda}r$。综上所述,点 P 处的光矢量 E 的大小最终由式(10.29)决定,即

$$E = C \int \frac{K(\theta)}{r} \cos\left(\omega t - \frac{2\pi}{\lambda} r\right) dS \tag{10.29}$$

式(10.29)就是惠更斯-菲涅耳原理的数学表达式,式中的 C 为比例系数。

根据惠更斯-菲涅耳原理,原则上可以计算衍射现象的光强分布。然而,对于一般的衍射现象,计算式(10.29)的积分比较困难。在 10.5 节中将介绍一种半波带法,从而将复杂的积分运算转化为简单的代数运算,使问题的分析得到简化。

10.4.3 衍射的分类

按照光源、衍射屏(或障碍物)和观察点(或观察屏)这三者之间距离的不同情况,一般可将衍射分为两类:第一类是衍射屏离光源和观察点的距离至少有一个是有限远的情况,这一类衍射称为菲涅耳衍射,又称为近场衍射,如图 10.21(a)所示;第二类是光源和观察点到衍射屏的距离都是无限远或相当于无限远的衍射,也就是说,入射到衍射屏的光和穿过衍射屏的光都是平行光的衍射,这一类衍射称为夫琅禾费衍射,又称为远场衍射,如图 10.21(b)所示。而图 10.21(c),则是在实验室中实现夫琅禾费衍射的实验装置示意图。由于实验室中经常使用平行光束,故而夫琅禾费衍射较菲涅耳衍射更为重要,而且与夫琅禾费衍射有关的分析和计算都比较简单,因此本书将只对夫琅禾费衍射作相关分析。

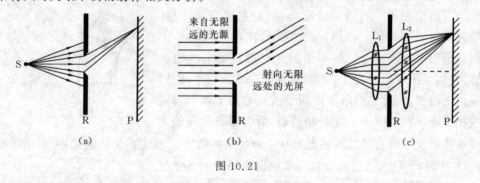

图 10.21

10.5 夫琅禾费衍射

如 10.4 节所述,当光源、屏幕距离障碍物无限远时产生的衍射现象称为夫琅禾费衍射。一般在实验条件下观察和研究夫琅禾费衍射的装置如图 10.21(c)所示,该装置利用透镜产生平行光,并将衍射后沿不同方向传播的平行光束再利用透镜聚焦于屏幕,从而获得衍射图样。在光源与屏幕之间,通常采用的障碍物包括狭缝或小圆孔,由此获得的衍射称为单缝衍射或圆孔衍射。本节分别针对这两种障碍物的衍射现象加以讨论,通过对它们衍射图样的特点、形成条件等相关问题进行分析,以基本掌握夫琅禾费衍射的原理及规律,并加深对其他衍射现象的理解。

10.5.1 单缝衍射

如图 10.22(a)所示为单缝衍射实验装置示意图。光源 S 位于透镜焦平面,因此其光线穿过透镜后形成一束平行光。当这束平行光垂直投射到狭缝时,会产生衍射现象,即光束会绕过狭缝,向狭缝后的阴影部分传播。此时,通过狭缝后沿不同方向传播的光束会被狭缝后的透镜重新会聚于屏幕上,并会形成一系列明暗相间的直条纹。这些条纹称为单缝衍射条纹,它们的位置及光强分布如图 10.22(b)所示。

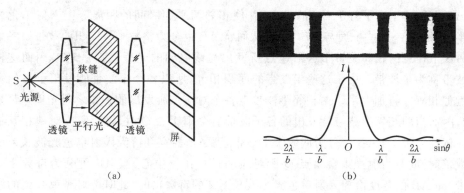

图 10.22

下面,对单缝衍射条纹的形成进行具体分析。为方便分析,采用如图 10.23 所示的原理示意图。在图 10.23 中,设单缝 AB 的宽度为 a。平行光垂直照射到单缝上,由惠更斯-菲涅耳原理可知,此时 AB 上的每一点都可视为发射子波的波源,由这些波源发出的球面子波将沿不同方向传播。我们将衍射光束的传播方向与原入射方向之间的夹角称为衍射角,如图 10.23 所示的 θ 就是衍射光束 2 所对应的衍射角。衍射角相同的平行光束将被单缝后的透镜会聚于屏幕上的同一点,由于这些衍射光束是相干光,它们相遇时会产生相干叠加,故而由这些光束会聚后所形成的衍射条纹的光强将取决于这些相干光束内各光线相干叠加的结果。从图 10.23 可以看到,光束 1 表示沿原入射方向(即衍射角 $\theta=0$)传播的衍射光。由于单缝 AB 为等相面,而透镜并不会引入附加的光程差,因此光束 1 中的各光线会聚于屏幕上的点 O 时,彼此之间的相位仍相同。所以,光束 1 中各光线的叠加结果为干涉加强,在点 O 的衍射条纹应是明条纹,称为中央明纹。光束 2 对应的衍射角为 θ,这束衍射光会聚于屏幕上的点 Q,它们在点 Q 处所形成的衍射条纹的光强由光束 2 中各光线相干叠加的结果决定,也就是说,将取决于光束 2 中各光线之间的光程差。对于衍射角为 θ 的所有光线在点 Q 相干叠加的结果,可以直接采用惠更斯-菲涅耳原理进行分析,即利用式(10.29)进行相关计算,但这种方法显然较烦琐。因此,我们采用一种比较简单的方法,即菲涅耳半波带法进行研究。

在图 10.23 中,对应衍射角为 θ 的光束 2,从点 B 作该光束的垂面,垂面在纸面上的投影为 BC。显然,位于 BC 上的各点到点 Q 的光

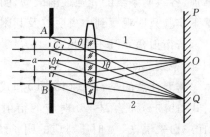

图 10.23

程相等。因此，光束 2 会聚于点 Q 时，其中各条光线之间的最大光程差，即分别由图中的点 A 和点 B 发出，沿衍射角 θ 传播并会聚于点 Q 的两条光线之间的光程差为

$$\delta = \overline{AC} = a\sin\theta$$

设入射单色光的波长为 λ，若 AC 恰好等于入射单色光半波长 $\lambda/2$ 的整数倍，则可以在 AC 上作若干个平行于 BC 的平面，并使相邻两平面之间的距离等于入射单色光的半波长 $\lambda/2$。这些平面与 AB 相交，从而将 AB 也分为整数个等面积的波带。考虑到 AB 上任意两相邻波带上各对应点所发出光线之间的光程差都是 $\lambda/2$，因而这样的波带称为半波带。由于这些半波带的面积相等，所以各个半波带所发出子波的强度近似相等。再加上由于两相邻半波带上各个对应点所发出的子波之间光程差都是 $\lambda/2$，因而当两相邻半波带所发出的各子波最后会聚于点 Q 时，将两两成对地相互抵消。依此类推，当 AB 可分为偶数个半波带，即 AB 的宽度恰为入射单色光波长 λ 的整数倍时，此时衍射光束会聚点 Q 所对应的是暗条纹中心；当 AB 可分为奇数个半波带，即 AB 的宽度恰为入射单色光半波长 $\lambda/2$ 的奇数倍时，此时衍射光束会聚的结果将有一个半波带的子波光强不会被抵消，此时会聚点 Q 所对应的是明条纹中心。

综上所述，点 Q 衍射条纹的光强取决于最大光程差 AC 的值，若衍射角 θ 满足

$$a\sin\theta = \pm 2k\frac{\lambda}{2} = \pm k\lambda \quad (k=1,2,\cdots) \tag{10.30}$$

则点 Q 处为暗条纹中心。式(10.30)对应于 $k=1,2,\cdots$ 分别称为第 1 级暗条纹，第 2 级暗条纹，$\cdots$，式中的正、负号表示各级暗条纹对称分布于中央明纹的两侧，而两侧的第 1 级暗条纹之间即为中央明纹。

若衍射角 θ 满足

$$a\sin\theta = \pm(2k+1)\frac{\lambda}{2} \quad (k=1,2,\cdots) \tag{10.31}$$

时，点 Q 处为明条纹中心。式(10.31)对应于 $k=1,2,\cdots$ 分别称为第 1 级明条纹，第 2 级明条纹，$\cdots$，显然各级明条纹也对称分布于中央明纹的两侧。由式(10.31)可知，随着衍射角 θ 的增大，衍射明条纹的级数 k 也随之增大，从而使得 AB 面上所分得的半波带数目增多，相应的每个半波带的面积将减小，衍射明条纹的亮度会减弱。正如图 10.22(b)所示，单缝衍射条纹 80% 以上的光强集中于中央明纹区域，随衍射级数的增加，各级明条纹的光强逐渐减弱，明、暗条纹之间的分界也会逐渐模糊，因此一般情况下实验只能观察到中央明纹及其附近的若干级衍射明条纹。

若衍射角 θ 既不满足式(10.30)，又不满足式(10.31)，则点 Q 处的光强将介于明、暗条纹之间。

需要注意的是，在式(10.30)和式(10.31)中均没有包含 $k=0$ 的情形。这是因为对式(10.30)而言，$k=0$ 对应的衍射角 $\theta=0$，而这正好对应中央明纹的中心；对式(10.31)来说，$k=0$ 时所对应的明条纹中心实际仍位于中央明纹的范围内，并不单独呈现。关于这一点，同学们不妨自行分析。

另外,单缝衍射的明、暗条纹中心所分别对应的式(10.30)和式(10.31),从形式上看恰好与之前所介绍的双缝干涉的条件相反,在应用过程中要注意区别。

一般把相邻明(暗)条纹中心之间的距离称为暗(明)纹宽度,相邻明(暗)条纹中心所对应的衍射角之差称为暗(明)条纹的角宽度。根据这样的定义,对称分布于中央明纹两侧的两个一级暗条纹中心之间的距离就是中央明纹的宽度,而中央明纹对应的角宽度实际应为一级暗条纹中心所对应衍射角的两倍。由式(10.30)可知,一级暗条纹中心对应的衍射角满足

$$a\sin\theta_1 = \lambda$$

通常衍射角很小,$\sin\theta \approx \tan\theta \approx \theta$,因此中央明纹对应的角宽度为

$$\Delta\varphi = 2\theta_1 = \frac{2\lambda}{a} \tag{10.32}$$

设图 10.23 中单缝后透镜的焦距为 f,由几何关系可知中央明纹的宽度为

$$\Delta x = f\Delta\varphi = \frac{2\lambda f}{a} \tag{10.33}$$

对于其他各级明纹,它们所对应的角宽度应等于相邻暗条纹中心对应的衍射角之差,即

$$\Delta\varphi' = \theta_{k+1} - \theta_k = \frac{\lambda}{a} \tag{10.34}$$

这些明条纹的宽度为

$$\Delta x = f\Delta\varphi' = \frac{\lambda f}{a} \tag{10.35}$$

由此可见,其他各级明条纹具有相同的宽度,且都为中央明纹宽度的一半。这表明在单缝衍射图样中,中央明纹既宽又亮,而其他明纹的宽度较小,且亮度也较低,这种特点与之前介绍的杨氏干涉图样呈等宽等亮分布的条纹特点明显不同。

从式(10.33)和式(10.35)还可看出,衍射条纹的宽度(或角宽度)与单缝宽度 a 成反比。若单缝宽度 a 越小,则衍射条纹宽度越大,此时单缝衍射现象越明显;单缝宽度 a 越大,则衍射条纹宽度越小;若单缝宽度远比波长大,即 $a \gg \lambda$,则各衍射条纹的宽度极小而无法分辨,且它们都收缩于中央明纹附近区域,此时视场中所观察到的只有一条亮纹,它就是单缝的像,这时光便可看做是直线传播了。此外,当单缝宽度 a 一定时,衍射条纹的宽度与入射光波长成正比,波长越长,衍射角则越大。由此可知,当以白光作为入射光投射到单缝时,衍射图样的中央明纹仍将是白色的,但其两侧会依次出现由紫到红的彩色条纹,有时还会出现彩色条纹相互重叠的现象。

例题 10.10 某平行单色光垂直照射到单缝上,已知单缝宽度 $a = 0.5$ mm,单缝后放置的透镜焦距 $f = 100$ cm。若在透镜的焦平面上观察到衍射条纹,且距中央明纹中心 $x = 1.5$ mm 处的点 P 恰为一明条纹中心。试求:

(1) 入射光的波长;

(2) 点 P 处明条纹的级数和该条纹对应的衍射角;

(3) 中央明纹的宽度。

解 (1) 点 P 处为明条纹中心，根据式(10.31)可知

$$a\sin\theta = \pm(2k+1)\frac{\lambda}{2} \quad (k=1,2,\cdots)$$

点 P 坐标应满足 $x=f\tan\theta$，采用 $\sin\theta \approx \tan\theta \approx \theta$，则点 P 坐标满足

$$x = \pm\frac{(2k+1)}{2}\frac{f\lambda}{a} \quad (k=1,2,\cdots)$$

由题设已知 $x=1.5$ mm, $f=100$ cm, $a=0.5$ mm，将这些数值代入上式可知

$k=1$ 时，$\lambda = \frac{2}{3} \times \frac{0.5 \times 1.5 \times 10^{-6}}{100 \times 10^{-2}}$ m $=500 \times 10^{-9}$ m $=500$ nm

$k=2$ 时，$\lambda = \frac{2}{5} \times \frac{0.5 \times 1.5 \times 10^{-6}}{100 \times 10^{-2}}$ m $=300 \times 10^{-9}$ m $=300$ nm

上述第二个结果已超出可见光范围，由此可知，入射单色光的波长只能为 500 nm。

(2) 由式(10.31)有

$$a\sin\theta = \pm(2k+1)\frac{\lambda}{2} \quad (k=1,2,\cdots)$$

由前述已知 $k=1$，由此可知对应的衍射角应满足

$$\sin\theta = \frac{3\lambda}{2a} = \frac{3 \times 500 \times 10^{-9}}{2 \times 0.5 \times 10^{-3}} = 1.5 \times 10^{-3}$$

故衍射角为 $\theta = \arcsin(1.5 \times 10^{-3}) \approx 0.086°$

(3) 由式(10.33)已知中央明纹宽度为 $\Delta x = \frac{2\lambda f}{a}$，代入数据得

$$\Delta x = \frac{2\lambda f}{a} = \frac{2 \times 500 \times 10^{-9} \times 100 \times 10^{-2}}{0.5 \times 10^{-3}} \text{ m} = 2 \times 10^{-3} \text{ m}$$

例题 10.11 波长 $\lambda = 600$ nm 的单色平行光，垂直照射到宽度 $a=0.5$ mm 的单缝上，单缝后透镜的焦距 $f=0.5$ m，试求：

(1) 第一级明条纹的宽度；

(2) 若将单缝位置做上下方向移动(水平方向不动)，则透镜焦平面上的衍射图样有何变化？

解 (1) 由式(10.35)知第一级明条纹的宽度为 $\Delta x = \frac{\lambda f}{a}$，代入数据得

$$\Delta x = \frac{\lambda f}{a} = \frac{600 \times 10^{-9} \times 0.5}{0.5 \times 10^{-3}} \text{ m} = 0.6 \times 10^{-3} \text{ m} = 0.6 \text{ mm}$$

(2) 对于衍射角相同的光线，它们平行投射到透镜上，通过透镜后会聚于焦平面上形成同一衍射条纹。当单缝位置做上下方向移动时，由于透镜位置并未改变，此时衍射角相同的光线仍将被会聚于焦平面上，且会聚点的位置与单缝移动前、后的会聚点位置相同。因此，透镜焦平面上的衍射图样(条纹位置与形状)并无变化。

10.5.2 圆孔衍射 光学仪器的分辨本领

如图 10.24(a)所示为圆孔衍射的实验装置示意图。由该装置图可以看到,在将之前的夫琅禾费单缝衍射实验装置中的狭缝替换为一个小圆孔 S 后,以平行光束垂直照射到圆孔 S 上,此时也会产生衍射现象。将通过圆孔 S 的衍射光束用透镜 L 聚焦于屏幕 P,可得到一组同心圆环状的衍射图样,如图 10.24(b)所示,该图样称为圆孔衍射图样。在圆孔衍射图样的中央,是一个明亮的圆斑,该圆斑的光强较强(通常占全部光强的 84%),称为艾里斑。在艾里斑外围,是一系列明暗相间的同心圆环。

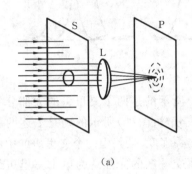
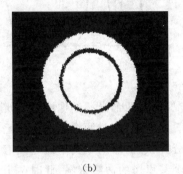

(a)　　　　　　　　(b)

图 10.24

如图 10.25 所示为圆孔衍射的原理示意图。在图 10.25 中,2θ 表示艾里斑对透镜中心的张角,d 表示艾里斑的直径,D 表示圆孔直径,f 为透镜 L 的焦距。设入射单色光的波长为 λ,通过理论计算得知,艾里斑对透镜中心的张角 2θ 满足

$$2\theta = \frac{d}{f} = 2.44\frac{\lambda}{D} \quad (10.36)$$

图 10.25

通过式(10.36)可以看出,入射光波长 λ 越大,或圆孔直径 D 越小,则艾里斑对透镜中心的张角越大,衍射现象越明显;当 $\lambda \ll D$ 时,艾里斑几乎缩至一点,衍射现象可略去不计。

通常情况下,光学仪器中所用到的透镜、光阑等都是圆形的,它们可相当于一个透光的小圆孔。从几何光学的角度来看,物体通过光学仪器成像时,每个物点所成的像也是一个点,即像点。但从波动光学的角度来看,点光源所发出的光通过透镜或光阑时,相当于通过一个小圆孔,此时会有衍射现象产生,因此每个物点所成的像不再是一个像点,而是有一定大小的衍射圆斑,其主要部分就是艾里斑。此时若有两个距离很近的物点,则它们所对应的两个艾里斑就有可能发生交叠,甚至可能会因交叠程度太大而使得两个物点各自所成的像分辨不清。如图 10.26 所示为两个光源所对应形成的艾里斑在不同间距时的图样。其中,图(a)所示的是两个光源的艾里斑交叠很

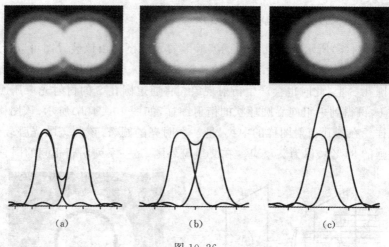

图 10.26

少的情况,此时两个光源的像可以分辨;图(c)所示的是两个艾里斑的大部分发生了相互交叠的情况,此时两个光源的像已经无法分辨;图(b)所示的则是上述两种情况的一个分界状态,即两个艾里斑之间有一定交叠程度,且其中一个艾里斑的中心正好与另一个艾里斑的边缘接触,此时两个艾里斑交叠区的光强约为单个艾里斑最大光强的 80%,这种状态下人眼或光学仪器刚好能够分辨两个光源的像。由此引入一个标准,即瑞利判据(或称瑞利准则)——当一个像斑(艾里斑)的中心落在另一个像斑(艾里斑)的边缘上时,两个像刚刚能够分辨。

根据瑞利判据可知,当两个物点的像斑刚刚能够分辨时,它们的像斑中心之间的距离恰好等于艾里斑的半径。若此时两个物点对透镜中心的张角定义为最小分辨角 θ_0,则由式(10.36)可得

$$\theta_0 = 1.22 \frac{\lambda}{D} \tag{10.37}$$

当两物点对透镜中心的张角小于最小分辨角 θ_0 时,由瑞利判据可知这两个物点的像将无法分辨。在光学中,常常把光学仪器最小分辨角的倒数 $1/\theta_0$ 称为该仪器的分辨本领或分辨率。由式(10.37)可以看出,仪器的分辨本领与入射光的波长 λ 成反比,与仪器的透光孔径 D 成正比,λ 越小或 D 越大,仪器的分辨本领越强。通过增大仪器的透光孔径,可以使仪器获得较高的分辨率。1990 年 4 月发射的哈勃太空望远镜(如图 10.27 所示),其凹面物镜的直径达 2.4 m。哈勃望远镜在大气层外 615 km 的高空绕地运行,人类通过它可观察到 140 亿光年距离的太空深处,目前已通过它发现了 500 多亿个星系。另一方面,采用波长较短的光源,也可以提高仪器的分辨本领,例如,采用紫外

图 10.27

线作为入射光等。然而可见光的最短波长有限,因此以可见光作为光源的显微镜,其分辨本领受到很大限制。随着近代电子波动性的发现,与运动电子相对应的物质波,其波长较可见光波长小得多,因此电子显微镜的分辨本领比普通的光学显微镜强数千倍,其最小分辨距离可达纳米量级。

例题 10.12 已知在夜间时人眼的瞳孔直径为 5.0 mm,若此时迎面驶来一辆汽车,该车的两盏前车灯都发出波长 $\lambda=550$ nm 的光。已知两盏前车灯的间距 $l=1.2$ m,则当汽车距离多远时,行人恰能分辨这两盏前车灯?

解 人眼的瞳孔相当于透光圆孔,其直径为 $D=5.0$ mm。当行人恰能分辨两盏前车灯时,两盏前车灯对人眼的张角相当于人眼的最小分辨角 θ_0。由式(10.37)可知 θ_0 应满足

$$\theta_0 = 1.22 \frac{\lambda}{D}$$

人眼的最小分辨角 θ_0 较小,由几何关系可知,两盏前车灯的间距 l、汽车和行人之间的距离 d 以及人眼的最小分辨角 θ_0 三者之间近似有 $\theta_0 = \frac{l}{d}$。

已知入射光波长 $\lambda=550$ nm,两盏前车灯的间距 $l=1.2$ m,结合上述两式可得汽车与行人间的距离 d 为

$$d = \frac{l}{\theta_0} = \frac{lD}{1.22\lambda} = \frac{1.2 \times 5.0 \times 10^{-3}}{1.22 \times 550 \times 10^{-9}} \text{ m} \approx 8.94 \times 10^3 \text{ m}$$

例题 10.13 一天文望远镜的通光孔径为 2.5 m,望远镜所接收光的波长为 550 nm。试求:

(1) 该望远镜的最小分辨角 θ_0 为多少?

(2) 若人眼瞳孔的直径为 2 mm,则这种天文望远镜的分辨本领是人眼分辨本领的多少倍?

解 (1) 根据式(10.37)可知最小分辨角为

$$\theta_0 = 1.22 \frac{\lambda}{D} = \frac{1.22 \times 550 \times 10^{-9}}{2.5} \text{ rad} = 2.684 \times 10^{-7} \text{ rad}$$

(2) 按照定义,光学仪器(或人眼)的分辨本领或分辨率等于其最小分辨角的倒数 $1/\theta_0$。对于人眼而言,其最小分辨角为

$$\theta'_0 = 1.22 \frac{\lambda}{D'} = \frac{1.22 \times 550 \times 10^{-9}}{2 \times 10^{-3}} \text{ rad} = 3.355 \times 10^{-4} \text{ rad}$$

因此,天文望远镜的分辨本领与人眼的分辨本领相比,其倍数等于

$$\frac{1/\theta_0}{1/\theta'_0} = \frac{\theta'_0}{\theta_0} = \frac{3.355 \times 10^{-4}}{2.684 \times 10^{-7}} = 1\ 250$$

10.6 光栅衍射

由 10.5 节对单缝衍射的讨论可知,单缝的宽度越小,则相邻衍射明纹的间隔越

大,此时衍射条纹越容易分辨。然而随着单缝宽度的减小,将使得通过单缝的光能随之减少,导致条纹亮度降低。如果增加单缝的宽度,则衍射明纹的亮度增高,但相邻衍射明纹的间距随之变小而不易分辨。能否获得相邻间距和亮度都较大的衍射明纹呢?通过下面所要介绍的衍射光栅装置,就可以获得这样的衍射条纹。

10.6.1 衍射光栅

所谓衍射光栅,就是指具有周期性空间结构或光学结构的衍射屏。衍射光栅能够等宽度、等间距地分割波振面,而它对考察点的作用同样也满足惠更斯-菲涅耳原理。常见的衍射光栅是在透明玻璃上等间距地刻画出一系列等宽度的平行刻痕,每条刻痕处的毛玻璃相当于是不透光的区域,而刻痕之间为透光区域(类似狭缝)。目前常用的光栅,往往每厘米内的刻痕可达数千甚至上万条。设光栅上不透光部分的宽度为 b,透光部分的宽度为 a,则 $a+b=d$ 称为光栅常量。若在一个长度为 L 的玻璃上刻有 N 条刻痕,则光栅常量 $d=L/N$,通常光栅常量是很小的。上述这种利用透射光衍射的光栅,称为透射式光栅,除此以外,常见的还有反射式光栅,如闪耀光栅等。

如图 10.28 所示是在逐渐增加光栅上狭缝数目的条件下,所得到的衍射条纹图样。其中,图(a)是只有一条狭缝时的图样,它实际上就是单缝衍射的图样;图(b)是光栅上有三条透光狭缝时的衍射图样;图(c)、(d)则分别对应光栅上有五条狭缝和二十条狭缝时的衍射图样。从图 10.28 中可以看出,随着光栅上透光狭缝数目的增加,相应获得的衍射图样中的明条纹间距也随之逐渐增大,同时可以观察到这些明条纹的亮度也随之增大。通常透射式光栅上狭缝的数目很大,因此这种光栅的衍射图样,是一系列分得较开的细窄亮纹。

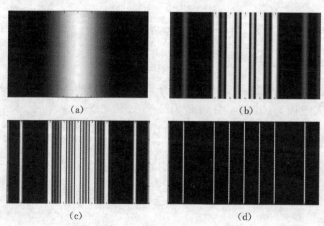

图 10.28

光栅条纹是如何形成的呢?以图 10.29 所示的透射式光栅装置原理图为例,当单色平行光垂直照射在光栅上时,由于透光部分的宽度很小,故每个透光部分都相当于一条狭缝。当光通过这些狭缝时，光在每一狭缝处都会产生衍射，而以相同衍射角通过各缝的光束是平行光束，它们将被置于光栅后的透镜会聚，在位于透镜焦平面处屏幕上的某一点（如图 10.29 中的点 O 或点 Q）相遇叠加。经过分析不难得知，这些以相同衍射角通过光栅，并被透镜会聚于同一点的各条光束是相干光，它们在会聚点的叠加是相干叠加，从而产生干涉现

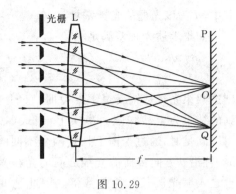

图 10.29

象。按照这样的分析可以推断，光栅的衍射条纹实际上是单缝衍射与多缝干涉综合作用的结果。

图 10.30 中所示的三条曲线，从上往下依次对应单缝衍射的光强分布曲线、多缝干涉的光强分布曲线和光栅衍射的光强分布曲线。通过对这三条曲线分析后不难看出，其中光栅衍射图样中各级光强的包络线（即光栅光强分布图样中以虚线所描述的曲线），与对应的单缝衍射的光强分布曲线基本一致。这种图样结果印证了之前对光栅衍射条纹的分析，即光栅衍射的光强分布是单缝衍射和多缝干涉光强分布的综合结果，或者说，光栅的衍射条纹图样，可视为多缝干涉图样受到单缝衍射因子调制后的结果。

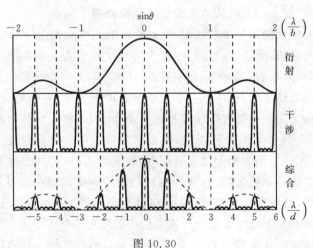

图 10.30

10.6.2 光栅方程

如图 10.31 所示为光栅衍射的分析示意图。设波长为 λ、以衍射角 θ 传播的平行光束经透镜会聚于点 Q。首先考察光栅上两相邻的透光缝，由图 10.31 不难看出，分别通过光栅上任意两相邻狭缝，且沿 θ 方向传播的两束光线之间的光程差为

$$\delta = d\sin\theta$$

其中，d 为该光栅的光栅常量。

如果上述光程差满足

$$\delta = d\sin\theta = \pm k\lambda \quad (k=0,1,2,\cdots) \tag{10.38}$$

则这两束光经透镜会聚于点 Q 时，它们叠加得到的结果为干涉加强。事实上，当式（10.38）得以满足时，通过光栅上任意两个不同的透光缝，且沿 θ 方向传播的光线之间的光程差显然也是入射光波长 λ 的整数倍。因此这些光线

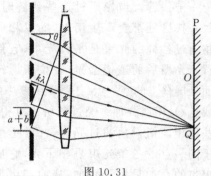

图 10.31

经透镜会聚于点 Q 的结果，依旧是相互加强，此时点 Q 处对应的应是明条纹。式（10.38）称为光栅方程，对于满足光栅方程的那些明纹通常称为主极大或主明纹。其中，与 $k=0$ 对应的主极大称为中央明纹，其中心即对应图 10.31 中的点 O；其他各级明纹则分别称为第 1 级，第 2 级，⋯主极大，它们对称分布在中央明纹两侧。

从上述分析已经看出，衍射图样中主极大的位置主要由透光缝之间的干涉结果决定。从式（10.38）还可以看出，在相同的入射光条件下（即 λ 一定时），若光栅上的透光缝数目越多，即光栅常量 d 越小，则各级主极大明纹所对应的衍射角 θ 越大，此时各级主极大明纹间的间距也越大。随着透光缝数目的增加，通过光栅的光能增大，因此所得的各级主极大明纹亮度增大。所以，光栅上透光缝越多，所得的主极大明纹就越细越亮，这与图 10.28 所示的实验结果是符合的。

在图 10.30 所示的第三条曲线图，即光栅衍射图样的光强分布图中，对应于横坐标为整数的那些峰值，就是各级衍射主极大所对应的位置。而在图 10.30 所示的各主极大明纹之间，分布着一些光强为零的点，这些点所对应的正是暗条纹中心。在任意两个相邻的暗条纹之间，还存在一个光强分布的极大值，它们对应的也是明条纹。然而这些明纹的光强与主极大明纹的相比要小得多，因此通常称为次极大明纹。理论分析表明，若光栅上有 N 个透光缝，则相邻主极大明纹之间存在 $N-1$ 个暗纹和 $N-2$ 个次极大明纹。当光栅上透光缝的数目 N 增大时，相邻主极大明纹间的暗纹和次极大明纹的数目都随之增大，它们之间的间隔则随之减小。可以设想，当 N 增大到一定程度时，这些暗纹与次极大明纹的间距将变得太小而难以分辨，此时这些暗纹与次极大明纹基本上已经连成一片光强较小的暗色背景了。

对上述暗条纹形成条件进行分析时，可将通过光栅各透光缝且沿 θ 方向传播的各相干光线的叠加，与多个同方向同频率且相邻相位差恒定的简谐振动的叠加类比。在这种指导思想的基础上，合理利用各光矢量振幅的几何合成，可以分析得到形成暗条纹的条件为

$$Nd\sin\theta = \pm k'\lambda \quad (k'=1,2,3,\cdots) \tag{10.39}$$

式中，N 为光栅上透光缝的数目。需要注意的是，其中 $k' \neq Nk$。

例题 10.14 波长为 500 nm 的单色光垂直照射到一光栅上，在光屏上所观察到

的第 2 级主极大明纹的衍射角为 30°,试求:

(1) 该光栅的光栅常量 d;

(2) 光屏上最多可能呈现的主极大明条纹数目。

解 (1) 入射光垂直入射到光栅,且第 2 级主极大明纹的衍射角为 30°,根据光栅方程式(10.38)有

$$d\sin 30° = 2\lambda$$

将 $\lambda = 500$ nm 代入上式,得

$$d = 4\lambda = 4 \times 500 \times 10^{-9} \text{ m} = 2\,000 \times 10^{-9} \text{ m} = 2\,000 \text{ nm}$$

(2) 光屏上可能呈现的最高级次主极大明纹,对应的衍射角最大,即接近 90°的情况。利用式(10.38)不难得知,最高级次为

$$k = \frac{d\sin 90°}{\lambda} = \frac{2\,000}{500} = 4$$

实际上,由于第 4 级明纹理论上是出现在衍射角为 90°的方向上,此时已不可能在光屏上出现了。这样,光屏上所可能呈现的最高级次主极大明纹为第 3 级明纹。除中央明纹外,各级明纹都对称分布在中央明纹两侧。因此,光屏上最多可能呈现 7 条主极大明纹。

例题 10.15 某光栅透光缝的宽度为 a,不透光部分的宽度为 b,求证:若 $a = b$,则除中央明纹外,所有偶数级的明条纹均不会出现。

证明 根据光栅方程式(10.38)可知,通过该光栅产生主极大明纹的条件为

$$d\sin\theta = \pm k\lambda \quad (k = 0, 1, 2, \cdots)$$

其中,$k = 0$ 时对应的正是中央明纹。若 $a = b$,则 $d = 2a$,即

$$2a\sin\theta = \pm k\lambda$$

当 k 为偶数,即 $k = 2k'$ $(k' = 1, 2, 3, \cdots)$ 时,又可得

$$a\sin\theta = \pm k'\lambda$$

此式与式(10.30)一致,这表明对于光栅上的任意一条透光缝(单缝),通过该缝后且继续沿 θ 方向传播的光,也将同时满足单缝衍射的暗纹条件。此时这些暗纹叠加的结果,仍旧是暗纹而不是明纹。因此,当 $a = b$ 时,除中央明纹外,所有偶数级的明条纹均不出现。

10.6.3 谱线的缺级

通过之前的分析已经可以看到,对应于光栅方程式(10.38)所描述的那些位置,应该出现相应级次的主极大明纹。然而例题 10.15 的分析结果同时使我们注意到,在光栅衍射的图样中,有些级次的主极大明纹并不一定会出现。分析其原因,显然是由于在光栅方程式(10.38)成立的同时,单缝衍射的暗纹条件式(10.30)也得到了满足。这种情况下,各个透光缝沿同一衍射角传播光线叠加的最终结果就只能是暗条纹了。我们将这种现象称为缺级。当光栅衍射条纹中出现缺级现象时,表明缺级的

位置同时满足了多缝干涉加强与单缝衍射减弱的条件,即
$$d\sin\theta = \pm k\lambda \quad (k=0,1,2,\cdots)$$
$$a\sin\theta = \pm k'\lambda \quad (k'=1,2,3,\cdots)$$
同时都成立。

将上两式相除,可得
$$\frac{d}{a} = \frac{k}{k'} \tag{10.40}$$

式(10.40)为缺级现象产生时需要满足的条件,称为缺级条件。

综上所述,光栅衍射图样中主极大的位置主要由透光缝之间的干涉结果决定。当光栅上相邻透光缝沿一定衍射角传播的两束光之间的光程差满足光栅方程式(10.38)时,通过光栅且沿该衍射角的所有相干光会聚时得到的结果应为明条纹,即主极大明纹,而各主极大明纹的光强会受到光栅透光缝所对应的单缝衍射因子的调制。除此以外,若主极大明纹所在位置恰好同时也满足缺级条件式(10.40)的要求,则在该位置呈现的图样不是主极大明纹,而是暗条纹,即出现了光栅条纹的缺级现象。

例题 10.16 波长为 600 nm 的单色光垂直照射到一光栅上,测得光屏上第 2 级明纹的衍射角为 30°,且第 3 级缺级,试求:

(1) 该光栅的光栅常量 d;

(2) 光栅上透光缝可能的最小宽度与最大宽度;

(3) 光屏上可能呈现的全部主极大明纹的级次。

解 (1) 入射光垂直投射到光栅,且第 2 级明纹的衍射角为 30°,根据光栅方程式(10.38)有
$$d\sin 30° = 2\lambda$$

将 $\lambda = 600$ nm 带入上式,得
$$d = 4\lambda = 4 \times 600 \times 10^{-9} \text{ m} = 2\,400 \times 10^{-9} \text{ m} = 2\,400 \text{ nm}$$

(2) 由于光栅条纹中出现了第 3 级缺级的现象,根据缺级条件式(10.40)得
$$\frac{d}{a} = \frac{3}{k'} \quad (k'=1,2,3,\cdots)$$

即
$$a = \frac{k'}{3}d \quad (k'=1,2,3,\cdots)$$

由于 $a < d$,故 $k' < 3$,因此 k' 的可能取值为 $k'=1$ 或 $k'=2$,由此可得透光缝的最大宽度
$$a_{\max} = \frac{2}{3}d = \frac{2}{3} \times 2\,400 \times 10^{-9} \text{ m} = 1\,600 \times 10^{-9} \text{ m} = 1\,600 \text{ nm}$$

透光缝的最小宽度
$$a_{\min} = \frac{1}{3}d = \frac{1}{3} \times 2\,400 \times 10^{-9} \text{ m} = 800 \times 10^{-9} \text{ m} = 800 \text{ nm}$$

(3) 光屏上可能呈现的最高级明条纹所对应的衍射角接近 90°。利用式(10.38)不难得知,最高级次为

$$k = \frac{d\sin 90°}{\lambda} = \frac{2\,400}{600} = 4$$

类似例题 10.14(2)所作分析可知,光屏上实际不会出现第 4 级明纹。考虑到第 3 级明纹缺级,因此光屏上可能呈现的全部主极大明纹只有中央明纹、±1 级明纹和±2 级明纹。

*10.6.4 衍射光谱

从式(10.38)可以看出,对于一定的光栅,入射光波长会影响各级主极大明纹的分布。波长 λ 越大,所得各级明条纹对应的衍射角 θ 也越大。因此当以白光入射到光栅上时,得到的条纹除中央明纹仍为白光外,其余各级明条纹在中央明纹的两侧呈现为由紫到红的对称分布,这称为衍射光谱,如图 10.32 所示。随着明纹级次的增高,对应的各级光谱分别称为第 1 级、第 2 级,⋯衍射光谱。从图 10.32 中可以看到,由第 2 级光谱开始,部分光谱开始发生重叠的现象。根据光谱的形状,可将光谱分为连续光谱、带状光谱和线状光谱。各种物质发出光的波长不同,对应有不同的特征谱线,因此通过分析谱线的成分和强度,可以分析相应的物质成分及其含量。这种利用光谱分析物质成分与含量的方法,称为光谱分析。光谱分析目前已被广泛应用于化工、冶金等领域。

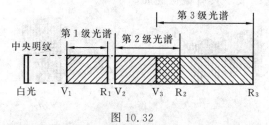

图 10.32

例题 10.17 设可见光的波长范围为 400～760 nm,若以可见光垂直入射某光栅,已知该光栅每厘米刻有 4 000 条透光缝,试问可以产生多少级完整的可见光谱?

解 由题设可知光栅常数为

$$d = \frac{10^{-2}}{4\,000}\text{ m} = 2.5 \times 10^{-6}\text{ m}$$

根据光栅方程式(10.38)可知

$$k = d\sin\theta/\lambda$$

由上式可知,光栅条纹的最高级次与入射光的波长成反比。因此,此光栅能够产生的完整光谱的最高级次,应与波长为 760 nm 的可见光产生的明纹的最高级次相同,故有

$$k = \frac{2.5 \times 10^{-6}}{760 \times 10^{-9}} \approx 3.29$$

取整数可得,此光栅一共可以产生 3 级完整的可见光谱。

10.7 光的偏振

光的干涉和衍射现象显示出光具有波动性质,但这些现象还不能表明光是横波或纵波。光的偏振现象从实验上清楚地显示出光的横波性,这一点与光的电磁理论所预言的一致。可以说,光的偏振现象为光的电磁波本质提供了进一步的证据。

10.7.1 自然光与偏振光

为了更好地说明为什么偏振现象是横波区别于纵波的重要依据,下面先引入一个机械波的例子加以说明。如图10.33(a)、(b)所示,是当某机械横波在传播过程中遇到一个狭缝时的情况。对于图10.33(a)所示的情况,此时该横波的振动方向与狭缝平行,因此横波可以通过狭缝继续传播;对于图10.33(b)所示的情况,此时横波的振动方向与狭缝垂直,当横波传播到狭缝所在位置时,振动因受到狭缝的阻挡而无法通过,因此横波也就无法继续向前传播。如果将上述横波替换为纵波,则如图10.33(c)、(d)所示,根据纵波的特性,此时波列上每点的振动方向都与传播方向平行,因此无论狭缝的方向如何变化,此列纵波都可以通过狭缝继续传播。显然,这种现象是由于横波的振动方向与其传播方向垂直,振动方向对传播方向来说不对称而造成的,这种现象称为波的偏振。对于纵波来说,它的振动方向与传播方向平行,振动方向对传播方向来说是对称的,因此纵波不具有偏振性质。

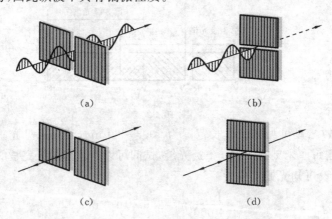

图 10.33

根据麦克斯韦的电磁理论,光是一种电磁波,光的振动矢量(即光矢量 E)与光的传播方向垂直,因此光是一种横波,它也具有偏振现象,这已经被实验所证实。一般光源所发出的光,是由光源中大量的原子或分子在状态发生变化时辐射出来的。一个原子或分子在某一时刻所发出的光,其光矢量的振动方向是一定的,这种光矢量 E 具有一个确定振动方向的光波,称为线偏振光。线偏振光的振动方向与传播方向构成的平面,称为振动面。既然一个原子或分子在某时刻所发出的光是线偏振光,那为什么通常不能直接观察到普通光源发光的偏振现象呢？这是由于一个原子或分子的发光时间极短，一个原子或分子每次所发出的光虽可视为线偏振光，但其下一次再发光时，所发出的线偏振光的振动方向已经发生了变化。考虑到普通光源中包含有相当数目的原子或分子，这些原子或分子所发出的光彼此并无关联，它们的振动方向也各不相同。从平均的效果来看，普通光源发出的光中，没有哪一个方向的光矢量占有明显优势，即光矢量在所有可能方向上的分布是对称的，各个方向上光矢量 E 的振幅都相等。这种光称为自然光，如图 10.34(a)所示。自然光可以看做是具有一切可能振动方向的许多线偏振光的总和。在任意时刻，总可以把自然光中包含的每个光矢量 E 都分解为相互垂直的两个方向上的分量，并分别将光矢量在这两个方向上的所有分量加起来，最后成为两个相互垂直的光矢量。由于自然光包含了各个可能方向的振动，这些振动的振幅分布是对称的，因此，上述分解并各自叠加后所得的两个相互垂直的光矢量的振幅是相等的。这样，自然光就可以用两个强度相等、振动方向垂直的线偏振光来表示了，如图 10.34(b)所示。为方便计，通常以点和带箭头的短线分别表示垂直纸面和在纸面内的光振动，这两个振动方向都与光的传播方向垂直，如图 10.34(c)所示。对自然光来说，两个方向振动的强度相等，因此图中点和带箭头的短线的数目也相等。需要注意的是，由于自然光中各个光矢量的振动都是相互独立的，因此图 10.34(b)中所示的两个垂直光矢量分量之间并没有恒定的相位差，不能将它们合成一个单独的矢量。这种描述方法下，自然光相当于被分解为两个强度相等、振动方向垂直且相互独立的线偏振光了，这两个线偏振光的强度各占自然光光强的一半。

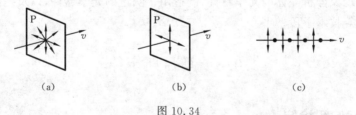

图 10.34

除线偏振光与自然光外，还有一种偏振性质不同的光，其光矢量 E 可能在某一方向振动较强，而在与之垂直的方向上振动较弱，这种性质的光称为部分偏振光，如图 10.35 所示。其中，图(a)、(b)分别表示振动方向在纸面内和垂直纸面的线偏振光，而图(c)、(d)分别表示在纸面内振动较强和垂直纸面振动较强的部分偏振光。实际上，部分偏振光是介于自然光与线偏振光之间的一种偏振状态，它通常可以看做是由线偏振光和自然光混合而成的结果。

如果用 I_{max} 表示振动较强方向的光强，I_{min} 表示振动较弱方向的光强，则有

$$P = \frac{I_{max} - I_{min}}{I_{max} + I_{min}} \tag{10.41}$$

按式(10.41)所定义的物理量 P 可反映光的偏振化程度，通常将其称为偏振度。根

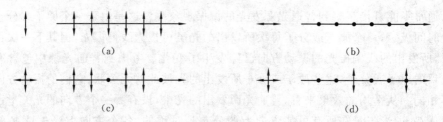

图 10.35

据这个定义不难看出,对于线偏振光,其 $I_{min}=0$,故 $P=1$;对于自然光,由于它各振动方向的光强相等,即 $I_{max}=I_{min}$,因此 $P=0$。由此可见,线偏振光的偏振度最大,也称为完全偏振光;自然光的偏振度最小,而部分偏振光的偏振度介于两者之间。一束光的偏振度数值越接近 1,则它的偏振化程度就越高。

10.7.2 偏振光的应用

光的偏振特性,在现实中有很多应用。例如,在拍摄某些反光较强的物体(如玻璃、水面等)时,往往由于强烈的反射光而影响拍摄的质量。如果在照相机镜头前加上偏振镜,就可以有效地消除反光,从而获得清晰的照片。另外,观众如果戴上利用偏振装置特制的眼镜,就可以观看到效果很好的立体电影。实际上,在拍摄立体电影时,采用的是两个镜头同时工作,这样制成的电影胶片需要通过两部放映机同步放映。观众如果用肉眼直接观看,则看到的电影画面是模糊不清的。只有采用特制的偏振装备,才能够感觉到具有生动立体性的画面,这就是立体电影。除此以外,还可以利用偏振现象分析晶体的光学特性,制造用于测量的光学器件,以及提供岩矿鉴定及激光调制等技术手段。

10.8 马吕斯定律

10.8.1 起偏和检偏

一般光源(如太阳光)所发出的光是自然光。由自然光获得线偏振光的过程称为起偏,实现起偏的光学元件或装置称为起偏器。可以作为起偏器的装置有多种,其中比较常见的有偏振片。自然界中某些物质具有一种特性,它们对沿某方向振动的光矢量或光矢量振动在该方向的分量具有强烈的吸收作用,而对与该方向垂直的光矢量振动的吸收很小,这种特性称为二向色性。利用具有二向色性的物质制成的偏振片,将只允许沿某个特定方向振动的光矢量或光矢量振动在该特定方向的分量通过,这个特定方向称为偏振化方向或起偏方向,一般用符号"↕"表示偏振片的偏振化方向。如图 10.36 所示,一

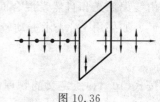

图 10.36

束自然光入射到偏振片上,经过偏振片后的出射光是线偏振光,其振动方向与该偏振片的偏振化方向相同。

偏振片不仅可以作为起偏器,还可以用于检验光的偏振状态,即检偏。用于检偏的装置称为检偏器。实际上,凡是可以作为起偏器的光学元件或装置,也都能用作检偏器。例如,两个平行放置的偏振片 A、B,若它们的偏振化方向平行,则凡通过第一个偏振片的光,也都能通过第二个偏振片,此时视场中的光强最强,观察到的结果如图 10.37(a)所示。若两偏振片的偏振化方向垂直,则通过第一个偏振片的光,将不能通过第二个偏振片,此时视场中的光强最暗,观察到的结果如图 10.37(c)所示。若两偏振片的偏振化方向既不平行又不垂直,而是有一定的夹角(小于 90°),则通过第一个偏振片的光,将能够部分地通过第二个偏振片,此时视场中的光强随着夹角的不同而变化,如图 10.37(b)所示。因此,在检偏装置 B 旋转一周的过程中,将会观察到视场中光强由明到暗、由暗到明、再由明到暗、由暗到明的重复过程,因为自然光通过检偏装置时是不会出现这种光强变化的,所以这种现象表明通过检偏装置的光一定是偏振光。确定光的偏振性质正是我们使用检偏器的主要目的之一。

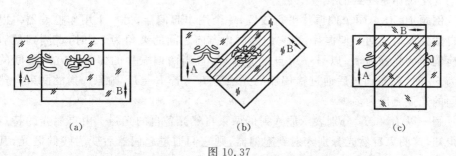

图 10.37

如上所述,在光通过两偏振片的过程中,视场中观察到的光强与两偏振片的偏振化方向之间的交角有关,然而这种关系具体是怎样的,能否以公式的形式来定量表述呢?下面将会给出答案。

10.8.2 马吕斯定律

如图 10.38 所示,一束自然光通过起偏器Ⅰ后变为线偏振光,其偏振方向与起偏器的偏振化方向相同,以 OM 表示。设沿 OM 方向的线偏振光的振幅为 E_0。当沿 OM 方向的线偏振光传播到检偏器Ⅱ时,由于检偏器的偏振化方向(以 ON 表示)与 OM 之间有一夹角 α,因此检偏器只能允许该线偏振光在 ON 方向的分量通过。由图 10.38 可知,通过检偏器的偏振光的振幅应满足

$$E = E_0 \cos\alpha$$

设沿 OM 方向的线偏振光的光强为 I_0,考虑到光强与光的振幅之间的关系,即 $I \propto |E|^2$,不难得知通过检偏器的光强 I 应满足

$$I = I_0 \cos^2\alpha \tag{10.42}$$

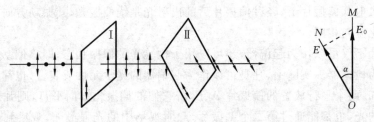

图 10.38

上述规律是马吕斯于 1808 年在研究线偏振光通过检偏装置后的光强时发现的,故称为马吕斯定律。

由式(10.42)可知,当起偏器与检偏器的偏振化方向平行时,它们之间的夹角 $\alpha=0$ 或 π,此时 $I=I_0$,通过检偏器的光强最强;当起偏器与检偏器的偏振化方向垂直时,它们之间的夹角 $\alpha=\pi/2$ 或 $3\pi/2$,此时 $I=0$,通过检偏器的光强最弱;当起偏器与检偏器的偏振化方向既不平行又不垂直时,通过检偏器的光强介于最强与最弱之间。由此可见,根据马吕斯定律分析得到的透过检偏器的光强变化规律与图 10.37 所对应的变化规律是一致的。

例题 10.18 两个偏振片平行放置,一个用作起偏器,另一个用作检偏器。以一束自然光入射这两个偏振片,当它们偏振化方向之间的夹角为 30°时,观测到最后通过检偏器的光强为 I_1;以另一束自然光入射,且当两偏振片的偏振化方向之间的夹角为 60°时,观测到最后通过检偏器的光强为 I_2。若 $I_1=I_2$,则原入射的两束自然光之间的光强之比为多少?

解 以 I_{10} 和 I_{20} 分别表示原入射的两束自然光各自的光强。由自然光的特点不难得知,这两束自然光分别入射到起偏器,则它们通过起偏器后变为线偏振光,其光强都将只有原入射自然光光强的一半,即分别为 $I_{10}/2$ 和 $I_{20}/2$。当线偏振光继续通过检偏器,根据马吕斯定律式(10.42)可知

$$I_1 = \frac{I_{10}}{2}\cos^2 30° = \frac{3}{8}I_{10}$$

和

$$I_2 = \frac{I_{20}}{2}\cos^2 60° = \frac{1}{8}I_{20}$$

又因为 $I_1=I_2$,由此可知原入射的两束自然光的光强之比为

$$\frac{I_{10}}{I_{20}} = \frac{8/3}{8} = \frac{1}{3}$$

10.9 反射光和折射光的偏振

1808 年,马吕斯发现自然光在两种不同介质的界面上发生反射与折射时,产生的反射光和折射光都是部分偏振光。1815 年布儒斯特进一步发现,反射光的偏振化程度与自然光的入射角有关系,在特定条件下,反射光甚至可以成为线偏振光。本节将围绕反射光与折射光的偏振性质进行相关介绍。

10.9.1 反射起偏

如图 10.39 所示,有两种折射率分别为 n_1 和 n_2 的不同介质(例如,空气与玻璃),一束自然光以入射角 i 入射到这两种不同介质的界面上,分别产生反射光与折射光,其中反射角为 i,折射角为 r。如前所述,将入射自然光的光矢量 E 分解为两个强度相等、振动方向垂直的线偏振光。其中一个线偏振光的振动方向与入射面(即纸面)垂直,称为垂直入射面的线偏振光,用黑点表示;另一个线偏振光的振动方向与入射面平行,称为平行入射面的线偏振光,用短线表示。由于入射光为自然光,所以垂直入射面和平行入射面的两部分线偏振光的强度相等。

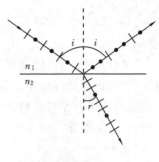

图 10.39

当用检偏装置(如偏振片)检验入射自然光所产生的反射光与折射光的偏振性质时,发现反射光与折射光都是部分偏振光。对于反射光,在改变偏振片的偏振化方向这一过程中,发现透过偏振片的光强随之发生变化,而且当偏振片的偏振化方向与入射面垂直时,透过偏振片的光强最强,而当偏振片的偏振化方向与入射面平行时,透过偏振片的光强最弱。根据这样的实验结果不难判断,反射光应是垂直入射面方向的振动较强的部分偏振光。采用同样的方法检验折射光部分,发现折射光是平行入射面方向的振动较强的部分偏振光。

10.9.2 布儒斯特定律

1815 年,布儒斯特在研究反射光的偏振化程度时发现,随着入射角 i 的改变,反射光的偏振化程度也随之改变,即反射光的偏振化程度与入射角 i 有关。当入射角等于某一特定角度时,反射光中将只有垂直入射面方向的光振动,而没有平行入射面方向的光振动,即此时的反射光是光矢量振动方向垂直于入射面的线偏振光,但折射光仍为平行入射面方向的光振动较强的部分偏振光,如图 10.40 所示。对于上述的这一特定入射角,通常称为起偏角或布儒斯特角,以 i_B 表示。

通过实验还可以证明,在图 10.40 所示的情况下,满足条件的布儒斯特角 i_B 应满足

$$\tan i_B = \frac{n_2}{n_1} \qquad (10.43)$$

由式(10.43)所反映的规律称为布儒斯特定律。

考虑到折射定律,有

$$\frac{\sin i_B}{\sin r_B} = \frac{n_2}{n_1}$$

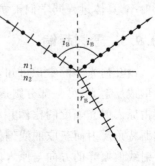

图 10.40

将上式与式(10.43)联立后可得

$$\tan i_B = \frac{\sin i_B}{\cos i_B} = \frac{\sin i_B}{\sin r_B} = \frac{n_2}{n_1}$$

由此分析得到

$$\sin r_B = \cos i_B$$

即

$$i_B + r_B = \frac{\pi}{2}$$

从上式可以看出,当自然光以布儒斯特角 i_B 入射到两种不同介质的界面上时,得到的反射光与折射光将相互垂直。反过来说,如以自然光入射到两种不同介质的界面上,当得到的反射光与折射光之间互相垂直时,反射光将成为只包含垂直入射面方向光振动的线偏振光。

例题 10.19 在空气中通过实验测得某种透明介质的布儒斯特角为 57°,试求该种介质的折射率 n。若将这种透明介质放置于水中(设水的折射率为 1.33),其布儒斯特角又将是多少?

解 空气的折射率近似为 1,实验测得该介质的布儒斯特角为 57°,由布儒斯特定律式(10.43)可得

$$\tan 57° = \frac{n}{1}$$

因此可得透明介质的折射率为

$$n = \tan 57° = 1.54$$

当把该透明介质放置于水中时,由于水的折射率为 1.33,仍由布儒斯特定律式(10.43)可得

$$\tan i_B = \frac{1.54}{1.33}$$

由此得到对应的布儒斯特角为

$$i_B = \arctan \frac{1.54}{1.33} \approx 49°$$

利用上述方法不但可以测量透明介质的折射率,还可以用于测量不透明介质的折射率,具体过程同学们不妨自行设计。

10.9.3 透射起偏

由几何光学的常识可知,自然光入射到透明玻璃表面时,一部分会在玻璃表面反射形成反射光,另一部分则透过玻璃形成透射光。对于一般的光学玻璃,反射光的强度占原入射光强度的比例并不高,即大部分的光强实际为透射光所有。因此,利用布儒斯特角反射而获取的线偏振光,其强度较弱,一般不具备有效利用的价值。另外,反射线偏振光的方向与原入射光方向不同,这也会造成使用的不便。而透射光部分的光强虽较大,但透射光是部分偏振光。如何改进反射起偏存在的不足之处呢?我

们可采用透射起偏的方法。如图 10.41 所示为多层平行放置的玻璃片堆装置,当入射自然光仍以布儒斯特角 i_B 入射时,则在每层玻璃片表面产生的反射光都是垂直入射面方向光振动的线偏振光。当经过多层玻璃片堆的反射后,原入射自然光中绝大部分的垂直入射面方向的光振动都已经被反射掉了,因此最后的透

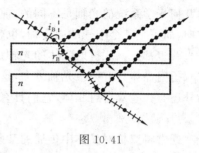

图 10.41

射光中基本上只有平行入射面方向的光振动,这时透射光已非常接近于线偏振光,而且这部分透射光与原入射光的方向相同,利用起来也比较方便。

*10.10 双 折 射

10.10.1 o 光和 e 光

当一束自然光在两种光学各向同性介质(如空气、水、玻璃等)的界面上发生折射时,只会产生一束折射光,且折射光在入射面内所对应的折射角应满足折射定律

$$\frac{\sin i}{\sin r} = \frac{n_2}{n_1}$$

其中,i 为入射角,r 为折射角,n_1 为入射光所在介质的折射率,n_2 为折射光所在介质的折射率。然而,当一束光线进入某些光学各向异性介质(如方解石晶体、石英晶体等)时,光线在晶体内部分裂为两束光线,即对应一束入射光线产生了两束沿不同方向传播的折射光,这一现象称为双折射现象,这种能产生双折射现象的晶体称为双折射晶体。

实验观察发现,双折射晶体内产生的两束折射光中,其中一束折射光在入射面内的传播方向始终遵循上述折射定律,这束折射光称为寻常光,通常简称为 o 光;另一束折射光一般不在入射面内,且其传播方向并不遵循折射定律,这束折射光称为非常光,通常简称为 e 光。如图 10.42 所示为一束入射光在双折射晶体内产生双折射现象时所分别对应的 o 光与 e 光示意图。在图 10.42 中,若以入射光线为轴,将双折射晶体绕该轴转动时,可观察到 o 光不动,而 e 光则会随着双折射晶体的转动而绕轴旋转。

进一步实验发现,对应方解石等双折射晶体,存在一个特殊的方向,当光线沿着这个方向传播时,不会产生双折射现象,这个特殊的方向称为双折射晶体的光轴,如图 10.43 所示。

需要特别指出的是,双折射晶体的光轴与通

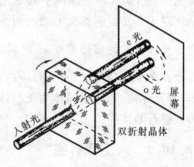

图 10.42

常几何光学系统的光轴是不同的,前者所标志的仅是双折射晶体所对应的一个特殊方向,而不是某个唯一的固定轴,也就是说,任何与双折射晶体光轴所标志方向平行的直线也都是该双折射晶体的光轴;后者则是几何光学系统中唯一的某条直线。某些双折射晶体只有一个光轴方向,这类双折射晶体称为单轴晶体,如方解石、石英等;另外还有一些双折射晶体,它们具有两个光轴方向,这类双折射晶体称为双轴晶体,如云母、硫黄等。

通常将双折射晶体中传播的某条光线与该晶体的光轴所组成的平面称为这条光线对应的主平面。按照这样的定义方式,由 o 光与晶体光轴所构成的平面就称为 o 光的主平面,由 e 光与晶体光轴所构成的平面就称为 e 光的主平面。

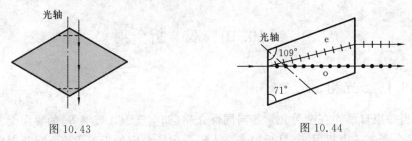

图 10.43　　　　　　　　　　　　图 10.44

实验证明,o 光与 e 光都是线偏振光,但它们的光矢量的振动方向不同。其中,o 光是振动方向垂直于 o 光主平面的线偏振光,e 光是光矢量的振动就在 e 光主平面内的线偏振光。如图 10.44 所示为入射自然光在方解石晶体内传播时的 o 光与 e 光偏振情况的示意图。一般情况下,o 光主平面与 e 光主平面并不重合,而只有当光轴也位于入射面内时,o 光与 e 光的主平面才会重合。但通常情况下,o 光主平面与 e 光主平面之间的夹角很小,因而可以近似认为 o 光与 e 光各自所对应的光矢量的振动方向是相互垂直的。

当晶体中产生双折射现象时,根据折射率的定义,该晶体对于 o 光的折射率为 $n_o = \frac{c}{v_o}$,其中,v_o 表示 o 光在晶体中的波速。由于 o 光在晶体中各个方向的波速 v_o 都相同,因此晶体对于 o 光的折射率 n_o 是一个由晶体材料性质决定的常数,它与方向无关。然而考虑到晶体中的 e 光沿不同方向传播时的波速不同,因此无法定义该晶体对于 e 光普遍意义上的折射率。一般来说,我们将真空中的光速 c 与 e 光沿垂直于光轴方向的传播速率 v_e 之间的比值,定义为 e 光的主折射率 n_e,即 $n_e = \frac{c}{v_e}$,而在其他方向上传播的 e 光,其对应的折射率则介于 n_o 与 n_e 之间。对不同的双折射晶体,若 $n_e > n_o$,则称该晶体为正晶体,如石英晶体等;若 $n_e < n_o$,则称该晶体为负晶体,如方解石晶体等。

10.10.2　人工双折射

前面介绍的双折射现象,是入射光通过天然的双折射晶体时产生的。对于那些光学各向同性介质,如玻璃、塑料等,一般情况下是不会产生双折射现象的。然而,若采用某些人工的方法(如施加电场、应力等),也可使得这些物质变成光学各向异性介质,从而呈现出双折射现象,这种在人工条件下产生的双折射现象称为人工双折射现象。

1. 克尔效应

1875 年,苏格兰物理学家克尔首次发现某些光学各向同性的非晶体或液体,如硝基苯($C_6H_5NO_2$)液体等,在外加电场的作用下,会变为光学各向异性的,从而对入射光产生双折射现象,这种现象称为电致双折射现象,或克尔效应。

克尔效应的建立或消失所需时间极短,即从接通(或断开)电源到克尔效应的建立(或消失)所需的时间极短,通常约为 10^{-9} s。根据克尔效应的这一特点,可以制成反应速度极快的高速光开关。目前,这种高速光开关已经广泛应用于电影、电视、高速摄影及激光通信等诸多领域中。

2. 光弹效应

对于某些透明介质,如塑料、玻璃、环氧树脂等,当其受到应力作用时,就会从光学各向同性的转变为光学各向异性的,从而对入射光产生双折射现象,这种现象称为光弹效应。如果介质内部应力分布不均匀,则介质内部传播的 o 光与 e 光的相位差不同,由此产生的干涉图样中,其干涉条纹将反映出介质内部的应力差别。应力分布越集中,则对应的干涉条纹分布越密集。通过分析这些干涉条纹的特点,将有助于判断出介质内部的应力分布情况。这种分析方法可称为光弹方法,光弹方法不但经济、迅速,而且还能够显示出介质内很小范围区域的应力分布情况。光弹效应在工程技术中的应用相当广泛,目前已经发展成为一个专门的学科——光测弹性学。

除此以外,某些光学各向同性介质在外加磁场作用下也会产生双折射现象,即磁致双折射现象。其详细内容在此不作介绍,同学们如有兴趣可查阅其他相关资料。

提　　要

1. 相干光

能产生干涉现象的光称为相干光。获得相干光的方法通常有分波阵面法与分振幅法两种。

2. 光程

将光在介质中传播的几何路程 L 和介质的折射率 n 的乘积 nL,称为光程,用符号 Δ 表示。两束光之间的光程之差称为光程差,用 δ 表示。已知两束光的光程差,则可根据

$$\Delta\varphi = \frac{2\pi}{\lambda}\delta$$

求得它们之间的相位差。

3. 杨氏双缝干涉实验(分波阵面法)

(1) 光程差 $\delta = r_2 - r_1 \approx d\sin\theta$

(2) 干涉明纹中心 $x = \pm k \dfrac{D\lambda}{d}$ $(k=0,1,2,\cdots)$

干涉暗纹中心 $x = \pm (2k+1) \dfrac{D\lambda}{2d}$ $(k=0,1,2,\cdots)$

明条纹(或暗条纹)的宽度 $\Delta x = x_{k+1} - x_k = \dfrac{D}{d}\lambda$

(3) 半波损失：光从光疏介质射向光密介质时，反射光的相位相对入射光的相位会产生相位差为 π 的突变，其结果等效于反射光与入射光之间的光程差附加了 λ/2，这种现象通常称为半波损失。

4. 薄膜干涉(分振幅法)

(1) 薄膜厚度均匀时所产生的干涉条纹为等倾干涉条纹。

(2) 薄膜在空气中时，上、下表面反射的两束相干光的光程差是

$$\delta = 2d\sqrt{n_2^2 - n_1^2\sin^2 i} + \dfrac{\lambda}{2}$$

干涉明条纹条件 $\delta = 2d\sqrt{n_2^2 - n_1^2\sin^2 i} + \dfrac{\lambda}{2} = k\lambda$ $(k=1,2,\cdots)$

干涉暗条纹条件 $\delta = 2d\sqrt{n_2^2 - n_1^2\sin^2 i} + \dfrac{\lambda}{2} = (2k+1)\dfrac{\lambda}{2}$ $(k=0,1,2,\cdots)$

(3) 薄膜干涉的应用：增透膜与增反膜。

5. 劈尖(分振幅法)

(1) 劈尖的干涉条纹是等厚干涉条纹。

(2) 单色光垂直入射到劈尖，劈尖在空气中时，上、下表面反射的两束相干光的光程差是

$$\delta = 2nd + \dfrac{\lambda}{2}$$

干涉明纹条件 $\delta = 2nd + \dfrac{\lambda}{2} = k\lambda$ $(k=1,2,\cdots)$

干涉暗条纹条件 $\delta = 2nd + \dfrac{\lambda}{2} = (2k+1)\dfrac{\lambda}{2}$ $(k=0,1,2,\cdots)$

相邻明条纹(暗条纹)对应劈尖膜的厚度差为 $\Delta d = \dfrac{\lambda_n}{2}$

(3) 劈尖干涉的应用：检查光学元件表面的平整度。

6. 牛顿环(分振幅法)

(1) 牛顿环也是等厚干涉条纹。

(2) 牛顿环明条纹半径 $r = \sqrt{\left(k - \dfrac{1}{2}\right)R\lambda}$ $(k=1,2,\cdots)$

牛顿环暗条纹半径 $r=\sqrt{kR\lambda}$ $(k=0,1,2,\cdots)$

(3) 牛顿环的应用:可用于测定平凸透镜的曲率半径

$$R=\frac{r_{k+m}^2-r_k^2}{m\lambda}$$

7. 迈克耳孙干涉仪(分振幅法)

(1) 迈克耳孙干涉仪装置结构:G_2——补偿玻璃。

(2) 两块平面反射镜 M_1 与 M_2 严格垂直时,所得图样为等倾干涉条纹;M_1 与 M_2 若不严格垂直,则所得图样为等厚干涉条纹。

(3) 每当 M_1 移动 $\lambda/2$ 的距离时,视场中所观察到的干涉条纹就会移过一条。若视场中移过的干涉条纹的总数为 N,则 M_1 移动的距离 d 为 $d=N\dfrac{\lambda}{2}$。

(4) 迈克耳孙干涉仪的应用:测定入射单色光的波长、介质的折射率等。

8. 惠更斯-菲涅耳原理

(1) 子波相干叠加。

(2) 衍射的分类:菲涅耳衍射(近场衍射)与夫琅禾费衍射(远场衍射)。

9. 单缝衍射(夫琅禾费衍射)

(1) 平行光垂直投射到狭缝,会产生衍射现象,衍射条纹是一系列明暗相间的直条纹,其中中央明纹宽度最大,亮度最高。

(2) 菲涅耳半波带法。

(3) 衍射明条纹　　$a\sin\theta=\pm(2k+1)\dfrac{\lambda}{2}$ $(k=1,2,\cdots)$

衍射暗条纹　　$a\sin\theta=\pm 2k\dfrac{\lambda}{2}=\pm k\lambda$ $(k=1,2,\cdots)$

其中,θ 为衍射角。

(4) 衍射条纹的特点:中央明纹宽度为 $\Delta x=\dfrac{2\lambda f}{a}$,是其他各级明条纹宽度的两倍。

10. 圆孔衍射和光学仪器的分辨本领

(1) 圆孔衍射:圆孔衍射图样的中央,是一个明亮的圆斑,称为艾里斑;在艾里斑外围,是一系列明暗相间的同心圆环。

(2) 光学仪器的分辨本领:瑞利判据;最小分辨角 $\theta_0=1.22\dfrac{\lambda}{D}$。光学仪器最小分辨角的倒数 $1/\theta_0$ 称为该仪器的分辨本领或分辨率。

11. 光栅衍射

(1) 衍射光栅:具有周期性空间结构或光学结构的衍射屏。光栅上透光部分的宽度为 a,不透光部分的宽度为 b,则 $a+b=d$ 称为光栅常量。

(2) 光栅衍射条纹:光栅的衍射条纹实际上是单缝衍射与多缝干涉综合作用的

结果,是多缝干涉条纹受到单缝衍射因子调制后的结果。

(3) 光栅方程:$\delta = d\sin\theta = \pm k\lambda (k = 0,1,2,\cdots)$,对应明条纹称为主极大。相邻主极大明纹之间还存在 $N-1$ 个暗纹和 $N-2$ 个次极大明纹。

(4) 缺级条件 $\dfrac{d}{a} = \dfrac{k}{k'}$

12. 自然光与偏振光

(1) 自然光:在垂直于光传播方向的平面内,光矢量 E 在所有可能方向上的分布是对称的,各个方向上的光矢量振幅都相等。

(2) 线偏振光:在垂直于光传播方向的平面内,光矢量 E 只沿某一方向振动,而没有与之垂直方向上的振动。

(3) 部分偏振光:在垂直于光传播方向的平面内,光矢量 E 在某一方向振动较强,而在与之垂直的方向上振动较弱。

13. 马吕斯定律

$$I = I_0 \cos^2\alpha$$

14. 布儒斯特定律

$$\tan i_B = \dfrac{n_2}{n_1}$$

*15. 双折射

光线进入某些光学各向异性介质时,会在晶体内部分裂为两束光线,这一现象称为双折射现象。

思 考 题

10.1 普通光源的发光机理是什么?由两盏台灯所发出的光照射到空间一点时会产生干涉现象吗?为什么?如果是由同一盏台灯的两个不同部分所发出的光照射到同一点,能否产生干涉现象?为什么?

10.2 两列光为相干光,应满足哪些条件?获取相干光的方法有哪些?

10.3 什么是光程?应用光程的概念有什么好处?

10.4 同一束光分别在两种不同介质中传播相同的距离,则在两次传播过程中,这束光所经历的光程一样吗?这束光在两次传播过程中发生相位变化与其光程有什么关系?如果这束光在两种介质中的传播过程经历了相同的时间,则情况又如何?

10.5 在如图 10.4 所示的杨氏双缝干涉实验中,以白光作为光源,若在缝 S_1 后放置一红色滤光片(只有红色能够通过该滤光片后继续传播,后同),缝 S_2 后放置一绿色滤光片,问此时在双缝后面的屏幕上还能否观察到干涉条纹?为什么?

10.6 在如图 10.4 所示的杨氏双缝干涉实验中,若作下列情况的变动时,干涉条纹将如何变化:(1) 将双缝 S_1 与 S_2 之间的距离 d 增大;(2) 将双缝 S_1 与 S_2 到屏幕之间的距离 D 减小;(3) 将光源 S 平行于双缝 S_1 与 S_2 向上移动;(4) 在缝 S_1 的后面放置一块折射率为 n 的透明介质。

10.7 若将一张普通的电脑光盘放置于阳光下,则可观察到光盘表面显现出一些彩色条纹,这些彩色条纹是如何形成的？当观察者从同一方向观察时，会发现光盘表面不同位置在阳光下呈现不同的色彩，这又是为什么？

10.8 在空气中的肥皂泡膜，当肥皂泡吹大到一定程度时，会看到肥皂泡膜表面出现彩色，而且随着肥皂泡的增大，其表面的彩色会发生改变，其原因是什么？当肥皂泡膨胀到极限，即肥皂泡膜变薄到即将破裂时，膜上将出现黑色，这又是为什么？

10.9 空气中放置一块玻璃板，在玻璃板上有一层油膜，已知油膜的折射率小于玻璃的折射率。若以该油膜为分析对象，则在薄膜干涉的分析过程中，还需要计入半波损失所引入的附加光程差吗？为什么？

10.10 在如图 10.9 所示的劈尖装置中，当做如下变化时，所得的干涉条纹将会如何变化：(1) 将劈尖的上表面向上平移；(2) 以劈尖上、下表面接触线为轴，将上表面绕该轴转动，使劈尖夹角增大。

10.11 由两块同样的平板玻璃所构成的空气劈尖，在该劈尖的接触处所对应的干涉条纹是明条纹还是暗条纹？为什么？若是将一块玻璃腐蚀成劈尖状并放置于空气中，则其最薄的一端所对应的干涉条纹是明条纹还是暗条纹？为什么？由此你可以得出怎样的结论？

10.12 若有一块金属表面的平整程度需要检验，可否利用光学的方法提出一个可行的检验方案？并请解释你所提方案的基本原理。

10.13 如图 10.13 所示的牛顿环实验装置，若将该装置从空气中转移到水中，则所得的干涉图样会发生怎样的变化？为什么？

10.14 在利用牛顿环装置测量平凸透镜的曲率半径时，通常测量距离中心较远的两个干涉条纹的半径，然后利用相关公式计算，这种处理方法的优点是什么？

10.15 劈尖干涉与牛顿环都属于等厚干涉，它们的干涉条纹形状有何区别？条纹间距又有何区别？随着厚度的增加，它们的干涉条纹间距会发生变化吗？

10.16 在图 10.15 所示的迈克耳孙干涉仪实验装置中，当 M_1 与 M_2 之间严格垂直时，其干涉图样是等倾干涉还是等厚干涉？当 M_1 与 M_2 之间并不严格垂直时，其干涉图样是等倾干涉还是等厚干涉？

10.17 当迈克耳孙干涉仪实验图样为明暗相间的同心圆环时，与牛顿环的干涉图样有何区别？随着空气薄膜厚度的增加，这两种条纹分别将如何变化？

10.18 屋外有人讲话，其声音很容易传到屋内，而其图像容易被挡住，这是为什么？

10.19 如何区别菲涅耳衍射与夫琅禾费衍射？若有一人透过贴近眼睛的狭缝观察远处的平行白光，他所观察到的衍射图样是菲涅耳衍射图样还是夫琅禾费衍射图样？

10.20 在如图 10.23 所示的单缝夫琅禾费衍射实验中，若发生下列情况时，试分析衍射图样会发生怎样的变化：(1) 狭缝宽度减小；(2) 提高入射光的频率；(3) 将单缝沿原方向上、下平移；(4) 入射光并非垂直入射，而是以一定的倾角 i 入射到单缝。

10.21 单缝夫琅禾费衍射实验中，随着衍射角的增大，对应的那些衍射明条纹的亮度如何变化？为什么？

10.22 若要提高光学装置的分辨率，通常可以采用哪些方法？

10.23 光栅衍射图样与单缝衍射图样相比，有什么区别？

10.24 随着光栅中透光狭缝条数的增加，对应的光栅衍射条纹将怎样变化？为什么？

10.25 光栅衍射条纹中的暗纹所对应的位置应满足方程 $Nd\sin\theta = \pm k'\lambda$，若以 k 表示主极大明纹的级次,则 $k' \neq Nk$,这是为什么?

10.26 有人说,光的干涉与光的衍射是两种本质完全不同的现象,你同意这种说法吗?为什么?

10.27 两块偏振片平行放置,最初时它们的偏振化方向平行。此时以单色自然光垂直入射,若保持第一块偏振片不动,而将第二块偏振片以入射光为轴做定轴转动,则通过第二块偏振片后的光强将如何变化?

10.28 如果你手头现在只有一块偏振片,可否以之区分自然光、部分偏振光和线偏振光?试解释之。

10.29 两块偏振片平行放置,它们的偏振化方向彼此正交,若以自然光入射,则通过这两块偏振片后的光强如何?如果在这两块偏振片中间再平行放置一块偏振片,其偏振化方向与前两块偏振片的偏振化方向均不相同,此时通过这些偏振片的光强又如何?

10.30 一束光入射到两种透明介质的分界面上,实验发现只有透射光而没有反射光,你认为这束光是如何入射的?该入射光的偏振状态是怎样的?

10.31 双折射晶体的光轴是否是一条固定的直线?

10.32 双折射晶体中的 e 光是否总是以波速 $\dfrac{c}{n_e}$ 在双折射晶体内传播?为什么?

习　题

10.1 在双缝干涉实验中,双缝之间的间距为 0.40 mm,屏与双缝之间的距离为 1.00 m。现以单色光垂直入射到双缝,在屏上所得的干涉图样中,测得中央明纹一侧的第 5 条暗纹与另一侧的第 5 条暗纹之间的距离为 15.75 mm,问入射单色光的波长为多少?入射单色光是什么颜色的光?

10.2 设有两个同相位的相干点光源 S_1 和 S_2,发出波长为 500 nm 的单色光,A 是它们中垂线上的一点。若在 S_1 与 A 之间插入一个厚度为 3 μm 的透明薄片,则点 A 恰好为第 3 级干涉明纹的中心,试求该透明薄片的折射率。

10.3 在杨氏双缝干涉实验中,已知光源所发出的是波长为 600 nm 的单色光。当用一片很薄的云母片(折射率 $n=1.58$)覆盖住双缝中的一条缝时,观察到屏幕上的中央明纹移动到原来的第 5 条明纹所在的位置,试问该云母片的厚度为多少?

10.4 以紫光(波长为 400 nm)和红光(波长为 760 nm)的混合光束垂直入射到双缝上,已知双缝之间的距离为 0.30 mm,在离双缝 0.90 m 的位置放置一面观察屏,问屏上所得紫光的第 2 级干涉明纹与红光的第 2 级干涉明纹之间的距离是多少?

10.5 湖岸边安装有一台电磁波接收装置,已知湖岸距离湖面高度 $h=0.5$ m。当某恒星从对岸的地平线升起时,将连续发出波长为 20.0 cm 的电磁波。试求当电磁波接收装置第一次测得信号的极大值时,该恒星所在方位与湖面所成的角度。

10.6 当以波长为 589.3 nm 的钠黄光垂直照射到肥皂膜上时,观察者在肥皂膜的正上方发现膜表面呈现出暗色。若已知肥皂膜的折射率 $n=1.38$,试求该肥皂膜的最小厚度 d。(设肥皂膜厚大于零)

10.7 一玻璃片上涂有一层厚度均匀的薄油膜,已知玻璃的折射率 $n_1=1.50$,油膜的折射率

$n_2 = 1.30$。现以波长可连续变化的单色平行光垂直照射到该油膜上,实验发现对应波长为 450 nm 和 630 nm 的两种单色光,它们的反射光都呈现为干涉减弱,试问该油膜的最小厚度为多少?

10.8 波长范围在 400~500 nm 的某种混合光束垂直照射到玻璃片上,已知玻璃片的厚度为 400 nm,玻璃的折射率 $n=1.50$。试问哪些波长的光在反射光中得到加强?哪些波长的光在透射光中得到加强?

10.9 在氦氖激光器反射镜表面镀上一层 ZnS 增反膜,可有效提高其反射率。已知反射镜材料的折射率 $n_1=1.52$,ZnS 增反膜的折射率 $n_2=2.40$,若该增反膜主要适用于波长为 632.8 nm 的单色光,则此膜的最小厚度为多少?

10.10 利用空气劈尖的等厚干涉条纹可以测量细丝的直径。现有两块相同的平板玻璃,它们一端接触,另一端用一根直径未知的细丝隔开而构成一个劈尖,当以波长为 589.0 nm 的单色光垂直入射时,在劈尖上可观察到明暗相间的干涉条纹。问在两玻璃相接触的一端,对应的干涉条纹是明条纹还是暗条纹?若在劈尖的另一端恰好对应一条干涉暗纹,且整个视场中的暗纹条数共有 5 条,试求该细丝的直径 d。

10.11 若将某种薄膜制成劈尖状,其最大厚度 d 为 0.005 cm,折射率 $n=1.50$。现以一束波长为 707 nm 的单色平面光垂直入射到该劈尖上,问在该劈尖上一共可以形成多少条完整的干涉条纹?若以两块玻璃片形成的空气劈尖取代该劈尖状薄膜,又将产生多少条干涉条纹?

10.12 在如图 10.12 所示的干涉膨胀仪中,已知样品的平均高度为 4.0 cm。现以波长为 660 nm 的单色光垂直照射,在温度由 15℃ 上升到 30℃ 的过程中,共观察到有 20 条干涉条纹移过视场。试求该样品的热膨胀系数为多少?

10.13 利用牛顿环装置可测量单色光的波长。当以 589.3 nm 的钠黄光垂直照射到牛顿环装置时,测得第 1 和第 9 暗环之间的距离为 8.0 mm;当以波长未知的单色光垂直入射时,测得第 1 和第 9 暗环之间的距离为 7.5 mm,问该单色光的波长为多少?

10.14 在如图 10.13 所示的牛顿环实验装置中,若在平凸透镜与玻璃之间充满某种透明液体后,实验观察到第 5 个干涉明环的直径由 1.00 cm 变为 0.85 cm,试求这种透明液体的折射率。

10.15 在一块平板玻璃的表面滴落一油滴,当该油滴展开时,形成一个上表面近似于球面的油膜,已知玻璃的折射率 $n_1=1.50$,油膜的折射率 $n_2=1.20$。现以波长为 500 nm 的单色光垂直照射到该油膜上,从反射光中可观察到油膜所形成的干涉条纹。

(1) 当油膜中心最高点距离玻璃上表面为 1.5 μm 时,可观察到多少条完整的干涉明环?油膜边缘是明环还是暗环?

(2) 当油膜继续摊展时,中心点干涉图样的明暗情况如何变化?

10.16 利用迈克耳孙干涉仪可测量单色光的波长。在如图 10.14(a)所示的装置中,调节 M_1,使其移动 0.027 3 cm,在此过程中可观察到干涉条纹移动了 1 000 条,试求该单色光的波长。

10.17 在迈克耳孙干涉仪的两臂中分别插入一个透明玻璃管,两个玻璃管的长度均为 6.0 cm,且这两个玻璃管内均已被抽成真空。现向其中一个玻璃管内充入某种气体,直至其压强达到 $1.013×10^5$ Pa 为止,在此过程中共可观察到 315.6 条干涉条纹的移动,若所用单色光的波长为 600 nm,试求所充入气体的折射率。

10.18 将厚度为 d、折射率 $n=1.40$ 的薄膜置入迈克耳孙干涉仪的一臂后,在视场中观察到 7 条干涉条纹的移动。已知采用的入射单色光波长为 480 nm,问该薄膜的厚度 d 为多少?

10.19 以某种单色平行光垂直照射到一单缝上,在单缝之后放置的屏上得到其衍射图样。

如果该图样中的第 2 级明纹所在位置,恰好与波长为 500 nm 单色光垂直入射时所得衍射图样的第 3 级明纹所在位置重合,试求该入射单色光的波长。

10.20 波长为 560 nm 的单色平行光垂直入射某单缝,该单缝后有一个焦距为 0.5 m 的透镜,在透镜焦面处所设的屏幕上可获得该单缝的衍射图样。若实验测得衍射图样中的中央明纹宽度为 1.12 mm,试求该单缝的缝宽。

10.21 一个宽度为 0.20 mm 的单缝,其后有一个焦距为 1.0 m 的透镜,且在透镜焦点处平行放置着一个屏幕。现用波长为 600 nm 的单色平行光垂直照射该单缝,问测得屏幕上的中央明纹的宽度为多少? 第 2 级明纹的宽度又为多少?

10.22 某单缝缝宽为 0.40 mm,其后所置透镜的焦距为 1.0 m。若以波长为 589 nm 的单色平行光垂直照射该单缝,问第 1 级暗纹与屏中心之间的距离为多少? 若单色光是以入射角 $i=30°$ 斜射到该单缝,则此时第 1 级暗纹与屏中心的最近距离又为多少?

10.23 波长为 500 nm 的单色光垂直照射到一小圆孔上,该圆孔的直径为 0.05 mm,若在圆孔后放置一个焦距为 1.0 m 的透镜,则在焦面处的屏幕上所形成的艾里斑的半径有多大?

10.24 在竖直方向有 A、B 两个点光源,它们之间的距离为 6.0 mm,在其前面摆放一个透镜,该透镜的焦距为 0.1 m,透镜与两个点光源之间的水平距离为 10 m。若这两个点光源在透镜焦面处的屏幕上各自所形成的艾里斑发生了部分重叠,且重叠后所成的像恰好满足瑞利判据,问这两个点光源在屏上所成艾里斑的半径为多大?

10.25 人眼中瞳孔的半径约为 1.5 mm,而人眼对波长为 550 nm 的光最为敏感。在距离人眼 25 cm(即人眼的明视距离)处放置一个物体,则该物体上能被人眼所分辨的两点间最小距离为多少?

10.26 地球与月球之间的距离约为 $3.8×10^5$ km,来自月球表面的光,其波长为 600 nm。某天文望远镜中透镜的直径为 0.5 m,若以该天文望远镜观测月球表面,问月球表面能被分辨的两点之间的最小距离是多少。

10.27 太空中有两颗恒星,它们所发出电磁波的波长都是 600 nm。若已知这两颗恒星相对于一台天文望远镜的角距离为 $4.88×10^{-6}$ rad,问这台天文望远镜的口径需要达到多大时才能分辨出这两颗恒星?

10.28 一束单色平行光垂直入射到某光栅上,已知该单色光的波长为 500 nm,且实验发现在衍射角为 30°的方向上对应其主极大明纹,试问该光栅上每厘米内透光狭缝数目的最大值是多少?

10.29 一束单色平行光垂直入射到光栅上,已知该光栅上每厘米内刻有 5 000 条刻线,且实验发现在衍射角为 30°的方向上对应其第 2 级主极大明纹。试问入射单色光的波长为多少? 实际所能呈现的最高级次的主极大明纹是哪一级?

10.30 已知单缝宽度 $a=0.1$ mm,透镜焦距为 0.50 m,当用波长为 600 nm 的单色光垂直照射时,问所得衍射图样中第 1 级明纹离屏中心的距离是多少? 如果用每厘米刻有 500 条刻线的光栅取代这个单缝,则此时所得图样中的第 1 级明纹离屏中心的距离又是多少?

10.31 在观测者与单缝间放置一个每厘米刻有 5 000 条刻线的衍射光栅,衍射光栅与单缝之间的距离为 1.0 m,且光栅刻线与单缝平行。用某单色光垂直照射单缝,在单缝两侧有标尺,当观测者贴近光栅时可看到标尺处呈现单缝的虚像。若两个第一级虚像到单缝的距离都为 31 cm,则试求该入射单色光的波长。

10.32 以波长为 500 nm 的平行单色光垂直入射到光栅上,实验测得第 3 级谱线所对应的衍射角为 30°,且第 4 级谱线缺级,试问该光栅的光栅常数为多少? 此光栅上透光缝的最大宽度为多大?

10.33 设红光的波长为 760 nm,紫光的波长为 400 nm,那么当以白光为入射光垂直入射到每厘米刻有 6 500 条刻线的光栅上时,所得第 3 级衍射光谱的张角为多少?

10.34 两偏振片平行放置,它们偏振化方向之间的夹角为 45°。现以一束自然光垂直入射通过这两个偏振片,若测得最后的出射光的光强为 I,试求原入射自然光的光强。

10.35 光强为 I 的自然光,使其通过两个平行放置的偏振片,若这两个偏振片的偏振化方向成 60°夹角,问最后透射光的光强是多少? 如果在这两个偏振片之间再平行插入一块偏振片,且使其偏振化方向与前两个偏振片均成 30°夹角,则此时所得的透射光的光强又为多少?

10.36 一束由自然光和线偏振光混合而成的光束垂直通过某偏振片,当以入射光束为轴旋转该偏振片时,实验测得通过偏振片后的透射光,其强度最大值是最小值的 7 倍,试问原入射混合光束中自然光与线偏振光的强度之比为多少?

10.37 一束自然光从空气中入射到折射率 $n=1.50$ 的玻璃片上,实验观察到反射光为线偏振光,则该自然光的入射角为多少? 折射角又为多少?

10.38 已知水的折射率 $n_1=1.33$,玻璃的折射率 $n_2=1.50$。一束光在玻璃内传播并射向水面,如观察发现反射光为线偏振光,则这束光的入射角为多少? 如果这束光是从水中射向玻璃,其反射光为线偏振光,则此时的入射角又为多少?

第 11 章 量子物理基础

至19世纪末,物理学理论已发展到相当完善的阶段,如牛顿力学、麦克斯韦方程组、热力学和经典统计物理学的理论等。在这些理论的指导下成功地解释了许多自然现象,并创造发明了一些新的应用技术。正当物理学家为经典物理学理论所取得的辉煌成就而欢欣鼓舞之际,一些新的实验事实却给经典物理学以有力的冲击。例如,迈克耳孙-莫雷实验否定了绝对参考系的存在,黑体辐射的"紫外灾难"等使经典物理面临新的困难,也使一些物理学家深感困惑。

19世纪末的三大发现,即1895年的X射线、1896年的放射性和1897年的电子,揭开了近代物理发展的序幕。接着,一些思想敏锐而又不为旧观念束缚的物理学家,重新思考了物理学中的某些基本概念,提出了一系列的新概念、新思想。例如,1900年,普朗克针对经典物理学解释黑体辐射的困难,提出辐射源能量量子化的概念;1905年,爱因斯坦针对光电效应的实验事实与经典观念的矛盾,提出光量子的概念;1913年,玻尔把普朗克-爱因斯坦的量子化概念用到卢瑟福模型,提出量子态的观念,并对氢光谱做出了满意的解释,提出了氢原子的量子论,初步奠定了原子物理学的基础。但是,由于对微观粒子的基本属性缺乏认识,至此形成的量子论(称为旧量子论),不论在逻辑上还是在实际问题的处理上,都有严重的缺陷与不足。为建立一套严密的理论体系,需要有新的思想,这就是物质粒子的波粒二象性。关于光子的波粒二象性,实际上已由爱因斯坦在1905年和1917年明确提出,并为康普顿实验进一步证明。但直到1924年,才由德布罗意把它推广到所有的物质粒子,提出了物质波的假说,这一假设不久为电子衍射实验所证实。

在此基础上,经过几年的努力,终于在1925—1928年间由薛定谔、海森伯、玻恩、狄拉克等人建立起了描写微观实物粒子运动的新理论,称为量子力学,它和相对论(详见第12章)一起构成近代物理学的两大理论支柱。它们在20世纪中被称为革命性的理论。量子力学的建立,揭示了微观世界的基本规律,使人们对自然界的认识产生了一个飞跃,为原子物理学、固体物理学和粒子物理学的发展奠定了理论基础。同时,量子力学又深入到化学、生物学等其他领域,形成了量子化学、分子生物学等边缘学科。量子力学的诞生,还大大推动了新技术的发展,如晶体管、集成电路、激光、半导体和超导材料等,促进了生产力的提高。

波粒二象性是量子物理学中最重要的概念。要特别强调的是,对于微观客体,这里讲的"波"或"粒子",与经典的"波"或"粒子"的概念是截然不同的。量子力学的本质特征在海森伯提出的不确定关系中得到了最明确的反映,它是微观客体波粒二象性的必然结果。本章的主要内容包括三个方面:一是介绍产生新概念的一些重要实验;二是提出一系列不同于经典物理的新思想;三是给出解决具体实际问题的方法。根据本书的要求,下面着重阐明前两方面的内容,对第三个方面只作简略的介绍。

11.1 热辐射 普朗克能量子假说

11.1.1 热辐射现象

您以为炎炎夏日太阳的"热情"是靠热传导或热对流照到您身上的吗?站在火炉旁,会感到很热,这是怎么回事?又例如,点亮一个 100 W 的灯泡 1 小时,不需要触摸而只需将手放在离灯泡很近的地方,就可以感受到灯泡的热量。这些都是靠一种可以在没有任何介质(真空)的情况下,不需要接触,就能够达成热量交换的传递方式——热辐射,它是自然界普遍存在的一种能量形式,其本质是电磁辐射。任何一个物体,在一切高于绝对零度的温度下都会发射各种波长的电磁波。这种由于物体中的分子、原子因受热而向周围发射能量的现象,称为热辐射(热辐射是热能转化为电磁能的过程。因为构成物质的分子都是由带电粒子组成的,当它们做热运动时,相应的偶极矩发生变化,就会产生电磁波,这种由物体温度决定的红外波段电磁辐射称为热辐射。温度越高,热辐射功率越大)。实验表明,热辐射谱具有连续谱的辐射能谱,波长覆盖范围理论上可从 0 直至 ∞,一般的热辐射主要靠波长较长的可见光和红外线。例如,把铁块放在炉中加热,起初看不到它发光,却感到它辐射出来的热。随着温度的不断升高,它发暗红色的可见光,逐渐变为橙色而后成为黄白色,在温度极高时,变为青白色。这说明热辐射谱与温度有关,同一物体在一定温度下所辐射的能量,在不同光谱区域的分布是不均匀的,温度越高,光谱中与能量最大的辐射所对应的波长也越短。同时随着温度的升高,辐射的总能量也增加。

另一方面,任何物体在任何温度下也要接收外界射来的电磁波,除一部分反射回外界外,其余部分被吸收或穿透(对透明物体而言),这就是说,物体在任何时候都存在发射和吸收电磁辐射的过程。为了定量描述物体热辐射的能力,通常引入以下几个有关辐射的物理量。

1. 单色辐出度

在单位时间内,从物体表面单位面积上所发射的波长在 λ 到 $\lambda+d\lambda$ 范围内的辐射能 dW_λ 与波长间隔 $d\lambda$ 的比值称为单色辐出度,用 M_λ 表示,即 $M_\lambda = \dfrac{dW_\lambda}{d\lambda}$。实验表明,$M_\lambda$ 与辐射物体的温度和辐射的波长有关,是 λ 和 T 的函数,常表示为 $M_\lambda(T)$ 或 $M(\lambda,T)$,单位为 $W/(m^2 \cdot Hz)$。

2. 辐出度

单位时间内从物体表面单位面积上所发射各种波长的总辐射能,即物体表面单位面积的辐射功率,称为物体的辐出度,它只是物体温度的函数,常用 $M(T)$ 表示,单

位为 W/m^2。显然,物体的辐出度与单色辐出度的关系为

$$M(T) = \int_0^\infty M_\lambda(T) d\lambda \tag{11.1}$$

3. 单色吸收比和单色反射比

被物体吸收的波长在 λ 到 $\lambda + d\lambda$ 范围内的能量与入射能量值之比,称为该物体的单色吸收比。被物体反射的波长在 λ 到 $\lambda + d\lambda$ 范围内的能量与入射能量值之比,称为该物体的单色反射比。

11.1.2 研究热辐射的理想模型——黑体

一般来说,入射到物体上的电磁辐射,并不能全部被物体吸收,通常人们认为最黑的煤烟,也只能吸收入射电磁辐射的 95%。设想有一种物体,它能吸收一切外来的电磁辐射,这种物体称为黑体(又称绝对黑体)。黑体只是一种理想模型,现实生活中是不存在的,但可以人工制造出近似的人工黑体。例如,在一个由任意材料(钢、铜、陶瓷或其他)做成的空腔壁上开一个小孔,如图 11.1 所示,小孔就可以近似地当作黑体。因为从小孔进入空腔内的电磁辐射,必将在其内表面经历多次的吸收和反射,最后能够从小孔重新射出去的辐射能量必定微乎其微。于是有理由认为,几乎全部入射能量都被空腔吸收殆尽。从这个意义上讲,小孔非常接近黑体的性质。如前所述,此空腔处于某确定的温度时,也应有电磁辐射从小孔发射出来。显然,从小孔发射出来的电磁辐射就可作为黑体辐射。因为黑体可撇开材料的具体性质,因此,研究绝对黑体的辐射规律就成了研究热辐射的中心问题。

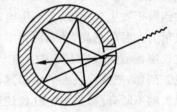

图 11.1

1859 年,德国物理学家基尔霍夫从理论上提出了关于物体的辐出度与吸收比内在联系的重要定律:在同样的温度下,各种不同物体对相同波长的单色辐出度与单色吸收比的比值都相等,并等于该温度下黑体对同一波长的单色辐出度,而黑体的单色辐出度只依赖于黑体的温度,与构成黑体的材料、形状无关。

11.1.3 黑体辐射的实验定律

从基尔霍夫定律可以看出,只要知道黑体的辐出度以及物体的吸收比就可以知道一般物体的热辐射性质,因此研究黑体的单色辐出度具有重大意义。利用黑体模型,可用实验方法测定黑体的单色辐出度 $M_\lambda(T)$。对于可见光波段,实验装置如图 11.2 所示,从黑体 A 的小孔所发出的辐射,经过分光系统 B_1PB_2,不同方向的射线将沿不同方向射出。利用热电偶 C 测出不同波长的辐射功率(即单位时间内入射到热电偶上的能量)。对于红外和紫外辐射改用其他相应的测试设备。

黑体的辐出度按波长分布曲线表示黑体的 $M_\lambda(T)$ 随 λ 和 T 变化的实验曲线,图

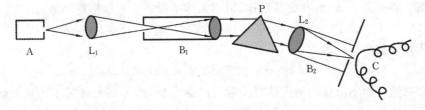

图 11.2

11.3 中每一条曲线反映了在一定温度下黑体的单色辐出度随波长分布的情况。

根据实验曲线,得出下述有关黑体辐射的两条普遍定律。

1. 斯忒藩-玻耳兹曼定律

1879 年奥地利物理学家斯忒藩从实验中发现,每一条曲线下的面积等于黑体在一定温度下的辐出度,它随温度的增高而迅速增加,与黑体的热力学温度 T 的四次方成正比,即

$$M(T) = \int_0^\infty M_\lambda(T)\mathrm{d}\lambda = \sigma T^4 \tag{11.2}$$

玻耳兹曼也于 1884 年从热力学理论得出上述结果,故式(11.2)称为斯忒藩-玻耳兹曼定律。式中 $\sigma=5.67\times 10^{-8}$ W/(m² · K⁴),称为斯忒藩-玻耳兹曼常量。

2. 维恩位移定律

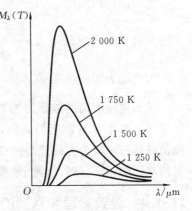

图 11.3

从图 11.3 可以看出,实验上测得的每一曲线的峰值波长 λ_m 与黑体的绝对温度 T 成反比。1893 年维恩利用经典统计物理学理论得到 T 与 λ_m 之间关系为

$$\lambda_\mathrm{m} T = b = 2.898\times 10^{-3} \text{ m·K} \tag{11.3}$$

式(11.3)表明,当黑体的热力学温度 T 升高时,与单色辐出度 $M_\lambda(T)$ 的峰值对应的波长向短波方向移动。这就是维恩位移定律。炽热物体的温度不够高时,辐射能量主要集中在长波区域,此时发出红外线和红褐色的光;温度较高时,辐射能量的主要部分在短波区域,此时发出紫外线和白光。这可算是维恩位移定律粗略的实验证据。

热辐射的规律在现代科学技术上的应用很广泛。例如,根据维恩位移定律,可以通过测定星体的谱线分布来确定其热力学温度;也可以通过比较物体表面不同区域的颜色变化情况,来确定物体表面的温度分布,这种用图形表示的热力学温度分布又称为热像图。利用热像图的遥感技术可以监测森林防火,也可以用于检测人体某些部位的病变等,在宇航、工业、医学、军事等方面也有着很好的应用前景。

例题 11.1 已知在红外线范围($\lambda=1\sim 14$ μm)内,可近似将人体看做黑体。假设成人体表面积的平均值为 1.73 m²,表面温度为 33 ℃,求人体辐射的总功率。

解 根据斯忒藩-玻耳兹曼定律,可得人体单位表面积的辐射功率为

$$M(T) = \sigma T^4 = 5.67 \times 10^{-8} \times 306^4 \text{ W/m}^2 = 497 \text{ W/m}^2$$

人体辐射的总功率为

$$P_t = 1.73 \times 497 \text{ W} \approx 860 \text{ W}$$

根据这一功率值算出的人体每天辐射的总能量,约为每人每天平均从食物摄入的热量 3 000 cal 的 6 倍,这是令人费解的。原因在于,当人体周围的物体温度不是绝对零度时,这些物体也要向人体辐射能量。热力学的理论证明,当黑体的温度 T 和周围环境温度 T_s 不相等时,黑体的辐射功率应为

$$M(T) = \sigma(T^4 - T_s^4)$$

用这一公式对上面的结果进行修正,就可得出符合实际的结果。

$$P_t = 1.73 \times 5.67 \times 10^{-8} \times (306^4 - 293^4) \text{ W} \approx 137 \text{ W}$$

例题 11.2 测量星体表面温度的方法之一是将其看做黑体,测量它的峰值波长 λ_m,利用维恩定律便可求出 T。已知太阳、北极星和天狼星的 λ_m 分别为 0.50×10^{-6} m、0.43×10^{-6} m 和 0.29×10^{-6} m,试计算它们的表面温度。

解 由维恩定律 $\lambda_m T = b = 2.898 \times 10^{-3}$ m·K,可得

太阳表面的温度 $T = \dfrac{b}{\lambda_m} = \dfrac{2.898 \times 10^{-3}}{0.5 \times 10^{-6}}$ K $= 5\ 796$ K

北极星表面的温度 $T = \dfrac{b}{\lambda_m} = \dfrac{2.898 \times 10^{-3}}{0.43 \times 10^{-6}}$ K $\approx 6\ 740$ K

天狼星表面的温度 $T = \dfrac{b}{\lambda_m} = \dfrac{2.898 \times 10^{-3}}{0.29 \times 10^{-6}}$ K $\approx 9\ 993$ K

又如地球表面的温度约为 300 K,可算得 λ_m 约为 10 μm,这说明地球表面的热辐射主要处在 10 μm 附近的波段,而大气对这一波段的电磁波吸收极少,几乎透明,故通常称这一波段为电磁波的窗口。所以,地球卫星可利用红外遥感技术测定地球表面的热辐射,从而进行资源、地质等各类探查。

11.1.4 经典物理学遇到的困难

黑体辐射定律的发现引起了物理学界的极大关注,吸引了许多著名学者对它进行深入的理论探讨。当时的经典物理学已经日臻成熟,权威物理学家大多相信经典物理学能够解释各类物理现象,黑体辐射定律应该也不例外。然而,冷酷的事实却是,企图在经典物理的理论框架内解释黑体辐射定律的努力,都在不同程度上遭到失败。其中最有成效的是维恩、瑞利、金斯的研究。

1. 维恩公式

维恩在 1893 年假设黑体辐射能谱分布与麦克斯韦分子速率分布类似,把组成黑体空腔壁的分子或原子看做经典的带电线性谐振子,得出的理论公式为

$$M_\lambda(T) = C_1 \lambda^{-5} e^{-\frac{C_2}{\lambda T}} \tag{11.4}$$

式中，C_1 和 C_2 是两个常量。式(11.4)称为维恩公式。式(11.4)与实验曲线波长较短处符合得很好，但在波长很长处与实验曲线相差较大，如图 11.4 所示。

2. 瑞利-金斯公式

在 1900—1905 年间，瑞利和金斯将经典电动力学和经典统计物理学的能量均分定理应用到电磁辐射上来，得出

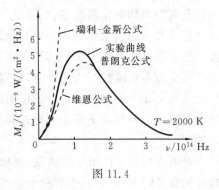

图 11.4

$$M_\lambda(T)\mathrm{d}\nu = \frac{2\pi\nu^2}{c^2}kT\mathrm{d}\nu \qquad (11.5)$$

式中，c 为光速，$k = 1.38 \times 10^{-23}$ J/K 为玻耳兹曼常量。式(11.5)在低频部分与实验相符甚好，但随频率增大而与实验值的差距越来越大。由式(11.5)可知在短波紫外光区 $M_\lambda(T)$ 将随波长趋向于零而趋向无穷大，显然这是与能量守恒定律相违背的，完全与实验结果不符，这就是物理学史上有名的"紫外灾难"(见图 11.4)。

11.1.5 普朗克的能量子假说和黑体辐射公式

1900 年 10 月 19 日，基尔霍夫的学生普朗克，在德国物理学会会议上提出了一个黑体辐射公式，即

$$M_\lambda(T) = \frac{2\pi h}{c^2} \frac{\nu^3}{e^{h\nu/kT} - 1} \qquad (11.6)$$

式中，c 为光速，k 为玻耳兹曼常量，$h = 6.626 \times 10^{-34}$ J·s 为普朗克常量。式(11.6)是普朗克为了符合实验数据而假设出来的。显然，当 $h\nu \gg kT$ 时，式(11.6)具有与维恩公式完全一样的形式；$h\nu \ll kT$ 时，式(11.6)就变为瑞利-金斯公式。在提出式(11.6)的当天，鲁本斯立刻把它与卢默和普林斯海默当时测到的最精确的实验结果进行核对，结果发现，两者以惊人的精确性相符合。鲁本斯第二天就把这一喜讯告诉了普朗克，使他决心"不惜一切代价找到一个理论的解释"。

经过两个月的日夜奋斗，普朗克于 12 月 14 日在德国物理学会提出，电磁辐射的能量交换只能是量子化的，即 $E = nh\nu, n = 1, 2, 3, \cdots$。能量量子化的基本物理思想是，辐射黑体中的分子、原子可看做线性谐振子，振动时向外辐射能量(也可吸收能量)。假定这些谐振子的能量不能连续变化，不像经典物理学所允许的可具有任意值，而只能取一些分立值，这些分立值是某一最小能量 ε(称为能量子)的整数倍，即 $\varepsilon, 2\varepsilon, 3\varepsilon, \cdots, n\varepsilon$。其中，$n$ 为正整数，称为量子数。它发射或吸收电磁辐射时，交换能量的最小单位是能量子 $\varepsilon = h\nu$。在此思想的指导下普朗克用经典的玻耳兹曼统计代替能量均分定理，导出了著名的黑体辐射公式。

能量子的概念是非常新奇的，它冲破了传统的概念。普朗克的能量量子化假设，

不仅是对经典物理学的改造,而且是一场革命,因为他大胆地抛弃了经典物理学中所有物理量都是连续变化的这一旧观念。只有利用这一假设,才能从理论上对微观世界所特有的跳跃式的变化规律给予完满阐明的可能性。正是普朗克的这项工作第一次把能量的不连续性引入物理学,使得人们对自然过程的认识产生了一次飞跃;并且普朗克常量在一个物理过程中的作用是否可以略去,也成为判断这个过程究竟应当采用经典理论还是量子理论的标志和分界线。为此,普朗克于1918年荣获诺贝尔物理学奖。

普朗克引入了能量子的假设,提出了能量量子化的革命性的观念,这是一个具有划时代意义的工作,它标志着量子物理学的诞生。但是,不论是普朗克本人,还是他的同时代人,当时对这一观念都没有充分认识,更不会想到这一观念的突破竟会开创20世纪量子物理革命的新纪元。事实是,普朗克公式的成功,并没有给这位物理学家普朗克带来多少喜悦,相反他却为自己提出了不连续的能量子思想违反了经典的连续性概念而烦恼和后悔,因为他根本就不想冒犯物理过程中的连续性原理。当然,他的能量子假定也遭到了不少科学家的怀疑,在普朗克公式正式提出的头几年中,几乎没有人加以理会。他本人也宣称其引入量子概念"只是理论上的假设","只有附属的数学价值",同时想尽办法试图用连续性代替不连续性,把他的工作纳入到经典范畴。只是在经过十多年的努力证明任何要回归于经典理论的企图都遭到失败后,他才相信作用量子 h 的引入才是正确反映了新理论的本质。普朗克晚年时对这段失败经历作了如下的评论:"我徒劳无益的是把基本量子化和经典理论一致的企图继续了许多年,花了我极大的精力。我的同行中的许多人几乎把这看做悲剧,但我对它的看法是不同的,因为我从这个工作中得到的是对我的想法的深刻澄清,对我极大的价值。现在我的确知道,作用量子的基本意义比我原来所想象的要大得多。"

11.2 光电效应 康普顿效应

正因为普朗克的能量量子化概念与经典物理的概念是如此之不同,因此在普朗克公式正式提出后的五年之中,没有人对其加以理会。直到爱因斯坦和康普顿用光的量子性分别解释了光电效应和康普顿效应以后,关于微观世界能量量子化的思想才得以被普遍认同。

11.2.1 光电效应

1. 光电效应简介

光电效应由德国物理学家赫兹于1887年首先发现,对发展量子理论起了根本性作用,金属中的自由电子在光的照射下,吸收光能而逸出金属表面,这种现象称为光电效应。在光电效应中,逸出金属表面的电子称为光电子。光电子在电场的作用下运动所形成的电流,称为光电流。

赫兹于1887年在用莱顿瓶放电的实验中,发现电磁波,并确定其传播速度等于光速。赫兹的实验使麦克斯韦的电磁波理论得到全部验证。正是在这个实验里,赫兹注意到,当紫外光照在火花间隙的负极上时,放电比较容易发生。这是光电效应的早期征兆。1888年,霍尔瓦希斯对此现象作了进一步研究,发现清洁而绝缘的锌板在紫外光照射下获得正电荷,而带负电的板在光照射下失掉其负电荷。1900年,林纳实验证明,金属在紫外光照射下发射电子。

广义地说,光照射到某些物质上,引起物质的电性质发生变化的现象统称为光电效应。光电效应分为光电子发射、光电导效应和光生伏特效应。前一种现象发生在物体表面,又称外光电效应。后两种现象发生在物体内部,称为内光电效应。在光的作用下,物体内的电子逸出物体表面向外发射的现象称为外光电效应,即起初发现的光电效应。基于外光电效应的光电器件有光电管、光电倍增管等。

当光照在物体上,使物体的电导率发生变化,或产生光生电动势的现象,分别称为光电导效应和光生伏特效应(光伏效应)。光电导效应是指在光线作用下,电子吸收光子能量从键合状态过渡到自由状态,而引起材料电导率的变化。当光照射到光电导体上时,若这个光电导体为本征半导体材料,且光辐射能量足够强,则光电材料价带上的电子将被激发到导带上去,使光电导体的电导率变大。基于光电导效应的光电器件有光敏电阻。光生伏特效应是指在光作用下能使物体产生一定方向电动势的现象。基于光生伏特效应的器件有光电池和光敏二极管、光敏三极管。

2. 光电效应的实验规律

图11.5是研究光电效应的实验原理示意图。光电管是一个抽成真空的玻璃泡,内表面的一部分区域涂有感光层作为阴极K,阳极A是由金属丝网做成的。电位器R用于调节加在光电管两端的电势差V的大小。如果K接电源的负极,A接电源的正极,则很容易就可以观察到电路中有电流。这是由于光照射到金属K上时,金属中的电子从表面逸出来,并在加速电势差$U=V_A-V_K$的作用下,从K到达A,从而在电路中形成电流。如果将K接正极、A接负极,则光电子离开K后,将受到电场的阻碍作用。当

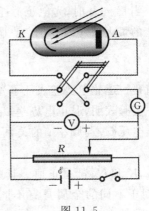

图11.5

K、A之间的反向电势差等于U_a时,从K逸出的动能最大(即$E_{k\max}$)的电子刚好不能到达A,电路中没有电流,U_a称为遏止电势差。这时,遏止电势差U_a与$E_{k\max}$之间有如下关系

$$E_{k\max}=eU_a$$

式中,e为电子所带电量。

从光电效应实验可以发现如下规律。

1）饱和光电流

对于一定强度的单色光，光电流 I 随加在光电管上的电势差 U 变化而变化，如图 11.6 光电效应伏-安曲线所示。电势差 U 越大，光电流 I 也越大，当电势差增大到一定程度之后，光电流达到饱和值 I_{s1}。光电流达到饱和值，表明逸出 K 极金属表面的光电子全部到达 A 极。如果单位时间内从 K 极逸出的光电子数为 N_1，那么饱和电流可表示为 $I_{s1}=N_1 e$，对于同一单色光，增大入射光的强度，光电流 I 与电势差 U 的关系沿另一条曲线变化，这条曲线所对应的饱和电流为 I_{s2}，显然，$I_{s2}=N_2 e$。

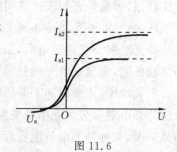

图 11.6

实验发现，I_{s1} 和 I_{s2} 之比或 N_1 和 N_2 之比，等于前、后入射光的强度之比。于是得到光电效应的第一条规律：单位时间内逸出金属表面的光电子数，与入射光强度成正比。

2）光电子的初动能

图 11.6 中的曲线表明，当加在光电管上的电势差为零时，光电流一般不等于零，而只有使 $U=U_A-U_K$ 为某负值时，光电流才为零。光电流刚刚为零时光电管两端的电势差 U_a，称为遏止电势差。当 U 为负值时，光电子从 K 极向 A 极运动时是要克服电场力做功的。光电子之所以具有做功的能力，显然是由于它逸出 K 极表面时具有一定的初动能，光电子消耗自己的动能而克服电场力做功，并到达 A 极，提供光电流。当 $U=U_a$ 时，光电子消耗掉了全部的初动能，刚好到达 A 极。所以，光电子的初动能的最大值应该等于它克服遏止电场力所做的功，即

$$\frac{1}{2}mv^2 = e|U_a| \tag{11.7}$$

这就是说遏止电势差表征了光电子的最大初动能。

实验表明，遏止电势差 U_a 与入射光的频率 ν 之间存在线性关系，如图 11.7 所示遏止电压 U_a 与频率 ν 的关系为

$$|U_a| = K\nu - U_0 \tag{11.8}$$

式中，K 和 U_0 都是正值。其中，K 为普适恒量，对于一切金属材料都是相同的，而 U_0 对于不同的金属具有不同的数值，对于同一金属为恒量。将式（11.7）代入式（11.8），可得

$$\frac{1}{2}mv^2 = eK\nu - eU_0 \tag{11.9}$$

式（11.9）表达了光电效应的第二条规律：光电子的初动能随入射光频率的上升而线性地增大，但与入射光的强度无关。

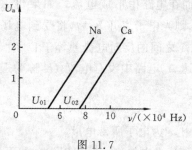

图 11.7

3）引起光电效应的入射光的频率下限

光电子初动能的最大值为零时所发生的现象,应是金属内的自由电子从入射光那里获得的能量,仅够使该电子克服金属表面的逸出电势的束缚而逸出金属表面。根据式(11.9),这时所对应的入射光的频率为 $\nu_0 = \dfrac{U_0}{K}$,ν_0 就是引起光电效应的入射光频率的下限,这个最小频率称为该金属的光电效应阈频率,又称红限。红限也常用对应的波长 λ_0 表示。红限取决于阴极材料,与照射光强无关。多数金属的红限在紫外光区。

由此,可以得到光电效应的第三条规律:如果入射光的频率低于金属的红限,则无论光的强度如何,都不会使这种金属产生光电效应。

4）引起光电效应的瞬时性

实验表明,只要入射光的频率大于金属的红限,当光照射到金属表面时,无论光的强度如何,几乎立即就产生光电子,这就是光电效应的第四条规律。经测定,从光开始照射到电子逸出,其时间间隔不超过 10^{-9} s。

3. 经典理论所遇到的困难

经典理论认为,光是一种波,光波的能量取决于光波的强度,而光波的强度与其振幅的平方成正比。所以,入射光的强度越高,金属内自由电子获得的能量就越大,光电子的初动能应该越大。但实验结果却表明,光电子的初动能与入射光强度无关,即经典理论与光电效应的第二条实验规律发生了矛盾。

根据经典波动理论,如果入射光的频率较低,总可以用增大振幅的方法,使入射光达到足够的强度,从而使自由电子获得足够的能量而逸出金属表面。所以,不应该存在入射光的频率限制。这就与光电效应实验结果的第三条规律相矛盾。

另一方面,从波动的观点看,当光照在电子上时,电子就得到能量。当电子集聚的能量达到一定程度时,电子就能脱离原子的束缚而逸出。那么,光需要照射多长时间才能使电子达到这样的能量呢?实验发现,用光强为 $1~\mu\text{W/m}^2$ 的光照射钠金属表面,即刻有光电流被测到。这就相当于一个 500 W 的光源照在 6 300 m 远处的钠金属板上$\left(\text{光强为}~\dfrac{500}{4\pi \times 6~300^2}~\text{W/m}^2\right)$,即刻有电子发射。容易估算,在 1 m² 的面积上,一个原子层内约有 10^{19} 个钠原子,则 10 层就有 10^{20} 个钠原子。假定入射光的能量被 10 层原子吸收,那么,每一个原子得到 10^{-26} W $= 10^{-26}$ J/s $\approx 10^{-7}$ eV/s。这表明,1 m² 的钠金属板上,每个原子每秒钟接受到的能量约为 0.1 μeV,即使每个原子中只有一个电子接受能量,要使这个电子获得 1 eV 的能量,还需要 10^7 s $\approx \dfrac{1}{3}$ a(1a$\approx \pi \times 10^7$ s)。这与实验事实发生严重的矛盾。光电效应的响应时间很快($t<10^{-9}$ s),是经典理论最难理解的。

4. 光电效应的量子解释

考虑到光电效应的上述规律和经典理论所遇到的困难,爱因斯坦发展了普朗克的量子说。普朗克在解释黑体辐射时假定物质振子的能量是量子化的,以不连续的方式从光源发出。1905 年爱因斯坦提出了下面的光子假说:光是一粒一粒地以光速运动的粒子流,这种粒子称为光量子(简称光子)。每一个光子所带能量 $\varepsilon=h\nu$,不同频率 ν 的光子具有不同的能量,h 为普朗克常量。光的能量就是光子能量的总和。对于一定频率的光,光子数越多,光的强度就越大。

光在运动时,具有质量、能量和动量,以光速运动的光子的质量为

$$m_\gamma = \frac{\varepsilon}{c^2} = \frac{h\nu}{c^2}$$

光子动量的大小 p 等于其质量 m_γ 与速率 c 的乘积,即

$$p = m_\gamma c = \frac{h\nu}{c} = \frac{h}{\lambda}$$

式中,c 为光速,λ 为光的波长,$\lambda = \frac{c}{\nu}$。

爱因斯坦用光量子假说成功地解释了光电效应。金属中的自由电子从入射光中吸收一个光子后,能量变为 $h\nu$,这些能量一部分消耗于逸出金属表面时所必需的逸出功 A,另一部分转变为光电子离开金属表面时的初动能 $\frac{1}{2}mv^2$,这一能量关系可以写成

$$h\nu = \frac{1}{2}mv^2 + A \tag{11.10}$$

这个方程称为爱因斯坦光电效应方程。

由式(11.10)可以看出,光电子的初动能与入射光的频率呈线性关系,而与光子的数目即光的强度无关。如果入射光的频率低,则光子的能量小,当 $h\nu < A$ 时,电子不能摆脱金属表面的束缚,因而没有光电子产生,所以发生光电效应必定存在一个入射光频率的下限,即金属的红限,红限的数值可以从式(11.10)中令 $\frac{1}{2}mv^2$ 为零求出,即 $\nu_0 = \frac{A}{h}$。因为光的强度是由光子的数目来决定的,光强度越大,射到金属表面的光子越多,单位时间内吸收光子而逸出金属表面的光电子也越多,这正是光电效应第一条规律所表示的情况。当光照射到金属上时,光子的能量是一次性被电子吸收的,不需要积累能量的时间,所以无论光强度如何,光电效应都几乎是瞬时的。

不同金属有不同的逸出功 A。只有当电子的动能 $E_k \geqslant A$ 时,才能产生光电效应。A 和 ν_0 有着一一对应的关系,如表 11.1 所示为几种金属的逸出功和红限。

表 11.1

金属	钾(K)	钠(Na)	钙(Ca)	锌(Zn)	钨(W)	银(Ag)
逸出功/eV	2.25	2.29	3.20	3.38	4.54	4.63
红限/10^{14} Hz	5.44	5.53	7.73	8.06	10.95	11.19

爱因斯坦光电效应方程不仅圆满地解释了光电效应的四条实验规律,而且还给出了式(11.9)中常数 K 和 U_0 的数值。将式(11.9)与式(11.10)比较,可得 $K=\dfrac{h}{e}$,$U_0=\dfrac{A}{e}$。

密立根在 1916 年发表的油滴实验完全证实了式(11.10)的正确性,并通过实验测得普朗克常量,它与现代值十分相近。尽管如此,密立根还是说:"尽管爱因斯坦的公式是成功的,但其物理理论是完全站不住脚的。"可见,一个新的思想要被人们接受是相当困难的。然而历史很快做出了判断,爱因斯坦由于对光电效应的理论解释(而不是相对论)和对理论物理学的贡献,获得 1921 年度诺贝尔物理学奖。密立根由于研究基本电荷和光电效应,特别是通过著名的油滴实验,证明电荷有最小单位,获得 1923 年度诺贝尔物理学奖。

例题 11.3 已知铯的光电效应红限波长是 660 nm,用波长 $\lambda=400$ nm 的光照射铯感光层,求铯放出的光电子的速度($m=9.1\times10^{-31}$ kg)。

解
$$\nu_0=\frac{c}{\lambda_0}=\frac{3\times10^8}{660\times10^{-9}}\text{ Hz}\approx4.55\times10^{14}\text{ Hz}$$

$$\nu=\frac{c}{\lambda}=\frac{3\times10^8}{400\times10^{-9}}\text{ Hz}=7.5\times10^{14}\text{ Hz}$$

说明用波长 $\lambda=400$ nm 的光照射铯感光层可以发生光电效应。

$$\frac{1}{2}mv^2=h\nu-A=h\nu-h\nu_0$$

故
$$v=\sqrt{\frac{2(h\nu-h\nu_0)}{m}}=\sqrt{\frac{2h}{m}\left(\frac{c}{\lambda}-\frac{c}{\lambda_0}\right)}=6.56\times10^5\text{ m/s}$$

11.2.2 康普顿效应

1. 康普顿效应及其观测

光在传播过程中,遇到两种均匀介质的分界面时,会产生反射和折射现象。但当光在不均匀介质中传播时,情况就不同了。由于一部分光线不能直线前进,就会向四面八方散射开来,形成光的散射现象。1923 年,美国物理学家康普顿在研究 X 射线与物质散射的实验里,证明了 X 射线的粒子性。在这个实验里,起作用的不仅是光子的能量,而且还有它的动量,因此,继爱因斯坦用光量子说解释光电效应之后,康普顿对光的量子说作了进一步的肯定,且他第一次从实验上证明了爱因斯坦在 1917 年提出的关于光子具有动量的假设。如果说,在 1905 年爱因斯坦提出光量子说后还有不少人怀疑的话,那么,在康普顿散射的实验得到光量子说的圆满解释之后,怀疑光量子说的人就非常少了。我国物理学家吴有训在研究康普顿效应的实验技术和理论分析等方面,也做出了杰出的贡献。

1923 年到 1925 年间,康普顿研究了 X 射线被石墨散射的实验,图 11.8 是康普顿散射实验原理图。由单色 X 射线管发出的 X 射线,通过光阑形成一束狭窄的 X 射线,并投射到散射物质(如石墨)上。当作 X 射线衍射光栅使用的晶体和探测器组成一个光谱仪,用于测量不同散射角 θ 的散射 X 射线的波长和相对强度。

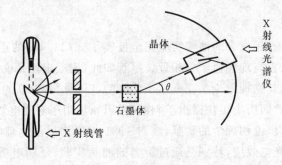

图 11.8

实验结果如图 11.9 所示。康普顿的 X 射线散射实验结果表明,散射的 X 射线中不仅有与入射线波长相同的射线,而且还有波长大于入射线波长的射线,这种现象称为康普顿效应。1926 年我国物理学家吴有训进一步指出,相对原子质量小的物质,康普顿散射较强,相对原子质量大的物质,康普顿散射较弱;波长的改变量随散射角(散射线与入射线之间的夹角)而异;当散射角增大时,波长的改变量也随之增加;在同一散射角下,对于所有散射物质,波长的改变量都相同。

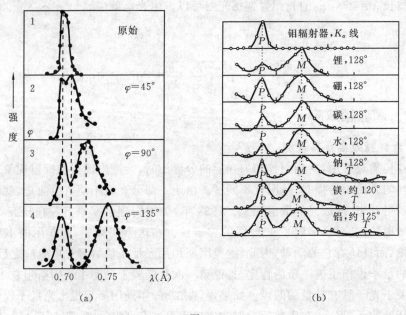

图 11.9

(a) 钼的 K_α 线(初级 X 射线)被石墨散射后在不同角度测到的散射 X 谱;

(b) 钼的 K_α 线(初级 X 射线)被各种物质散射后在相应的角度测到的散射 X 谱

2. 光子假说对康普顿效应的解释

从经典理论的观点来看,波长为 λ_0(或频率为 ν_0)的 X 射线进入散射体后,将引起构成物质的带电粒子(带正电的阳离子和带负电的电子)做受迫振动,从入射波吸收能量,而每一个做受迫振动的带电粒子将向四周辐射电磁波。根据经典的电磁波动理论,带电粒子受迫振动的频率等于入射光的频率,所发射的光的频率(或波长)应与入射光的频率(或波长)相同,即只能产生波长不变的散射而不能产生康普顿效应。可见,经典理论在解释康普顿效应问题上同样遇到了困难。

但是,如果应用光子假说的概念,并假设单个光子和实物粒子一样,能与构成物质的粒子发生弹性碰撞,进行能量与动量的传递,那么康普顿效应能够在理论上得到与实验相符合的解释。而构成散射物质的粒子,包括点阵离子和自由电子或束缚微弱的电子,光子与它们发生相互作用(碰撞)将产生不同的结果。

1) 光子与点阵离子的碰撞

由于离子的质量要比光子的质量大得多,碰撞后光子的能量基本不变,所以散射光的波长可以认为是不变的,这就是在散射光中与入射线相同波长的射线。

2) 光子与自由或束缚微弱的电子的碰撞

因 X 射线的频率高,能量在 10^4 eV 数量级,而石墨中的电子所受的束缚能量仅有几个电子伏特,相当于无束缚的自由电子。

设自由电子在碰撞前是静止的,其质量为 m_e。碰撞前的动量为零,而根据爱因斯坦质能关系,能量应为 $m_e c^2$。碰撞后,自由电子获得了一定的能量,称为反冲电子。设反冲电子的速度为 v,与 x 轴成 θ 角,质量变为 m,根据相对论关系,m 可以表示为

$$m = \frac{m_e}{\sqrt{1 - \dfrac{v^2}{c^2}}}$$

碰撞后光子沿与 x 轴成 φ 角的方向运动,如图 11.10 所示,能量和动量分别为 $h\nu$ 和 $\dfrac{h\nu}{c}$,完全弹性碰撞应满足能量守恒定律,故有

$$h\nu_0 + m_e c^2 = h\nu + mc^2$$

或

$$mc^2 = h(\nu_0 - \nu) + m_e c^2 \tag{11.11}$$

碰撞过程还应满足动量守恒定律,即

$$(mv)^2 = \left(\frac{h\nu_0}{c}\right)^2 + \left(\frac{h\nu}{c}\right)^2 - 2\left(\frac{h\nu_0}{c}\right)\left(\frac{h\nu}{c}\right)\cos\varphi$$

或

$$m^2 v^2 c^2 = h^2 \nu_0^2 + h^2 \nu^2 - 2h^2 \nu_0 \nu \cos\varphi \tag{11.12}$$

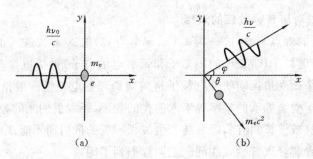

图 11.10
(a) 碰撞前；(b) 碰撞后

将式(11.11)平方后减去式(11.12)，得

$$m^2c^4\left(1-\frac{v^2}{c^2}\right)=m_e^2c^4-2h^2\nu_0\nu(1-\cos\varphi)+2m_ec^2h(\nu_0-\nu)$$

考虑到电子的静止质量 m_e 与运动质量 m 之间的关系 $m=m_e(1-v^2/c^2)^{-1/2}$，上式可化为

$$2m_ec^2h(\nu_0-\nu)=2h^2\nu_0\nu(1-\cos\varphi)$$

即

$$\frac{c}{\nu}-\frac{c}{\nu_0}=\frac{h}{m_ec}(1-\cos\varphi)$$

由于波长 λ 和频率 ν 之间存在 $\lambda=\frac{c}{\nu}$ 的关系，所以上式变为

$$\Delta\lambda=\lambda-\lambda_0=\frac{h}{m_ec}(1-\cos\varphi)=\frac{2h}{m_ec}\sin^2\frac{\varphi}{2}=2\lambda_c\sin^2\frac{\varphi}{2} \tag{11.13}$$

式中，$\lambda_c=\frac{h}{m_ec}\approx 2.43\times10^{-12}$ m，称为电子的康普顿波长。式(11.13)就是要寻求的波长改变公式。

由式(11.13)可以得到下面的结论。

(1) 散射的 X 射线的波长改变量 $\Delta\lambda$ 只与光子的散射角有关，φ 越大，$\Delta\lambda$ 也越大。当 $\varphi=0$ 时，$\Delta\lambda=0$，即波长不改变；当 $\varphi=\pi$ 时，$\Delta\lambda=2h/m_ec$，即波长的改变量为最大值。

(2) 在散射角 φ 相同的情况下，对于所有散射物质，波长的改变量都相同。

另一方面，原子序数越高，原子中就有更多的电子和原子核结合；自由电子近似地看做只是在电子总数中相对减少的最外层的几个。光子与原子中束缚得很紧的电子碰撞就等同于与质量很大的原子碰撞，其波长即便有改变也很微小，不能观察到。因此波长不变的谱线强度随原子序数的增加而增加。反之，由于近似的自由电子数目随原子序数的增加而相对地减少，波长改变的谱线强度也就随原子序数的增加而减弱。

以上结论均为实验所证实。X 射线的散射现象，在理论和实验上的符合，不仅有力地证实了光子理论的正确性，还说明了光子具有一定的质量、能量和动量，而且这个现象同时也证实了微观粒子的相互作用过程,同样是严格地遵守能量守恒和动量守恒定律的。

康普顿散射研究过程给我们如下启示:光子理论对康普顿散射的成功解释,进一步证明了普朗克量子理论和爱因斯坦光子理论的正确性;证明了在光子与电子相互作用的微观领域中,能量守恒定律和动量守恒定律仍然适用。

康普顿的这一发现也对量子物理的发展做出了重要贡献,使人们对光的认识大大地向前推进了一步。它是量子理论的一个重要实验证据。由于他的实验发现和理论工作的巨大成功,康普顿于1927年与英国的物理学家威尔逊同获诺贝尔物理学奖。

例题 11.4 求 $\lambda_1 = 500$ nm 的可见光光子和 $\lambda_2 = 0.1$ nm 的 X 射线光子的能量、动量和质量。

解 可见光光子的能量、动量和质量分别为

$$\varepsilon_1 = h\nu_1 = \frac{hc}{\lambda_1} \approx 3.976 \times 10^{-19} \text{ J}$$

$$p_1 = \frac{h}{\lambda_1} \approx 1.325 \times 10^{-27} \text{ kg} \cdot \text{m/s}$$

$$m_1 = \frac{\varepsilon_1}{c^2} \approx 0.442 \times 10^{-35} \text{ kg}$$

X 射线光子的能量、动量和质量分别为

$$\varepsilon_2 = h\nu_2 = \frac{hc}{\lambda_2} \approx 1.988 \times 10^{-15} \text{ J}$$

$$p_2 = \frac{h}{\lambda_2} = 6.626 \times 10^{-24} \text{ kg} \cdot \text{m/s}$$

$$m_2 = \frac{\varepsilon_2}{c^2} \approx 0.221 \times 10^{-31} \text{ kg}$$

例题 11.5 已知 X 光子的能量为 0.60 MeV,经康普顿散射后,波长变化了 20%,求反冲电子的动能。

解 由已知条件入射 X 光子的能量

$$E_0 = h\nu_0 = h\frac{c}{\lambda_0}$$

得入射光子的波长

$$\lambda_0 = \frac{hc}{E_0} = \frac{6.626 \times 10^{-34} \times 3 \times 10^8}{0.60 \times 10^6 \times 1.60 \times 10^{-19}} \text{ m} \approx 2.071 \times 10^{-12} \text{ m}$$

经康普顿散射后,光子的波长变为

$$\lambda = \lambda_0 + 0.2\lambda_0 \approx 2.485 \times 10^{-12} \text{ m}$$

根据

$$mc^2 = h(\nu_0 - \nu) + m_e c^2$$

可得反冲电子的动能

$$E_e = mc^2 - m_e c^2 = h\nu_0 - h\nu = h\frac{c}{\lambda_0} - h\frac{c}{\lambda} = hc\frac{\lambda - \lambda_0}{\lambda\lambda_0}$$

$$= hc\frac{0.2\lambda_0}{1.2\lambda_0^2} = hc\frac{1}{6\lambda_0} = \frac{E_0}{6}$$

$$= 1.60 \times 10^{-14} \text{ J} = 0.1 \text{ MeV}$$

11.2.3 光电效应与康普顿效应的关系

光电效应与康普顿效应在物理本质上是相同的,它们所研究的都不是整个光束与散射物体间的相互作用,而是个别光子与个别电子之间的相互作用,而且在作用过程中都遵从动量守恒定律和能量守恒定律。

光电效应与康普顿效应不仅说明了光子假设是正确的,而且已由假设上升为理论,同时它们还说明了动量守恒定律和能量守恒定律不仅适用于宏观过程,而且也适用于微观粒子相互作用的基元过程。

光电效应与康普顿效应虽然都包含有电子和光子的相互作用,但又有区别。

1) 对电子的理解不同

在讨论光电效应时,要把通常所称的金属中的自由电子认定为束缚电子;在分析康普顿效应时,又可以把石墨(半导体),甚至石蜡(绝缘体)中的束缚电子视为自由电子。在这里,"自由"和"束缚"都只有相对的意义,这主要是从能量的比较上考虑的。

2) 入射光光子的能量不同

一般说来,当光子的能量与电子的束缚能同数量级时,主要表现为光电效应;当光子的能量远大于电子的束缚能时,主要表现为康普顿效应。

3) 光子与电子相互作用的微观机制不同

在光电效应中,光子把全部能量转化为电子的能量;在康普顿效应中,光子与电子做弹性碰撞,光子只把部分能量转移给电子。

以上是光电效应与康普顿效应之间最主要的区别。还有一些细致区别,例如,发生概率对光子能量以及靶物质性质的依赖关系不同。

11.3 物质的本性

11.3.1 光的波粒二象性

光电效应和康普顿效应表明光的行为像粒子,需要用光量子理论才能解释,说明光子假说具有一定的正确性。另一方面,早已被光的干涉和衍射实验证实了的光的波动论的正确性,也是无可非议的。综合两方面的事实,使人们对光的本性的认识产生了一个飞跃,认识到在对光的本性的解释上,不应在光子论和波动论之间进行取舍,而应该把它们看做是光的本性不同侧面的描述。光在传播过程中,表现出波的特性,而在与物质相互作用的过程中,表现出粒子的特性。这就是说,光既有波动性又有粒子性,即光具有波粒二象性。标志粒子性的能量 E 和动量 p 与标志波动性的频率 ν 和波长 λ,通过一个普朗克常量联系起来,即

$$E = h\nu, \quad p = \frac{h}{\lambda} \tag{11.14}$$

光既是粒子、又是波,这在人们的宏观观念中是不容易接受的。但使用统计的观点可以把它们统一起来。光是由具有一定能量、动量和质量的微粒组成的,在它们运动的过程中,在空间某处发现它们的概率以及它们在空间的分布,却遵从波动的规律。

但应注意,光具有粒子性,并不是说它像经典力学中的质点。质点的运动遵从经典力学规律,光子的运动遵从量子规律。光的粒子性指它的能量和动量具有不连续性。光子的能量是一份一份的,在光与物质相互作用时,光子只能作为整体被吸收或发射,而不能吸收或发射半个光子。光具有波动性指的是它能产生干涉、衍射等现象,但并不是说它像机械波。一般讲来,机械波的强度只与波的振幅直接联系,而光波的强度虽与波的振幅直接相关,但式(11.14)又表明,光子的能量是与光波的频率相联系的。光的二象性实质上是指光子的波粒二象性,是光的本性的反映。

实际上,这里所说的粒子和波,都是人们宏观观念中对物质世界认识上的一种抽象和近似。这种抽象和近似是不能用于对微观世界的事物作出恰当的描述的,因为微观世界的事物有着与宏观世界的事物不同的性质和规律。从这个意义上说,光既不是宏观观念中的粒子,也不是宏观观念中的波。

11.3.2 德布罗意波

1924年,年轻的博士研究生德布罗意指出,光学理论的发展历史表明,曾有很长一段时间,人们徘徊于光的粒子性和波动性之间,实际上这两种解释并不是对立的,量子理论的发展证明了这一点。正如我们以往过分注意光的波动性,忽视了光的粒子性,对于实物粒子是否可能也犯了类似的错误,我们以往只注意了它们的粒子性,而略去了它们的波动性?于是,在光的波粒二象性的启发下,德布罗意大胆地提出,对于光子成立的关于能量、动量与频率、波长的关系式(11.14),对实物粒子也成立,即一切实物粒子也具有波粒二象性。一个质量为 m 以速度 v 做匀速运动的实物粒子,既具有能量 E 和动量 p 所描述的粒子性,又具有以频率 ν 和波长 λ 所描述的波动性,它的能量 E 与频率 ν、动量 p 与波长 λ 之间的关系,和光子的能量、动量公式(11.14)相类似,即 $E=h\nu, p=\frac{h}{\lambda}$。在有的情况下,其粒子性表现得突出些,在另一些情况下,又是波动性表现得突出些,这就是实物粒子的波粒二象性。按照德布罗意假设,以动量 p 运动的实物粒子的波的波长为

$$\lambda = \frac{h}{p} = \frac{h}{mv} \tag{11.15}$$

式中,h 为普朗克常量,λ 称为德布罗意波长。这种和实物粒子相联系的波,既不是机械波,又不是电磁波,通常称为德布罗意波或物质波。式(11.15)就是著名的德布罗意公式,它体现了实物粒子波动性的物质波与实物粒子性的动量之间的关系。德布罗意

不仅假设了实物粒子存在波动性,而且给出了它们的波长,这一点是很重要的。

若一静止质量为 m_e 的粒子,其速率 v 较光速 c 小很多,则粒子的动能、动量可分别写为 $E_k = \frac{1}{2} m_e v^2$、$p = m_e v \approx \sqrt{2 m_e E_k}$,粒子的德布罗意波长为

$$\lambda = \frac{h}{m_e v} \approx \frac{h}{\sqrt{2 m_e E_k}} \tag{11.16}$$

若粒子的速率 v 与光速 c 可以比较,则按照相对论,其动量为 $p = mv = \gamma m_e v$,此处 $\gamma = \frac{1}{\sqrt{1 - v^2/c^2}}$,于是这种粒子的德布罗意波长为 $\lambda = \frac{h}{mv} = \frac{h}{\gamma m_e v}$。在宏观尺度范围内,由于 h 是非常小的量,故实物粒子物质波的波长非常短,因此,在通常情况下,实物粒子的波动性未能显现出来。但到了微观尺度范围内,物质粒子的波动性就会非常明显了。有时若已知粒子的总能量 E,则由公式 $E^2 = c^2 p^2 + m_e^2 c^4$,得 $p = \frac{1}{c} \sqrt{E^2 - m_e^2 c^4}$。也可将 E 表示成动能 E_k 和静止能量之和的形式 $E = E_k + m_e c^2$,则动量也可表示为

$$p = \frac{1}{c} \sqrt{E_k^2 + 2 m_e c^2 E_k}$$

由式(11.15)可知,实物粒子的质量越大,或运动速度越大,波长就越短。由此可以估算实物粒子德布罗意波的波长数量级。以电子为例,设电子的静止质量为 m_e,经过加速后电子的速度为 v,若 $v \ll c$,则式(11.15)变为式(11.16)。当加速电子的电势差为 U 时,有 $E_k = \frac{1}{2} m_e v_e^2 = eU$,代入式(11.16)得 $\lambda = \frac{h}{\sqrt{2em_e}} \left(\frac{1}{\sqrt{U}} \right)$,将 h、e、m_e 的数据代入即得 $\lambda = \frac{1.225}{\sqrt{U}}$ nm。由此可知,用 150 V 的电势差所加速的电子,其德布罗意波长 $\lambda = 0.1$ nm,与 X 射线波长的数量级相同。当 $U = 10^4$ V 时,$\lambda = 1.22 \times 10^{-2}$ nm,所以实物粒子的德布罗意波长是很短的,在宏观物体上体现不出来,它只有在微观粒子中才显示出来,但并不是对宏观物体不适用。表 11.2 列出了由式(11.15)算出的一些实物粒子的物质波长。由表 11.2 可见,宏观物体的物质波长很小,所以其波动性显示不出来,而电子、质子和中子等微观粒子的物质波长可以与原子大小相比拟,因此在原子范围内将明显表现其波动性。能量达到 $10^2 \sim 10^4$ eV 的电子,其波长就可以和 X 射线比拟了。

表 11.2

粒 子	能量/eV	质量/kg	速度/(m/s)	波长/nm
电子	1	9.1×10^{-31}	5.9×10^5	1.2
电子	100	9.1×10^{-31}	5.9×10^6	1.2×10^{-1}
电子	10000	9.1×10^{-31}	5.9×10^7	1.2×10^{-2}
质子	100	1.67×10^{-27}	1.4×10^5	2.9×10^{-3}
镭的 α 粒子		6.6×10^{-27}	1.5×10^7	6.7×10^{-4}
子弹		0.01	3×10^2	2.21×10^{-25}

例题 11.6 设光子的波长和电子的德布罗意波长相等，它们的动量和能量是否相等？

解 波长为 λ 的光子的动量和能量分别为

$$p_\text{p}=mc=\frac{h}{\lambda}, \quad E_\text{p}=mc^2=h\nu=\frac{hc}{\lambda}$$

波长为 λ 的电子的动量和能量分别为

$$p_\text{e}=m_\text{e}v=\frac{h}{\lambda}, \quad E_\text{e}=m_\text{e}c^2=\frac{m_\text{e}v}{v}c^2=\frac{p_\text{e}}{v}c^2=\frac{c}{v}\frac{hc}{\lambda}=\frac{c}{v}E_\text{p}$$

由以上计算可知，当电子和光子波长相等时，它们的动量相等，能量不等。电子的能量大于光子的能量。注意电子的运动速度 v 并不等于与电子相联系的物质波波速 u，电子的物质波波速（即相速度）为

$$u=\lambda\cdot\nu=\frac{h}{m_\text{e}v}\cdot\frac{m_\text{e}c^2}{h}=\frac{c^2}{v}$$

可见相速度大于光速，而电子的运动速度是不能大于光速的。

11.3.3 德布罗意假设的实验证明

1. 戴维孙-革末实验

德布罗意提出物质波的概念以后，很快就在实验上得到了证实。1927 年，戴维孙和革末进行了电子衍射实验。电子在晶体中的衍射实验示意图如图 11.11 所示。

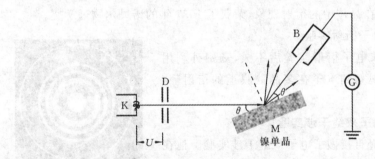

图 11.11

从加热的灯丝 K 出来的电子经电位差 U 加速后，从"电子枪"射出，并经光阑 D 准直后垂直地投射在一块镍单晶上。探测器安装在角度为 θ 的方向上。然后就在不同数值的加速电压 U 下读取反射电子束的强度。结果发现，当 $U=54$ V，$\theta=50°$时，探测到的反射电子束强度出现一个明显的极大。这个测量结果不能用粒子运动来说明，但可以用干涉来解释。而按照经典观点，粒子不能干涉，只有波才能干涉。

冯·劳厄在研究 X 射线的衍射时提出晶体是个天然的光栅。这里电子在晶体中的衍射是射线在晶格中衍射的一个特例。如图 11.12 所示，强散射是由间隔为 d 的布喇格平面组上的反射引起的，这时的衍射平面既是一个镜面又是一个晶面，这种面称为布喇格面，所产生的衍射又称布喇格衍射。设晶体的晶格常数为 a，入射与出

射方向的夹角为 θ, 图 11.12 中的 $\alpha = \dfrac{\theta}{2}$, 两相邻布喇格面的间距 $d = a\sin\alpha$。这样,有强波束射出时满足的条件是,相邻两晶面的衍射线的光程差为

$$2d\cos\alpha = 2a\sin\dfrac{\theta}{2}\cos\dfrac{\theta}{2} = a\sin\theta = n\lambda \quad (11.17)$$

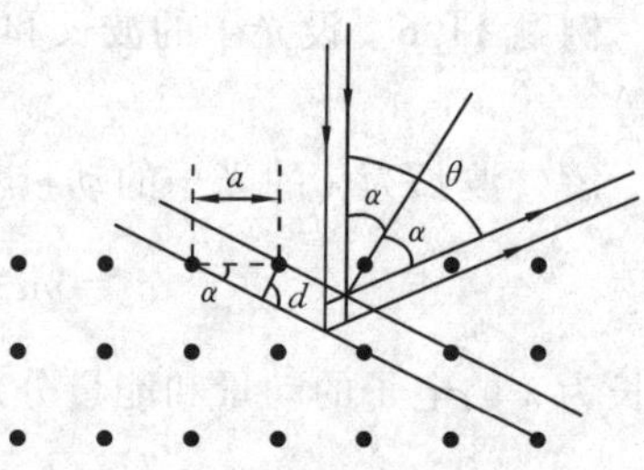

图 11.12

按照德布罗意假设,波长 $\lambda = \dfrac{h}{p}$,而当速度不大时,动量 p 可用经典力学表示,即

$$\lambda = \dfrac{h}{p} = \dfrac{h}{\sqrt{2meU}}$$

将其代入式(11.16)得

$$\sin\theta = \dfrac{n}{a} \cdot \lambda = \dfrac{n}{a} \cdot \dfrac{h}{\sqrt{2meU}}$$

对镍来说, $a = 0.215$ nm。若在加速电压 $U = 54$ V 时,把 a、e、m 和 h 代入上式可得 $\sin\theta = 0.777$。可见在此电子能量入射下, n 只能为 1,即只有一个极大值,应测到在 $\theta = \arcsin 0.777 \approx 51°$ 的方向上出射电子束的强度为最大,它与实验值符合得很好,仅差 $1°$。这表明,电子确实具有波动性,而且也检验了德布罗意波长公式的正确性。戴维孙因发现电子在晶体中的衍射现象,荣获了 1937 年的诺贝尔物理学奖。

2. 汤姆孙的电子衍射实验

继戴维孙-革末电子衍射实验后不久,汤姆孙利用电子透射薄金箔,观察到电子在多晶薄膜上的衍射环,如图 11.13 所示。

3. 约恩逊的电子双缝干涉实验

1960 年,约恩逊直接做了电子双缝干涉实验。他在铜膜上刻出相距 $d \approx 1$ μm、宽 $b \approx 0.3$ μm 的双缝,将波长 $\lambda \approx 0.5$ nm 的电子束垂直入射到双缝上,从屏上摄得了类似光的杨氏双缝干涉图样的照片。

图 11.13

后来,对电子和其他粒子进行的衍射和干涉实验,都令人信服地证实了德布罗意公式的正确性,亦证实了一切微观粒子的波粒二象性。因此,在 1929 年德布罗意荣获了诺贝尔物理学奖。

例题 11.7 计算 25℃时慢中子的德布罗意波长。

解
$$\bar{\varepsilon} = \dfrac{3}{2}kT = \dfrac{3}{2} \times 1.38 \times 10^{-23} \times 298 \text{ J}$$
$$\approx 6.17 \times 10^{-21} \text{ J}$$

$$\bar{\varepsilon} = \frac{1}{2}mv^2$$

$$p = mv = \sqrt{2m\bar{\varepsilon}}$$
$$= \sqrt{2 \times 1.67 \times 10^{-27} \times 6.17 \times 10^{-21}} \text{ kg·m/s} \approx 4.56 \times 10^{-24} \text{ kg·m/s}$$

$$\lambda = \frac{h}{p} \approx 1.46 \times 10^{-10} \text{ m} = 0.146 \text{ nm}$$

*11.4 玻尔的氢原子理论

11.4.1 玻尔氢原子理论思想的来源

20 世纪初期物理学革命的重大成果之一,就是建立了早期的量子论,为物理观念的革新和发展开创了新的局面。另一方面在 19 世纪末期,光谱学也得到了长足的进展,特别是氢原子光谱的测定和相应规律的得出,促使人们意识到光谱的规律实质上是显示了原子内部机理的信息。再者,卢瑟福的原子核式结构模型成功地解释了 α 粒子散射实验的规律。这些都为玻尔从理论上解决氢原子的问题奠定了基础。

1. 氢原子光谱

19 世纪后期,人们对原子光谱进行了广泛的实验研究。1885 年人们已经发现氢原子光谱在可见光区和近紫外区有 14 条谱线,构成一个很有规律的系统,谱线的间隔和强度都向着短波方向递减。同年瑞士数学家巴耳末首先发现可以把氢原子的那些光谱先用一个非常简单的经验公式表示出来,即

$$\lambda = 365.46 \frac{n^2}{n^2 - 2^2} \text{ nm} \quad (n = 3, 4, 5, \cdots) \tag{11.18}$$

后人称式(11.18)为巴耳末公式,它所表达的一组谱线称为巴耳末线系。以后人们发现,用频率 ν 表示光谱线更便于与所研究的原子结构结合起来。但是实验上直接测得的是波长 λ,所以光谱学上常用一个与频率成正比的量——波数 $\tilde{\nu}$ 来表征光谱线。波数是指 1 m 长度内所含有的波长数目,它和频率相比只差一个常数,它们的关系可表示为 $\tilde{\nu} = \frac{1}{\lambda} = \frac{\nu}{c}$ m^{-1},这样巴耳末公式可改写成

$$\tilde{\nu} = \frac{1}{\lambda} = \frac{4}{365.46}\left(\frac{1}{2^2} - \frac{1}{n^2}\right) = R_H \left(\frac{1}{2^2} - \frac{1}{n^2}\right) \quad (n = 3, 4, 5, \cdots) \tag{11.19}$$

式中,$R_H = 1.097\,373\,16 \times 10^7$ m^{-1} 称为氢原子的里德伯常量。

式(11.19)是瑞典物理学家里德伯在 1890 年首先将巴耳末公式改为上述形式的。在巴耳末之后,科学家又相继发现了氢原子的其他光谱线系,这些光谱线系也像巴耳末线系一样可用一个简单的公式表达,经过对这些光谱线系的研究发现,氢原子的所有光谱线系可用一个普遍公式来表示为

$$\tilde{\nu}=R\left(\frac{1}{m^2}-\frac{1}{n^2}\right) \tag{11.20}$$

其中,$m=1,2,3,\cdots$。对每一个 m,$n=m+1,m+2,m+3,\cdots$。

式(11.20)称为广义巴耳末公式,它表示了整个氢原子光谱的规律。从氢原子中给出的光谱信息,如此惊人地符合一个简单的整数函数的经验规律,在它们的背后隐藏着什么样的物理规律呢？这是一个诱人的谜。

2. 卢瑟福的原子核式结构模型

1897 年,英国物理学家汤姆孙用测量荷质比 e/m_e 的办法发现了电子。许多实验事实已经证实电子是一切原子的组成部分,电子带负电,足以可见原子中还有带正电的部分,当时还从电子的荷质比 e/m_e 的测量中知道电子的质量比整个原子的质量要小得多,就连与最轻的氢原子相比,也只有氢原子质量的 1/1837。由于无法直接观察到原子的内部结构,人们都在设想和推测原子的结构,认为原子中带正电的部分以某种方式与原子的绝大部分质量相联系,科学家曾对原子的结构提出各种模型。其中比较引人注意的是汤姆孙本人提出的一种模型,该模型出现于 1898 年,后在 1903 年、1907 年又进一步被完善。汤姆孙认为：原子中的正电荷以均匀的体密度分布在大小等于整个原子,即半径为 10^{-10} m 的球体范围内,而电子则以微粒的形式嵌在这个球体中,如图 11.14 所示,该模型称为汤姆孙原子模型或葡萄干蛋糕模型。

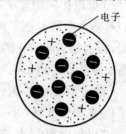

图 11.14

为了验证汤姆孙的葡萄干蛋糕式的原子模型,在卢瑟福的建议下,他的学生盖革和马斯顿于 1909 年做了如图 11.15 所示的 α 粒子散射实验。R 为 α 粒子源,D 为铅准直板,F 为金箔,M 为探测显微镜。R 发出的 α 粒子经 D 形成一细束,垂直打在金箔 F 上,沿散射角 θ 射向探测显微镜 M,可以记录下在某一段时间内在某一方向上散射的 α 粒子数。

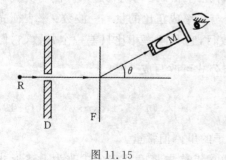

图 11.15

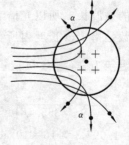

图 11.16

实验结果发现,绝大多数(99.9%以上)的 α 粒子穿过金箔后,能量损失很小,散射后的运动方向与原来入射方向的夹角在 2°～3°范围内。大约每 8 000 个 α 粒子中,只有一个的散射角达 90°或更大。极个别的(约 10^{-4})α 粒子的散射角非常大,有的甚至达到 180°，即原路返回，好像碰到了铜墙铁壁一般。图 11.16 为 α 粒子流在原子核附近散射的示意图，它给出了一束 α 粒子流经过原子核附近时被散射的情况。

对于这样的实验事实，卢瑟福感到很惊奇，他说："如果按照汤姆孙的模型，用快速粒子轰击金箔，犹如用一颗 38 cm 口径的炮弹打在一张薄薄的窗户纸上又被反射回来一样"，简直不可思议。卢瑟福认为对于汤姆孙原子模型，即使以 α 粒子所受的最大库仑力进行计算，散射角也很小，只有 0.026°，不可能产生大角散射，只能有小角散射，所以汤姆孙原子模型不足以说明实验中大角散射的事实。卢瑟福不得不放弃汤姆孙的模型，充分尊重实验事实。他分析到，α 粒子的质量约为电子质量的 7 300 倍，由于电子质量远小于 α 粒子质量，所以 α 粒子散射受电子的影响是微不足道的，正如月亮碰上流星，它的运行丝毫不会因此改变，我们只需考虑原子内带正电而质量大的部分对 α 粒子的影响。他紧紧抓住通常易于被略去的大角散射这个新现象，以其特有的洞察力和直觉意识到这里必孕育着一个重大的突破。他认为，从实验显示的只有极少数 α 粒子偏折的程度大，大部分 α 粒子都直穿而过或从旁擦肩而过，说明只有极少数 α 粒子刚好碰上原子内一个巨大的集团。因此，大角散射只能用 α 粒子与原子中央存在的密实核相互作用来解释，经过严谨的理论推理之后，卢瑟福于 1911 年提出了另外一种原子模型——核式结构模型，即原子中的正电荷和几乎全部 (99.9% 以上) 的质量集中在原子中心一个极小的区域——原子核上，核的半径为 $10^{-5} \sim 10^{-4}$ nm，电子受原子核库仑力的作用，在半径约为 0.1 nm 的轨道上运动。

从卢瑟福设想的原子模型来看，由于电子的质量很小，电子对 α 粒子的散射甚微，最多只能使 α 粒子在运动方向上略微散开些，因此核外电子的作用可以略去，散射主要是由 α 粒子与原子核的库仑力相互作用引起的。而原子核的半径只有原子半径的万分之一，可以想象，原子内是十分空虚的，绝大多数 α 粒子穿过金箔与原子核发生碰撞的概率很小，因此偏转很小；少数打到核的附近的 α 粒子会有较大的偏转，只有极少数正好碰到原子核的 α 粒子才能反弹回去，这和实验观测到的结果是一致的。卢瑟福还进一步对散射过程作了计算，对实验结果进行了定量解释，从而进一步肯定了他的核式结构模型。卢瑟福根据实验确立的原子核型结构，使得人们在深入探索原子层次的同时，也深入到原子核层次，从而把原子结构的研究引导到正确的道路，同时也为原子核的研究奠定了基础，他所创立的散射法为进一步研究原子核和其他粒子的内部结构提供了一个非常重要的研究方法，这对近代物理的发展一直起着重大的作用。

3. 经典模型的困难

(1) 根据卢瑟福模型，电子绕原子核做圆周运动，必定有加速度(向心加速度)，根据经典电磁学理论，带电粒子做加速运动时将辐射电磁波，而电磁波是要带走能量的，这样一来电子的能量将逐渐减少，电子的运动轨道半径必然逐渐减小，直到碰到原子核。照这样看来，原子是不稳定的(原子坍缩)，这与事实相矛盾。

(2) 根据经典电磁学理论，电子绕核运动要辐射电磁波，其频率应等于电子绕核运动的频率,由于电子在绕核运动过程中能量逐渐减少,其运动频率也要逐渐改变,故原子发出的光谱应是连续光谱,这与原子光谱是线状光谱的实验事实相矛盾。

11.4.2 玻尔的氢原子理论

丹麦物理学家玻尔全面地考虑了前人的研究成果,并科学地加以综合。当经典理论与实验事实发生矛盾时,他大胆地抛弃了经典概念,采用了充分肯定实验事实的态度。他认为解决原子结构问题的关键是电子与原子核之间电磁相互作用所引起的原子坍缩问题,而原子坍缩的不可避免性来源于经典的电磁理论。于是他巧妙地将经典力学与普朗克和爱因斯坦的量子论应用于原子体系,假定当原子中的电子处于动力学平衡态,即电子在稳定的圆轨道上绕核运动时,服从经典力学规律,但不服从经典电磁规律。对于光谱问题,他主要依据里德伯的经验公式,深刻地认识到原子的辐射受量子化原理支配,辐射是突然的,而不是连续的,辐射频率与电子绕核运动的频率无关,而由电子能量的变化所决定。普朗克常量必然以某种方式在原子力学中起作用,没有这个常量,原子的特征长度就没有合理的理论基础。于是他把电子的运动与光子的发射或吸收过程结合在统一的量子论中,提出了自己的氢原子理论,从而使原子坍缩和线状光谱问题得以解决。

1. 玻尔理论的基本假设

1) 定态假设

电子在原子中只能处在一系列不连续的能量状态(一些特定的圆轨道),在这些状态中,电子虽然做加速运动,但并不辐射电磁波,这些状态称为原子的稳定状态,简称定态,相应的能量分别为 $E_1, E_2, E_3, \cdots$。

2) 频率条件

当原子从一个能量为 $E_{n'}$ 的定态轨道跳(跃迁)到另一能量为 E_n 的定态轨道时,就要发射或吸收一个频率为 ν 的光子,其值由

$$h\nu = E_{n'} - E_n \tag{11.21}$$

决定。这就是玻尔提出的频率条件,又称辐射条件。

3) 角动量量子化条件

电子绕核在定态圆轨道中运动时,其轨道角动量的取值必须等于 $\hbar\left(\text{即}\dfrac{h}{2\pi}\right)$ 的整数倍,即

$$L = m_e v r = n\hbar \quad (n=1,2,3,\cdots) \tag{11.22}$$

这就是角动量量子化条件。

在这三条假设中,第一条是经验性的,它是对经典概念的巨大挑战,是玻尔理论对原子结构理论的重大贡献;第二条是从普朗克假设中引申出来的,因此是合理的;第三条角动量量子化条件,则是玻尔根据对应原理的精神提出来的。玻尔提出的这三条假设是否正确,主要看计算结果与实验的比较。

2. 对应原理

在建立氢原子理论的过程中,玻尔提出了一个阐明新、旧理论间关系的方法论原理,即新理论应包容在一定经验范围内得到证实的旧理论中,旧理论应是新理论的极限形式或局部情况。也就是说,在极限条件下,返回原来的经验范围内时,新理论应与旧理论形式一致。玻尔把这个原则称为对应原理。玻尔指出,对于电子的绕核运动,若量子数 n 很大时,这些不连续性就不明显了。

例如,当量子数 n 由 5 000 变为 4 999 时,电子的轨道角动量由 $5000\hbar$ 变为 $4999\hbar$,仅相差 $1/5\,000$,此时角动量、能量和轨道的改变都可以看成连续的了,电子的行为也就接近经典粒子了。当 n 很大时,玻尔理论的结果与经典理论一致。

对应原理是一个普遍原理,是具有指导意义的原则,爱因斯坦在建立相对论时已经应用了对应原理,但他并未最先提出这条原则,而是玻尔在 1920 年正式提出了对应原理。矩阵力学的创始人海森伯曾说:"为我深入到未知的量子世界导航的,唯有对应原理。"由此可见对应原理的重要意义。

3. 氢原子轨道半径和能量

下面从玻尔理论的三条基本假设来推求氢原子的能级,并解释氢原子光谱的规律。设在氢原子中,质量为 m_e、电荷为 e 的电子,在半径为 r_n 的稳定轨道上以速率 v_n 做圆周运动。原子核和电子之间有库仑吸引力,电子绕核做圆轨道运动的向心力由库仑引力提供,因此,有

$$\frac{m_e v_n^2}{r_n} = \frac{1}{4\pi\varepsilon_0} \frac{e^2}{r_n^2} \tag{11.23}$$

求得

$$v_n = \sqrt{\frac{e^2}{4\pi\varepsilon_0 m_e r_n}} \tag{11.24}$$

将式(11.24)代入式(11.22),可得

$$r_n = \frac{\varepsilon_0 h^2}{\pi m_e e^2} n^2 = n^2 a_0 \quad (n=1,2,3,\cdots) \tag{11.25}$$

其中,$a_0 = \varepsilon_0 h^2/(\pi m_e e^2) \approx 0.053$ nm 是电子的第一个(即 $n=1$)轨道的半径,简称玻尔半径。因此,由式(11.25)可知,电子绕核运动的轨道半径的可能取值为 $a_0, 4a_0, 9a_0, 16a_0, \cdots$。由此可见,原子中电子运动的轨道半径也不是任意取值的,只能是 a_0 的 n^2 倍,即电子运动的轨道半径是量子化的。$n=1$ 的状态,轨道半径最小,这个状态是最稳定的,称为正常状态或基态,正常情况下氢原子都处在这个状态。$n \neq 1$ 的状态称为激发态,基态和激发态统称束缚态。$n=2,3,\cdots$ 的状态,分别称为第 1 激发态,第 2 激发态,$\cdots$。$n \to \infty$ 时,$r \to \infty$,也就是原子中的电子离开了原子,即原子被电离了,电子处在电离态。

电子在第 n 个轨道上的总能量是动能和势能之和,即

$$E_n = \frac{1}{2} m_e v_n^2 - \frac{1}{4\pi\varepsilon_0} \frac{e^2}{r_n}$$

利用式(11.24)和式(11.25),上式可写为

$$E_n = -\frac{m_e e^4}{8\varepsilon_0^2 h^2}\frac{1}{n^2} = \frac{E_1}{n^2} \quad (n=1,2,3,\cdots) \tag{11.26}$$

其中,$E_1 = -m_e e^4/(8\varepsilon_0^2 h^2) \approx -13.6$ eV 是氢原子基态的能量,它就是把电子从氢原子的第一玻尔轨道上移到无限远处所需的能量值。E_1 就是电离能,它与实验测得氢的电离能值(13.599 eV)吻合得十分好。由式(11.26)可以看出能量的取值也不是任意的,只能取一些分立的、不连续的值,能量也是量子化的。式(11.26)给出了电子处于稳定状态时原子所允许具有的能量值。

由前面的讨论可知,原子能量状态的改变是以跃迁的方式发生的,当原子由一个能态跃迁到另一个能态时,要发射或吸收光子。假设电子从较高能态 E_n 跃迁到较低能态 E_m 时,由式(11.21)可知,原子发射光子的频率为

$$\nu = \frac{E_n - E_m}{h}$$

将氢原子的 E_n、E_m 代入上式,得到氢原子光谱的波数

$$\tilde{\nu} = \frac{E_n - E_m}{hc} = \frac{m_e e^4}{8\varepsilon_0^2 h^3 c}\left(\frac{1}{m^2} - \frac{1}{n^2}\right) = R_H\left(\frac{1}{m^2} - \frac{1}{n^2}\right) \tag{11.27}$$

式中,m、n 取整数值,$m=1,2,3,\cdots$,对每一个 m,有 $n=m+1,m+2,m+3,\cdots$。$R_H = \frac{m_e e^4}{8\varepsilon_0^2 h^3 c} \approx 1.097\ 373\ 1\times 10^7$ m^{-1} 为氢原子的里德伯常量。它与实验值 $R_H = 1.096\ 775\ 8\times 10^7$ m^{-1} 符合得很好,说明玻尔的氢原子理论能圆满地解释氢原子光谱的规律性,不久玻尔提出的定态概念就被弗兰克-赫兹实验证实了。

玻尔理论对氢光谱成功的解释,揭开了近 30 年之久的巴耳末公式之谜,也很好地说明了类氢离子(只有一个电子绕核运动的离子,如 He$^+$、Li^{2+}、Be^{3+} 等)的光谱。玻尔也因对原子结构和原子辐射研究的贡献,荣获了 1922 年诺贝尔物理学奖。玻尔理论虽取得了一些成就,但在历史上很快就发现了它有极大的局限性。例如,它不能处理多电子原子,甚至包括只有两个电子的氦原子;它无法说明原子是如何组成分子及构成液体和固体的,甚至不能处理氢分子的问题;它也不能计算光谱线的强度、宽度和精细结构,不能说明谱线的偏振性等。问题出现在这个理论的结构本身,在处理问题时没有一个完整的理论体系,除了玻尔的三条假设外,描述原子内电子的运动仍是沿用经典力学的质点,采用坐标和轨道等经典概念及牛顿方程等经典规律,因此它是量子假设与经典力学的混合物,是早期的量子论,理论缺乏逻辑上的统一性。另外,玻尔的两条量子假设也缺乏令人信服的理论依据。当卢瑟福收到玻尔的文稿时,他当即提出如下质疑:"当电子从一个能态跳到另一个能态时,您必须假设电子事先就知道它要往那里跳!"为什么这样说呢?假如电子处于 E_1 能态,它必须吸收能量为 $E_2 - E_1$ 的光子才能跳到 E_2,吸收其他能量的光子都不会引起预期的跃迁(为简单起见,假定只有两个能态 E_1 和 E_2,且 $E_2 > E_1$)。那么,电子如何从各种能量的光子中选择它要的光子呢?为了选择它要吸收的光子,电子必须事先就要知道它要去的能

级(E_2),好像它以前已经去过了,但是为了"去过了",首先必须先吸收它要的光子……这样,就陷入了逻辑上的恶性循环。再者,电子从一个轨道跃迁到另一个轨道时,按照相对论,它的速度不能无限大,即不能超过光速,因此它必须经历一段时间,在这段时间里,电子已经离开了 E_1 态,但尚未到达 E_2 态,那时电子处在什么状态呢?!薛定谔曾给它一个著名的评价——"糟透的跃迁"理论。

后来,在波粒二象性基础上建立起来的量子力学以更正确的概念和理论,圆满地解释了玻尔理论所遇到的困难。玻尔的创造性工作对现代量子力学的建立和发展有着重大的先导作用和影响,他所使用的电子轨道等纯粒子性的语言较为形象,至今仍为人们所用。

11.5 薛定谔方程

11.5.1 不确定关系

在经典物理学中,可以同时用粒子(质点)的位置和动量来精确地描述它的运动。不仅如此,如果知道了它的加速度,还可以知道它在以后任意时刻的位置和动量,从而描绘出它运动的轨迹。无数的实验事实已证明,在宏观世界里,经典力学对于大到天体,小到一粒灰尘行为的刻画都是非常成功的。然而,也有大量的实验事实说明了微观粒子具有波粒二象性,这是微观粒子与经典粒子根本不同的属性,因而,许多与微观粒子运动相关的物理现象,明显地表现出具有与经典概念所预期的完全不同的特点。

海森伯在德布罗意关于物质粒子具有波粒二象性新思想的启发下,于1927年提出来一个与玻尔的观点有明显不同的观点,他认为微观粒子的运动绝不像经典粒子那样有确定的轨道、坐标和动量;在微观领域中关于粒子具有完全确定的坐标和动量的概念必须抛弃。如果人们不顾微观粒子具有波粒二象性的量子特征的客观事实,仍沿用经典粒子的概念来描述微观粒子的运动状态,那么这种描述在客观上必定要受到限制。海森伯用了一个非常简单的数学公式表达了这种限制,即

$$\Delta x \Delta p_x \geqslant \frac{\hbar}{2} \tag{11.28}$$

$$\Delta t \Delta E \geqslant \frac{\hbar}{2} \tag{11.29}$$

式中,$\hbar = \frac{h}{2\pi} \approx 1.05 \times 10^{-34}$ J·s。式(11.28)和式(11.29)就是著名的海森伯不确定关系,它是微观粒子具有波粒二象性的必然表现。后来玻恩根据波函数的统计解释用量子力学的方法进行了严格的证明。下面只介绍海森伯从德布罗意关系式分析电子的单缝衍射实验得出不确定关系的粗略过程。

设有一束电子,以速度 v 沿 Ox 轴射向屏 AB 上的狭缝,缝宽为 b,电子具有波动性,因此在屏 CD 上可观察到如图11.17所示的衍射图样。如果仍用坐标和动量来描述电子的运动状态,那么,不禁要问:一个电子通过狭缝的瞬时,它是从缝上的哪一

点通过的呢？也就是说此时电子的坐标 x 为多少？显然，这一问题无法准确地回答，因为该电子究竟从缝上哪一点通过，是无法准确确定的，但电子确实通过狭缝了，因此可以认为电子在轴上的坐标的不确定范围为 $\Delta x = b$，同时由于衍射的缘故，电子速度的方向有了改变，动量的方向也有了改变。由于衍射后75%的电子落在衍射中央区，如果只考虑衍射后落在中央区的电子，则有 $\sin\alpha = \lambda/b$，电子动量沿 Ox 轴方向的分量的不确定范围

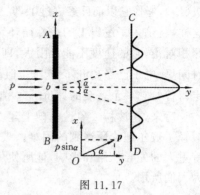

图 11.17

$$\Delta p_x = p\sin\alpha = p\frac{\lambda}{b} = \frac{p}{b}\frac{h}{p} = \frac{h}{b}$$

如考虑其他高级次的衍射，则 $\Delta p_x \geqslant \dfrac{h}{b}$，因此有 $\Delta x \Delta p_x \geqslant h$。

以上只是作了一个粗略的估算，它反映了不确定关系的实质，并不表示准确的量值关系。量子力学严格证明给出式(11.28)，它表示当粒子被局限在 x 方向上一个有限的范围 Δx 内时，它所对应的动量分量 p_x 必然有一个不确定的数值范围 Δp_x，两者的乘积满足 $\Delta x \Delta p_x \geqslant \dfrac{\hbar}{2}$。换言之，假如 x 的位置完全确定($\Delta x \to 0$)，那么粒子可以具有的动量 p_x 的数值就完全不确定；当粒子处于一个 p_x 数值完全确定的状态时，就无法在 x 方向把粒子固定住，即粒子在 x 方向的位置是完全不确定的。

微观粒子的不确定关系不仅存在于坐标和动量之间，也存在于能量和时间之间。如果微观粒子处于某一状态的时间为 Δt，则其能量必有一个不确定量 ΔE，由量子力学可以得出两者的关系为 $\Delta t \Delta E \geqslant \dfrac{\hbar}{2}$，它表明若粒子在能量状态 E 只能停留一段时间，那么，在这段时间内粒子的能量状态并非完全确定，它有一定的范围 $\Delta E \geqslant \hbar/(2\Delta t)$；只有当粒子的停留时间为无限长(稳定态)时，它的能量状态才是完全确定的($\Delta E = 0$)。

不确定关系揭示了自然界一条重要的普遍的物理规律，微观粒子在客观上不能同时有确定的坐标和动量，因而"不能同时精确地测量它们"只是这一客观规律的一个必然的结果，它不依赖于测量仪器和测量技术，而来源于微观粒子的固有属性——波粒二象性。不确定关系的重要性在于它指明了经典力学概念在微观世界的适用限度，这个限度用普朗克常量 $\hbar$ 来表征。因为 $\hbar$ 是一个小量，所以在宏观世界里，$\hbar$ 可以看做是0，不确定关系给不出任何有意义的结果，然而在微观世界里它是不能略去的，它使不确定关系在微观世界成为一条重要的规律。例如，对于一粒质量为 10^{-15} kg、直径为 10^{-8} m、速度为 10^{-3} m/s 的微小尘埃，设测定它的位置准确到 $\Delta x = 0.1$ nm，按不确定关系可得测量它的动量的相对精度 $\Delta p/p = 10^{-6}$，它无法被目前任何精确

的实验方法所察觉,因此这种不确定性完全可以略去。

例题 11.8 一个电子沿 x 方向运动,速度大小 $v_x=500$ m/s,已知其精确度为 0.01%。求测定电子坐标 x 所能到达的最大精确度。

解 $\Delta p_x = m_e \Delta v$,因为 $\Delta x \Delta p_x \geqslant \hbar/2$

所以 $\Delta x \geqslant \dfrac{\hbar}{2\Delta p_x} = \dfrac{\hbar}{2m_e \Delta v_x} = \dfrac{6.626 \times 10^{-34}}{2 \times 6.28 \times 9.11 \times 10^{-31} \times 500 \times 10^{-4}}$ m

$\approx 1.15 \times 10^{-3}$ m

若一个子弹,质量为 10 g,具有同样的速度大小和方向,则测量精度为

$$\Delta x \geqslant \dfrac{\hbar}{2\Delta p_x} = \dfrac{\hbar}{2m\Delta v_x} = \dfrac{6.626 \times 10^{-34}}{2 \times 6.28 \times 0.01 \times 500 \times 10^{-4}} \text{ m} \approx 1.05 \times 10^{-31} \text{ m}$$

显然,对于宏观粒子,任何现代的测量手段都达不到这个精度,因此可以认为它的坐标是完全确定的。

例题 11.9 (1)试求原子中电子速度的不确定量,取原子的线度为 10^{-10} m。

(2)试求在加速电压为 100 V,$\Delta x = 0.1$ mm 的示波管中电子运动速度的不确定量,如图 11.18 所示。

解 (1) $\Delta r \sim \Delta x \approx 10^{-10}$ m

$\Delta v_x \geqslant \dfrac{\hbar}{2m_e \Delta r} = \dfrac{1.05 \times 10^{-34}}{2 \times 9.11 \times 10^{-31} \times 10^{-10}}$ m/s

$\approx 5.8 \times 10^5$ m/s

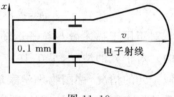

图 11.18

(2)在加速电压为 100 V 的示波管中运动的电子可获得的动能为 $E_k = eU = 100$ eV,此能量远小于电子的静止能 0.51 MeV,是非相对论情形。

所以,有 $\dfrac{1}{2}m_e v^2 = eU$。由此可得电子运动的速度为

$$v = \sqrt{\dfrac{2eU}{m_e}} = \sqrt{\dfrac{2 \times 1.6 \times 10^{-19} \times 10^2}{9.11 \times 10^{-31}}} \text{ m/s} \approx 10^7 \text{ m/s}$$

而电子速度的不确定度近似为

$$\Delta v_x \sim \dfrac{\hbar}{m_e \cdot \Delta x} \sim \dfrac{10^{-34}}{10^{-31} \times 10^{-4}} \text{ m/s} = 10 \text{ m/s} \ll v = 10^7 \text{ m/s}$$

例题 11.10 人的红细胞直径为 8 μm,厚 2～3 μm,质量为 10^{-13} kg。设测量红细胞位置的不确定量为 0.1 μm,试计算其速率的不确定量。

解 根据不确定关系有

$$\Delta v \geqslant \dfrac{\hbar}{2m\Delta x} = \dfrac{1.05 \times 10^{-34}}{2 \times 10^{-13} \times 10^{-7}} \text{ m/s} = 5.25 \times 10^{-15} \text{ m/s}$$

显然,任何现代测速方法都不能达到这样的准确度。由此可见,细胞和比它更大的宏观物体的坐标和速率都可同时精确测定,可用经典力学精确描述其运动。

11.5.2 波函数及其统计解释

对于微观粒子,由于波粒二象性,我们不能同时确定它的位置和动量,不能比海森伯不确定关系所允许得更准确。结果我们只能预言这些粒子的可能行为。例如,在电子的单缝衍射实验中,由于电子的动量至少有一个 Δp 的不确定性,我们就不能精确地预料电子究竟落在屏上哪个部位。这个不确定性来自微观粒子的波粒二象性。不过在不确定性中又有完全的确定性。例如,电子落入中心区的概率是完全确定的,为 75%,这就是量子物理学中的概率性观点或统计解释。量子力学中用波函数 ψ 全面描述微观粒子的运动状态,由 ψ 可以得知状态的全部物理性质,ψ 又称态函数。波函数的概念是德布罗意物质波思想的发展,是微观粒子具有波动性的数学描述。而波动性的真正含义是概率性,波函数所描述的状态性质一般都带有概率性的特征,这是迄今人类已经发现并掌握的微观规律的根本特征,不考虑粒子的自旋时,ψ 是粒子的坐标(位置)r 和时间 t 的函数。对于一个随时间变化的运动态,$\psi=\psi(r,t)$。按照德布罗意假设,一个动量为 p、能量为 E 的自由粒子的运动状态应当用一个平面波来描述,即

$$\psi=\psi_0 e^{\frac{i}{\hbar}(p\cdot r-Et)}=\psi_0 e^{\frac{i}{\hbar}(p_x x+p_y y+p_z z-Et)} \tag{11.30}$$

对于用于描述微观粒子运动状态的波函数 ψ,也只有作统计意义的解释才是合理的。对于光的情况,早在 1917 年爱因斯坦就引入了统计性的概念;对于实物粒子,类似于光的情况,德国物理学家玻恩于 1927 年把波函数的意义解释为,在某处发现粒子的概率同波函数的模的平方 $|\psi|^2$ 成正比。于是,在体积元 $d\tau$ 中发现粒子的概率可表示为

$$|\psi|^2 d\tau=\psi\psi^* d\tau \tag{11.31}$$

其中,ψ^* 是 ψ 的共轭复数。可见微观粒子的波动性是与统计性密切联系着的,波函数所表示的是概率波,这是完全不同于经典波的概念,经典波振幅是可以被测量的,而 ψ 在一般情况下是不可以测量的。可以测量的是 $|\psi|^2$,它的含义是概率密度。对于概率分布来说,重要的是相对概率分布,显而易见,ψ 与 $c\psi$(c 为常数)所描述的相对概率分布是完全相同的。而经典波的振幅若增加一倍,则相应的波动的能量为原来的 4 倍,代表了完全不同的波动状态。微观粒子也不是经典意义的粒子,它的行为是服从统计规律的,个别粒子都体现出统计属性。统计性把波和粒子两个截然不同的经典概念联系起来,并赋予了这两个概念以新的意义。

在量子力学中微观粒子的状态是用一个波函数来描述的,只要给出波函数 $\psi(r,t)$ 的具体形式,那么在任一时刻 t,粒子在空间各处的概率分布 $|\psi|^2$ 就确定下来了,我们说粒子的状态也就确定了。由于粒子必定要在空间中的某一点出现,所以粒子在空间各点出现的概率总和应等于 1,也就是式(11.31)对全部空间的积分应等于 1,这称为波函数的归一化条件,即

$$\int_{-\infty}^{\infty} |\psi|^2 d\tau = 1 \qquad (11.32)$$

由于概率不会在某处突变,所以波函数必须连续;在任何地方,只能有一个概率,所以波函数在任何地方都是单值的;概率不能无限大,所以波函数必须有限。这三个条件——连续、单值、有限,称为波函数的标准条件。不符合标准条件的波函数是没有物理意义的。

对电子双缝干涉、光栅衍射等实验的解释,以及半个多世纪以来量子力学在各方面获得的巨大成功表明量子力学中的波函数满足一条规则:物理体系的任何一种状态(波函数 $\psi_1, \psi_2, \cdots$)总可以认为是由某些其他状态(波函数 $\psi_1, \psi_2, \cdots$)线性叠加而成,即

$$\psi = c_1 \psi_1 + c_2 \psi_2 + \cdots \qquad (11.33)$$

其中,$c_1, c_2, \cdots$ 为常数(可以是复数)。这就是量子力学中的态叠加原理。也就是说,如果 $\psi_1, \psi_2, \cdots$ 是可以实现的状态(波函数),则它们的任何线性叠加式(11.33)总是表示一种可以实现的状态(波函数)。当物理体系处于叠加态式(11.33)时,可以认为该体系部分地处于 ψ_1 态,部分地处于 ψ_2 态,等等。

例题 11.11 已知基态氢原子的电子由波函数 $\psi(r) = c e^{-\frac{r}{a_0}}$ 描述,试计算归一化常数 c。其中,a_0 为常数,是玻尔半径。

解 为使 ψ 归一化,要求

$$1 = \int |\psi|^2 d\tau = |c|^2 \cdot \int e^{-\frac{2r}{a_0}} r^2 \sin\theta d\theta d\varphi dr = 4\pi |c|^2 \cdot \int e^{-\frac{2r}{a_0}} r^2 dr = |c|^2 \pi a_0^3$$

于是得

$$|c|^2 = \sqrt{\frac{1}{\pi a_0^3}}$$

上式指出,归一化常数只能确定到其绝对值。因此,即使归一化后,波函数仍有一不确定的相因子 $e^{i\delta}$。为了方便,可取 c 为正实数,于是归一化波函数可写为

$$\psi = \sqrt{\frac{1}{\pi a_0^3}} \cdot e^{-\frac{r}{a_0}}$$

(例题 11.11 利用了直角坐标与球坐标之间的关系 $d\tau = dx dy dz = r^2 \sin\theta d\theta d\varphi dr$)

11.5.3 薛定谔方程

当德布罗意关于物质波的概念传到瑞士苏黎世时,在德拜的建议下,由他的学生薛定谔作了一个关于物质波的报告。报告之后,德拜作了一个评注:"有了波,就应有一个波动方程。"的确,德布罗意并没有告诉我们粒子在势场中的波函数,也没有告诉我们波函数怎样随时间变化而变化。而量子力学的根本任务是研究微观粒子的运动规律,即量子态的变化规律。由前面的讨论,我们知道,一个微观粒子的量子态用波函数 $\psi(r,t)$ 来描述,可是波函数随时间和空间变化的变化规律是什么?在各种不同情况下,描述微观粒子运动的波函数的具体形式是什么?这些都是量子力学要研究

的问题。1926年,薛定谔提出了一个波动方程,成功地解决了上述问题。薛定谔方程像牛顿方程一样,不能从更基本的假设中推导出来,它是量子力学中的基本方程,它的正确与否只能靠实践来检验,如果已知初始时刻($t=0$)粒子的波函数 $\psi(\boldsymbol{r}_0,t_0)$,原则上可按薛定谔方程预言任一时刻 t 的波函数 $\psi(\boldsymbol{r},t)$。

1. 薛定谔方程建立的设想

(1) 方程反映 ψ 随时间变化的规律。方程中应含有 ψ 对 t 的偏导,又根据因果律的要求,所以只含有 ψ 对 t 的一阶偏导 $\dfrac{\partial \psi}{\partial t}$。

(2) 根据态叠加原理的要求,要建立的方程必须是线性微分方程。所谓线性微分方程是含 ψ 对自变量的偏导数 $\dfrac{\partial \psi}{\partial \boldsymbol{r}}, \dfrac{\partial^2 \psi}{\partial \boldsymbol{r}^2}, \dfrac{\partial \psi}{\partial t}$ 等,而不包含 $\psi^2, \left(\dfrac{\partial \psi}{\partial \boldsymbol{r}}\right)^2$ 等项的方程。这样才能保证如果 ψ_1 是方程的解,ψ_2 是方程的解,则 $\psi=c_1\psi_1+c_2\psi_2$ 也是方程的解。

(3) 又因方程中含有 ψ 对 t 的一阶偏导 $\dfrac{\partial \psi}{\partial t}$,它所描述的物理过程是不可逆过程,在时间上是非周期性的,这样它是不能反映微观粒子的波动性的,因此要求方程中的系数含有虚数 i。这样 i 本质地进入了量子力学,使得波函数 $\psi(\boldsymbol{r},t)$ 必须兼有虚部和实部,才能保证方程的解反映粒子的波动性。

(4) 方程是对微观粒子运动规律的一般描述,应对各种微观粒子普遍适用。

(5) 方程反映了非相对论的低速微观粒子的运动规律。

下面就来具体介绍怎样建立薛定谔方程。对于一个质量为 m、动量为 $\boldsymbol{p}$、在势场 $V(\boldsymbol{r},t)$ 中运动的非相对论粒子,粒子的能量可以写成

$$E=\frac{p^2}{2m}+V(\boldsymbol{r},t) \tag{11.34}$$

利用德布罗意关系:$E=\hbar\omega, \boldsymbol{p}=\hbar\boldsymbol{k}$,则式(11.34)变为 $\hbar\omega=\dfrac{(\hbar k)^2}{2m}+V(\boldsymbol{r},t)$。

2. 薛定谔方程的一般形式

一维自由粒子的波函数可以写成

$$\psi(x,t)=\psi_0 e^{\frac{i}{\hbar}(p_x x-Et)}$$

分别求它对时间的一阶导数、对坐标的一阶和二阶偏导数,有

$$i\hbar\frac{\partial}{\partial t}\psi=E\psi$$

$$-i\hbar\frac{\partial}{\partial x}\psi=p_x\psi$$

$$-\hbar^2\frac{\partial^2}{\partial x^2}\psi=p_x^2\psi$$

对于自由粒子 $V(x)=0$,结合式(11.34)有

$$\left(E-\frac{p_x^2}{2m}\right)\psi=\left(i\hbar\frac{\partial}{\partial t}+\frac{\hbar^2}{2m}\frac{\partial^2}{\partial x^2}\right)\psi=0$$

或者

$$i\hbar\frac{\partial}{\partial t}\psi(x,t)=-\frac{\hbar^2}{2m}\frac{\partial^2}{\partial x^2}\psi(x,t) \tag{11.35}$$

这就是一维自由粒子的薛定谔方程。

若对三维自由粒子的情况,波函数 $\psi(r,t)$ 对坐标 y 和 z 分别求二阶偏导,有

$$-\hbar^2\frac{\partial^2}{\partial y^2}\psi=p_y^2\psi, \quad -\hbar^2\frac{\partial^2}{\partial z^2}\psi=p_z^2\psi$$

又因 $p^2=p_x^2+p_y^2+p_z^2$,因此有

$$\left(E-\frac{p^2}{2m}\right)\psi=\left[i\hbar\frac{\partial}{\partial t}+\frac{\hbar^2}{2m}\left(\frac{\partial^2}{\partial x^2}+\frac{\partial^2}{\partial y^2}+\frac{\partial^2}{\partial z^2}\right)\right]\psi=0 \tag{11.36}$$

利用拉普拉斯算符 ∇^2 在直角坐标系中的定义 $\nabla^2\equiv\frac{\partial^2}{\partial x^2}+\frac{\partial^2}{\partial y^2}+\frac{\partial^2}{\partial z^2}$,式(11.36)可以写成

$$i\hbar\frac{\partial\psi(r,t)}{\partial t}=-\frac{\hbar^2}{2m}\nabla^2\psi(r,t) \tag{11.37}$$

这就是自由粒子的薛定谔方程的一般形式。

通过上面自由粒子薛定谔方程建立的讨论,不难发现,我们只不过在式(11.34)中作了如下变换

$$E\to i\hbar\frac{\partial}{\partial t}; \quad p\to -i\hbar\nabla$$

然后作用到波函数 ψ 上就得到式(11.37)。显然,推广到一般的情况是十分容易的,即

$$\left[-\frac{\hbar^2}{2m}\nabla^2+V(r,t)\right]\psi(r,t)=i\hbar\frac{\partial}{\partial t}\psi(r,t) \tag{11.38}$$

式(11.38)就是著名的薛定谔方程的一般表达式。

3. 定态薛定谔方程

在许多实际问题中,作用在粒子上的势场是不随时间变化而变化的,即势能 $V=V(r)$,不包含时间。在这种情况下,我们发现波函数可以写成坐标函数和时间函数的乘积,即

$$\psi(r,t)=\psi(r)f(t) \tag{11.39}$$

代入式(11.38),并把坐标函数和时间函数分别写在等式两侧,就有

$$\frac{i\hbar}{f}\frac{df}{dt}=\frac{1}{\psi}\left(-\frac{\hbar^2}{2m}\nabla^2+V\right)\psi \tag{11.40}$$

式(11.40)左边只是 t 的函数,右边只是 r 的函数,彼此无关,它们要相等,就必须等于同一个与 t 和 r 都无关的常数,以 E 表示这个常数,则有

$$i\hbar\frac{df}{dt}=Ef \tag{11.41}$$

$$\left[-\frac{\hbar^2}{2m}\nabla^2+V\right]\psi(r)=E\psi(r) \tag{11.42}$$

这样,式(11.40)就化为上面两个微分方程,这种方法在数学上称为分离变量法。式(11.41)的解可直接解出,即

$$f = c\mathrm{e}^{-\frac{\mathrm{i}}{\hbar}Et} \tag{11.43}$$

代入式(11.39),得

$$\psi(\mathbf{r},t) = \varphi(\mathbf{r})\mathrm{e}^{-\frac{\mathrm{i}}{\hbar}Et} \tag{11.44}$$

式中,把 f 中的常数包含在 φ 中是完全可以的,因为最后要对波函数归一化。若把式(11.44)与自由粒子的波函数式(11.30)作比较,可见常数 E 就是粒子的总能量。运动状态的能量不随时间变化而变化,是一个常数,这就是在玻尔理论中提到的定态。$|\psi|^2 = \psi\psi^* = \varphi\varphi^*$,说明粒子在空间各点的概率分布不随时间改变而改变,这就是定态的一个很重要的特点。$\varphi(\mathbf{r})$ 称为定态波函数,方程(11.42)称为定态薛定谔方程。

定态薛定谔方程在量子力学中占有很重要的地位,因为实际问题中很大一部分都可以看做定态问题来处理。处理具体问题时,只要把问题的具体形式的势能 $V(\mathbf{r})$ 代入方程中,然后求解方程,就可以得到我们所关心的微观体系的状态——波函数 ψ,即概率分布 $|\psi|^2$ 和体系的能量 E。在求解中,必须注意波函数 ψ 一定要满足有限、连续和单值的标准条件,当然也一定要是归一化的。

例题 11.12 由 $\psi(x,t) = \psi_0 \mathrm{e}^{-\frac{\mathrm{i}}{\hbar}(Et - px)}$ 和相对论中能量与动量关系 $E^2 = c^2 p^2 + m_0^2 c^4$ 出发,请建立自由粒子波函数满足的方程。

解 将 $\psi(x,t)$ 分别对 t 和 x 求二阶导数得

$$\frac{\partial^2 \psi}{\partial t^2} = -\frac{E^2}{\hbar^2}\psi, \quad \frac{\partial^2 \psi}{\partial x^2} = -\frac{p^2}{\hbar^2}\psi$$

将上述关系代入 $E^2 = c^2 p^2 + m_0^2 c^4$,得

$$\hbar^2 \frac{\partial^2 \psi}{\partial t^2} = c^2 \hbar^2 \frac{\partial^2 \psi}{\partial x^2} - m_0^2 c^4 \psi$$

上式称为克莱因-戈登方程,它是一维自由粒子的相对论波动方程。可用于描述某些高速微观粒子的运动。

11.6 薛定谔方程的应用举例

下面通过几个例子,具体了解一下量子力学处理问题的方法和步骤。

11.6.1 一维无限深势阱

在许多情况下,如金属中的电子、原子中的电子、原子核中的质子和中子等粒子的运动都有一个共同的特点,即粒子的运动都被限制在一个很小的空间范围内,或者说,粒子处于束缚态。如金属中的电子要逸出金属需要克服正电荷的吸引,因此电子在金属外的电势能高于金属内的电势能,其一维的势能形状与陷阱相似,如图 11.19(a)中电子在金属中的势能曲线所示,故称势阱。为了使计算简化,提出一个理想的

势阱模型,如图 11.19(b)中一维无限深势阱所示,势能可以写成

$$\begin{cases} V(x)=0 & (0<x<a) \\ V(x)=\infty & (x\leqslant 0, x\geqslant a) \end{cases} \quad (11.45)$$

这种势能被称为一维无限深势阱,a 为势阱宽度。

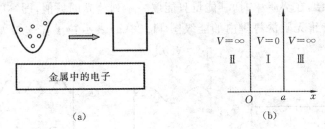

图 11.19

由于势能与时间无关,需由定态薛定谔方程求解 $\psi(x)$,考虑到势能是分段的,列方程求解也需要分阱外、阱内两个区间进行。

在阱外($x\leqslant 0, x\geqslant a$),$V(x)=\infty$,设波函数为 ψ_e,定态薛定谔方程为

$$-\frac{\hbar^2}{2m}\frac{d^2\psi_e}{dx^2}+\infty\psi_e=E\psi_e$$

因粒子不能有无限大能量,要使上式成立,唯有 $\psi_e=0$,即粒子不能出现在阱外。

在阱内($0<x<a$),$V(x)=0$,设波函数为 ψ_i,定态薛定谔方程为

$$-\frac{\hbar^2}{2m}\frac{d^2\psi_i}{dx^2}=E\psi_i \quad (11.46)$$

可写为

$$\frac{d^2\psi_i}{dx^2}+k^2\psi=0, \quad k^2=\frac{2mE}{\hbar^2} \quad (11.47)$$

这个方程的通解为

$$\psi(x)=A\sin(kx+\delta) \quad (11.48)$$

式中,A、δ 为任意常数。因为在阱壁上波函数必须单值、连续,即应有 $\psi_i(0)=\psi_e(0)=0$,可得 $A\sin\delta=0$。由于波函数不能恒为零,所以要求 $\delta=0$。

$\psi_i(a)=\psi_e(a)=0$,可得 $\sin(ka)=0$,则 $ka=n\pi(n=1,2,3,\cdots)$。因此有

$$\psi(x)=A\sin\left(\frac{n\pi}{a}x\right) \quad (n=1,2,3,\cdots) \quad (11.49)$$

这里舍去了 $n=0$ 的情况,因为 $n=0$ 时,恒有 $\psi=0$,这表明概率密度处处为零,即不存在粒子,没有物理意义。n 也不取负整数,因为如果 n 取负整数,式(11.49)变为 $-\psi(x)$,它与 $\psi(x)$ 具有相同的物理意义,所以 n 只取正整数。

根据波函数所满足的归一化条件可得

$$\int_{-\infty}^{+\infty}|\psi(x)|^2 dx=A^2\int_0^a \sin^2\left(\frac{n\pi}{a}x\right)dx=A^2\cdot\frac{a}{2}=1$$

所以归一化常数 $A=\sqrt{\dfrac{2}{a}}$。由 $k^2=\dfrac{2mE}{\hbar^2}$ 和 $ka=n\pi$ 可得

$$E_n=\dfrac{n^2\pi^2\hbar^2}{2ma^2} \quad (n=1,2,3,\cdots) \tag{11.50}$$

所以当粒子被束缚在势阱中时，其能量只能取一系列分立的数值，即它的能量是量子化的。粒子在一维无限深势阱内的能级图 11.20(a) 表示粒子在一维无限深势阱内的能级。

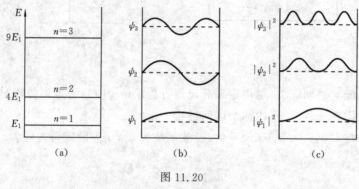

图 11.20

(a) 能级；(b) ψ_n；(c) $|\psi_n|^2$

与能量 E_n 对应的归一化波函数为

$$\psi_n(x)=0 \quad (x\leqslant 0, x\geqslant a)$$

$$\psi_n(x)=\sqrt{\dfrac{2}{a}}\sin\left(\dfrac{n\pi}{a}x\right) \quad (0<x<a, n=1,2,3,\cdots) \tag{11.51}$$

阱内粒子的概率分布由 $|\psi_n(x)|^2=\dfrac{2}{a}\sin^2\left(\dfrac{n\pi}{a}x\right)$ $(n=1,2,3,\cdots)$ 给出。ψ_1、ψ_2、ψ_3 和相应的概率分布如图 11.20(b) 和 (c) 所示。由图 11.20 可见，处在不同能级的粒子，在势阱中的概率分布是不同的。在基态($n=1$)时，势阱中部出现的概率最大，越接近阱壁，概率越小，在阱壁处概率为零。这些结果与经典的观念是完全不同的，在经典力学中粒子的能量可以连续取任意值，最小能量为零(粒子静止)。从式 (11.50)可以看出，能级的间隔取决于粒子的质量 m 和势阱宽度 a，只有当 m 和 a 的数值同 $\hbar$ 有相仿的数量级时，能级的量子化才显示出来。否则，能级间隔就非常小，可以认为能级是连续的。按经典的观念，粒子在阱内不断运动，在阱内找到粒子的概率是处处相等的。但由图 11.20(c) 可以看到，随着 n 的增大，概率曲线起伏次数也增多，当 n 很大时，曲线的峰与峰之间靠得很近，这就非常接近经典概率分布了。

11.6.2 一维方势垒　隧道效应

如图 11.21 所示的势能分布如下

$$V(x)=V_0 \quad (0\leqslant x\leqslant a)$$

$$V(x)=0 \quad (x<0, x>a)$$

这种势能分布称为一维方势垒。设有质量为 m、能量为 E 的粒子从区域Ⅰ沿 x 方向运动,当粒子的能量 E 低于 V_0 时,按照经典力学观点,粒子不能进入势垒,将全部被弹回。但是量子力学将给出全然不同的结论。由于 V_0 与时间无关,所以也是个定态问题。我们从一维定态薛定谔方程出发 $\dfrac{d^2\psi}{dx^2}=\dfrac{2m}{\hbar^2}[V(x)-E]\psi$,然后分三个区域求解。

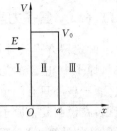

图 11.21

在区域Ⅰ $(x<0)$, $V=0$,设波函数为 $\psi_Ⅰ(x)$,薛定谔方程为

$$\frac{d^2\psi_Ⅰ}{dx^2}=-\frac{2mE}{\hbar^2}\psi_Ⅰ=-k_1^2\psi_Ⅰ, \quad k_1^2\equiv\frac{2mE}{\hbar^2}$$

其解是正弦波 $\quad\quad\quad\quad\psi_Ⅰ=A_1\sin(k_1x+\delta_1)$

在区域Ⅱ $(0<x<a)$, $V=V_0>E$,设波函数为 $\psi_Ⅱ(x)$,薛定谔方程为

$$\frac{d^2\psi_Ⅱ}{dx^2}=\frac{2m}{\hbar^2}(V_0-E)\psi\equiv k_2^2\psi_Ⅱ, \quad k_2^2\equiv\frac{2m}{\hbar^2}(V_0-E)$$

其解是指数函数 $\quad\quad\quad\quad\psi_Ⅱ=A_2e^{-k_2x}+B_2e^{k_2x}$

在区域Ⅲ $(x>a)$, $V=0$,设波函数为 $\psi_Ⅲ(x)$,薛定谔方程与区域Ⅰ类同,其解也是正弦波

$$\psi_Ⅲ=A_3\sin(k_1x+\delta_3)$$

式中,A_1、A_2、A_3、B_2、δ_1、δ_2 均为常数,可由波函数在 $x=0$ 和 $x=a$ 两处连续和归一化的要求决定(具体计算略)。

由上面的讨论可知,在区域Ⅲ的波函数并不为零,因为原在区域Ⅰ的粒子有通过区域Ⅱ进入区域Ⅲ的可能,见图 11.22。可以算出,粒子从区域Ⅰ到区域Ⅲ的穿透概率为

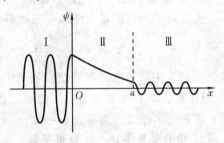

图 11.22

$$p=e^{-\frac{2}{\hbar}\sqrt{2m(V_0-E)}a}$$

$$\ln p=-\frac{2}{\hbar}\sqrt{2m(V_0-E)}a$$

由此可见,势垒厚度 a 越大,穿透概率越小;粒子的能量 E 越大,则穿透概率也越大。在粒子总能量低于势垒高($E<V_0$)的情况下,粒子有一定的概率穿透势垒。粒子能穿透比其能量更高的势垒的现象,称为隧道效应。微观粒子穿透势垒的现象已被许多实验所证实。例如,原子核的 α 衰变、电子的场致发射、超导体中的隧道结等,都是隧道效应的结果。利用隧道效应已制成隧道二极管。利用隧道效应还成功研制了扫描隧道显微镜,它是研究材料表面结构的重要工具。

*11.6.3 量子力学中的原子结构问题

薛定谔方程只对几个简单的系统能精确求解,对复杂系统必须用近似方法求解。在氢原子中,电子的能级和波函数是可以精确解出的。这些结果完全适用于一切类氢(原子核外只有一个电子)离子,也是计算复杂原子中单电子近似能级和波函数的依据;在说明复杂原子的壳层结构、分子的结构与功能时,也起着重要作用。下面避开复杂的计算,只介绍某些重要的结果。

氢原子只有一个电子,电子质量远小于核的质量,这样可以认为核是静止的,则电子在整个系统中的势能主要是电子与原子核之间的静电相互作用,即

$$V(r) = -\frac{e^2}{4\pi\varepsilon_0 r}$$

因此在类氢离子中电子运动的定态薛定谔方程是

$$\frac{\partial^2 \psi(r)}{\partial x^2} + \frac{\partial^2 \psi(r)}{\partial y^2} + \frac{\partial^2 \psi(r)}{\partial z^2} + \frac{2m}{\hbar^2}\left(E + \frac{Ze^2}{4\pi\varepsilon_0 r}\right)\psi(r) = 0$$

解此方程,可得出类氢离子的如下量子的特征。

1. 四个量子数

用量子理论处理类氢离子问题时,原子中的电子可处于不同的运动状态,相应地可由 4 个量子数来描述,即有 4 个量子化条件。现简要介绍如下。

1)能量量子化——主量子数 n

类氢离子的总能量只能取一系列分立值,这种现象称为能量量子化。这些值是

$$E_n = -\frac{me^4}{8\varepsilon_0^2 h^2} \cdot \frac{Z^2}{n^2} \quad (n = 1, 2, 3, \cdots)$$

式中,n 称为主量子数。在氢及类氢离子中只有一个电子,n 是电子能量的唯一决定者;但在复杂原子中,由于各电子间相互作用,n 只是单电子能量的主要决定者。$Z=1$ 时上式和玻尔理论的结果完全一致。

2)角动量量子化——角量子数 l

在经典力学中,粒子在中心对称的势场中运动,它的角动量守恒,角动量 L 可取任意值而保持不变。在量子力学中,薛定谔方程解出的结果是,电子在原子中虽有确定的角动量并保持不变,但这些值不是任意的,它只能取一系列分立的值,这种现象称为角动量量子化。这些值是

$$L = \sqrt{l(l+1)}\frac{h}{2\pi} \quad (l = 0, 1, 2, \cdots, n-1)$$

式中,l 称为角量子数,它决定角动量数值的大小。显然,角动量不同,电子处于不同的运动状态。在主量子数为 n 时,电子可以分别处于 n 种不同的状态。通常称 $l=0$, $1, 2, \cdots, n-1$ 的运动状态为 s、p、d、f、g、h 等状态。

3)空间量子化——磁量子数 m_l

角动量是矢量,在经典力学中,角动量矢量在空间的取向是任意的,相当于玻尔

轨道平面在空间的取向是任意的。在量子力学中,解薛定谔方程得出的结果是,角动量在空间中的取向不是任意的,它在空间某一特殊方向,例如,沿 z 轴方向的分量 L_z 只能取一系列分立值,这种现象称为空间量子化。这些值为

$$L_z = m_l \frac{h}{2\pi} \quad (m_l = 0, \pm 1, \pm 2, \cdots, \pm l)$$

式中,m_l 称为磁量子数,它决定了电子轨道角动量在外磁场中的取向。L_z 不同,电子角动量在空间取向不同,电子的运动状态也不同。角动量相同的电子,可以分别处于 $2l+1$ 种不同的状态。

4）自旋量子化——自旋量子数 s

s 态电子的轨道角动量虽然等于零,但斯特恩和盖拉赫实验证明,电子在这种状态时仍具有角动量。电子除了做绕核运动外,还有自旋。依照轨道角动量及其分量的量子条件,电子自旋角动量的值为

$$L_s = \sqrt{s(s+1)} \frac{h}{2\pi}$$

式中,s 称为自旋量子数。质子、中子的自旋量子数 $s = \frac{1}{2}$,电子的自旋量子数 $s = \frac{1}{2}$,光子的自旋量子数 $s = 1$。

自旋角动量沿 z 轴方向的分量 L_{sz} 的量值是

$$L_{sz} = m_s \frac{h}{2\pi} \quad (m_s = -s, -s+1, \cdots, +s)$$

式中,m_s 称为自旋磁量子数。由于电子的自旋量子数 $s = \frac{1}{2}$,所以 m_s 的可能取值是 $-\frac{1}{2}$ 和 $+\frac{1}{2}$,即对应于每一个由 (n, l, m) 所确定的函数,电子可能有两种不同的运动状态,这两种状态的 m_s 取值分别为 $-\frac{1}{2}$ 和 $+\frac{1}{2}$。

综上所述,根据量子力学理论,类氢离子的电子运动状态,要由四个量子数来确定,不同的运动状态有不同的量子数。当给定主量子数 n 时,l 的取值为 $0, 1, 2, 3, \cdots, n-1$,共有 n 个值。当 l 给定时,m_l 的可能值为 $0, \pm 1, \pm 2, \cdots, \pm l$,共有 $2l+1$ 个值。电子的 m_s 的可能值只有 2 个,即 $-\frac{1}{2}$ 与 $+\frac{1}{2}$。因此,对于给定的主量子数 n,电子可能的运动状态为 Z_n 个,Z_n 为

$$Z_n = \sum_{l=0}^{n-1} 2(2l+1) = 2n^2$$

2. 多电子原子

一个原子序数为 Z 的原子,原子核外有 Z 个电子,每个电子除了受到原子核的引力外,还受到其他电子的斥力。一个电子在原子核外的电势能为原子核引力产生的势能和其他电子产生的势能之和。因此对于多电子原子,用薛定谔方程求解是困

难的,而只能采用近似方法来解决。常用的有电子独立运动模型、哈特里-福克自洽场模型、中心力场模型等。求解的结果表明:一般情况下,n 值越小,能级越低;n 值相同而 l 值不同的状态,能量略有不同,即给定主量子数 n,由于 l 有 n 个可能值,因而有 n 个相近的能级。

核外电子与宏观物体一样,最稳定的状态就是能量最低的状态。核外电子都有占据最低能级的趋向,这就是能量最小原理。但是,电子在核外的分布,还必须遵从泡利不相容原理。1925 年泡利从实验中总结出一个原理,在一个原子内不可能有两个处于同一量子状态的电子,这个原理称为泡利不相容原理。根据这一原理,一个原子内每个电子都有它独自的四个量子数,换言之,任何两个电子都不可能有完全相同的四个量子数。

前面已经讨论过,对于给定的主量子数 n,电子可能的运动状态有 $2n^2$ 个,对于 $n=1$,电子只有两个可能的运动状态。如果原子的原子序数 Z 大于 2,那么,根据泡利不相容原理,核外的 Z 个电子就不可能都处于 $n=1$ 的能级,而要处于 $n=2$,$n=3$ 等较高的能级。一般说来,非激发态的原子,核外 Z 个电子按照从低能级到高能级的规律,从 $n=1$,$l=0$ 开始分布在若干个能级上。

分布在各个能级上的电子,n 值相同的电子属于同一壳层,各个壳层常用代号表示,分别用 K、L、M、N、O、P 表示 $n=1,2,3,4,5,6$ 的各个壳层。同一壳层中具有同一角量子数 l 的电子,则称为处于同一支壳层。各个支壳层也有代表符号,分别用 s、p、d、f、g、h 表示 $l=0$、1、2、3、4、5 的各支壳层。利用 l 的代表符号,可以把原子的电子状态表示为 2p、3s、4d 等,其中数字表示主量子数。例如,4d 表示电子处于 $n=4$,$l=2$ 的状态。表 11.3 列出每一壳层及支壳层所能容纳的电子数。

表 11.3

壳层	符号	电子数 l	0 s	1 p	2 d	3 f	4 g	5 h	6 i	Z_n
1		K	2							2
2		L	2	6						8
3		M	2	6	10					18
4		N	2	6	10	14				32
5		O	2	6	10	14	18			50
6		P	2	6	10	14	18	22		72
7		Q	2	6	10	14	18	22	26	98

多电子原子中由于电子的分布是逐层远离原子核的,内壳层通常被填满,电子云是闭合对称的,这样就对外层电子起着屏蔽作用,使最外层的价电子所受到核电荷的引力减小,并且内层电子靠近原子核,外层电子的作用几乎可以略去不计。

原子处于正常状态时,每个电子都趋向占据可能的最低能级,能量越低的能级首先被电子填满,其余电子依次向未被占据的最低能级填充,直到所有核外电子分别填入可能占据的最低能级为止。由于能量还和角量子数 l 有关,所以在某些情况下,n 较小的低能级壳层尚未填满时,下一壳层上就开始有电子填入了。这就造成电子在原子中逐层分布的实际情况不完全像表 11.3 电子在原子中逐层分布排列的那样。例如,第三壳层只包括 3s 和 3p 的态,共 8 个电子,电子不是先填 3d 然后再填第四壳层,而是先填 4s 再填 3d。这是因为平均说来,角动量大的电子比角动量小的电子离核远些,受到内层电子的屏蔽作用较大,电子受到核的引力较小,因此势能较高,3d 态的电子角动量大于 4s 态,总能量比 4s 态高,所以,先填 4s,再填 3d。同样原因,还发生先填 5s 后填 4d,先 6s 后 5d 等情况。

按量子力学求得的各元素原子中电子逐层排列情况,已被物理、化学元素的周期性得到完全证实。我国科学家总结出确定原子壳层能级高低的经验公式,即 $n+0.7l$ 的值越大,能级越高。

*11.7 激 光 原 理

激光是 20 世纪 60 年代出现的一种新型光源——激光器发出的光。激光一词的本意是受激辐射放大的光。1960 年美国休斯研究实验室的梅曼制成了第一台红宝石激光器,1961 年 9 月中国科学院长春光学精密机械研究所制成了我国第一台激光器。此后,在激光器的研制、激光技术的应用以及激光理论方面都取得了巨大进展,并带动了一些新型学科的发展,如全息光学、傅里叶光学、非线性光学、光化学等,激光还与当今的重点产业——信息产业密切相关。

11.7.1 激光产生的物理基础

1. 原子与光的相互作用

光与原子的相互作用,实质上是原子吸收或辐射光子,同时改变自身运动状况的表现。按照原子的量子理论,光与原子的相互作用可能引起自发辐射、受激吸收和受激辐射三种跃迁过程。

原子都有它特有的一套能级。任何时刻,一个原子只能处于与某一个能级相对应的状态。当原子处于激发态时,在没有外界激发的情况下会自发地由高能级跃迁到低能级,同时发射光子,这就是自发辐射,如图 11.23(a)所示。对于每个激发态原子来说,自发辐射是独立进行的,因此发射的光子是彼此独立的,它们所发出的光,无论是频率、振动方向,还是相位,都不一定相同。白炽灯、日光灯、高压水银灯等普通光源,它们的发光过程就是自发辐射,因此可以从各个方向看到它们的光。

当有外来光子作用于原子体系时,若光子的能量恰好与原子某一对能级的能量差相等,则处于低能级的原子可以吸收光子跃迁到高能级上去,这称为受激吸收,如图 11.23(b)所示。

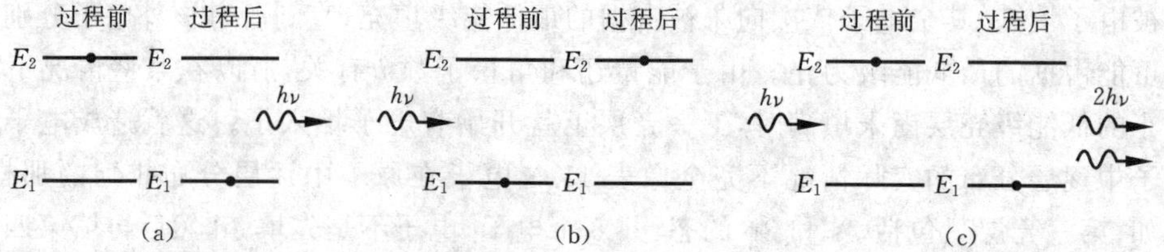

图 11.23
(a) 自发辐射；(b) 受激吸收；(c) 受激辐射

1917 年爱因斯坦从理论上指出,除自发辐射外,处于高能级上的粒子还可以另一方式跃迁到较低能级。当有外来光子作用于原子体系时,如光子的能量恰好与原子某一对能级的能量差相等,且又有原子正处于高能级上,则处于高能级上的原子可能在外来光子的刺激下向低能级跃迁,同时发射一个和外来光子完全一样的光子,这称为受激辐射,如图 11.23(c)所示。受激辐射的结果是,原子从高能级回到低能级,而光子由一个变成两个,如果处于高能级上的原子数量足够多,那么这两个光子会陆续诱发其他原子发生受激辐射,产生大量相同的光子,形成一束频率、相位、偏振状态、发射方向都与入射光子一样的强光,这意味着原来的光信号被放大了。这种在受激辐射过程中产生并被放大的光就是激光。

2. 粒子数反转

爱因斯坦 1917 年提出受激辐射,激光器却在相隔 43 年后的 1960 年问世,主要原因是普通光源中的粒子产生受激辐射的概率极小。在原子体系中,受激辐射、受激吸收和自发辐射都同时存在,并且在通常状态下,绝大多数的原子都处于基态上。从光的放大作用来说,受激吸收和受激辐射是相互矛盾的,吸收过程使光子数减少,而辐射过程则使光子数增加。因此要实现光放大而获得激光输出,必须是受激辐射大于受激吸收,这就要求高能级上的原子数大大超过低能级上的原子数,并且高能级上的原子不发生自发辐射,实现所谓的粒子数反转。如何从技术上实现粒子数反转是产生激光的必要条件。要实现粒子数反转,除采用适当的手段供给原子体系能量,使其大量激发到高能级上外,还必须选择合适的原子,使它们的能谱中存在某些亚稳态(因而不产生自发辐射)。

当频率一定的光射入工作物质时,受激辐射和受激吸收两过程同时存在,受激辐射使光子数增加,受激吸收使光子数减小。统计物理理论指出,在通常的热平衡状态下,工作物质中的原子在各能级上的分布服从玻耳兹曼分布定律,即在温度为 T 时,原子处于能级 E_i 的分子数为 $N_i = Ae^{-E_i/(kT)}$,其中 k 为玻耳兹曼常量。因此处于 E_1 和 E_2 的原子数 N_1 和 N_2 之比为 $\frac{N_2}{N_1} = e^{-(E_2-E_1)/(kT)}$,对室温 $T = 300$ K,设 $E_2 - E_1 = 1$ eV,得 $\frac{N_2}{N_1} \approx e^{-40}$,这说明在正常状态下,处于高能态的原子数远远小于处于低能态的原子数,这种分布称为正常分布。在正常分布下,当光通过物质时,受激吸收过程与受激辐射过程相比占优势,不可能实现光放大。要想使受激辐射占优势,必须使处在高能级 E_2 的粒子数大于处在低能级 E_1 的粒子数。这种分布正好与平衡态时的粒子正常分布相反,称为粒子数布居反转分布,简称粒子数反转。如何从技术上实现粒子数反转是产生激光的必要条件。实用激光器中,主要构件(如图 11.24 激光器的结构示意图所示)的大体情况如下。

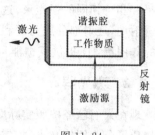

图 11.24

1) 工作物质

要实现粒子数布居反转,首先要有能实现粒子数布居反转分布的物质,称为工作物质(或称激活介质),这种物质必须具有适当的能级结构。我们知道,原子可以长时间处于基态,而处于激发态的时间(即激发态寿命)一般很短,为 10^{-8} s 左右,所以激发态是不稳定的,因此必须选择合适的原子作为工作物质,使它们的能谱中存在某些亚稳态(因而不产生自发辐射)。工作物质可以是气体、液体、固体或半导体。例如,在氦原子、氖原子、氩原子、钕离子、二氧化碳等粒子中都存在亚稳态。具有亚稳态的工作物质,就能实现粒子数反转。

2) 激励(泵浦)

为使工作物质中出现粒子数反转,还必须从外界输入能量,使工作物质有尽可能多的原子吸收能量后由低能态跃迁到高能态,使处于高能级上的粒子数增加,这个过程称为激励。用气体放电的办法激发物质原子,称为电激励,也可用脉冲光源去照射工作物质,称为光激励,还有热激励、化学激励等。为了不断地得到激光输出,就需不断地将处于低能级的原子抽运到高能级上去,激励过程形象地称为泵浦。

3) 谐振腔

仅仅使工作物质处于反转分布,产生光放大,虽可以得到激光,但这时的激光寿命比较短,强度很弱,没有实用价值。为获得有一定寿命和强度的激光,还必须加上一个光学谐振腔。所谓光学谐振腔,就是光波在其中来回反射从而提供光能反馈的空腔,是激光器的必要组成部分,通常由两块与工作介质轴线垂直的平面或凹球面反射镜构成。工作物质实现了粒子数反转后就能产生光放大。谐振腔的作用是选择频率一定、方向一致的光作最优先的放大,而把其他频率和方向的光加以抑制。如图 11.25 光学谐振腔示意图所示,凡不沿谐振腔轴线运动的光子均很快逸出腔外,与工作介质不再接触。沿轴线运动的光子将在腔内继续前进,并经两反射镜的反射不断往返运行产生振荡,运行时不断与受激粒

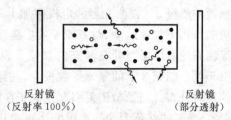

图 11.25

子相遇而产生受激辐射,沿轴线运行的光子将不断增殖,在腔内形成传播方向一致、频率和相位相同的强光束,这就是激光。为把激光引出腔外,可把一面反射镜做成部分透射的,透射部分成为可利用的激光,反射部分留在腔内继续增殖光子。光学谐振腔的作用有:① 提供反馈能量;② 选择光波的方向和频率。

11.7.2 激光器

现在人们已经按照实际应用的需求,造出了各种各样的激光器。按照它们的工作物质可分为固体激光器、气体激光器、半导体激光器、液体激光器和自由电子激光器,其他还有光纤激光器、化学激光器、单原子激光器、X射线激光器等;按照激光的运转方式来分,可分为连续激光器、单次脉冲激光器、重复脉冲激光器、调Q激光器、锁模激光器、单模和稳频激光器、可调谐激光器,等等;按激励方式来分,可分为光泵式激光器、电激励式激光器、化学激励激光器(又称化学激光器)、核泵激光器等。按照输出激光的波段范围来分,可分为远红外激光器、中红外激光器、近红外激光器、可见激光器、近紫外激光器、真空紫外激光器、X射线激光器等。

下面介绍两种简单的激光器。

1. 氦-氖(He-Ne)激光器

氦-氖(He-Ne)激光器以氦、氖气体为工作物质,激光管的外壳用硬质玻璃制成,中间有一根毛细管作为放电管,制成时先抽去管内空气,然后按5∶1~10∶1的氦、氖比例充气,直至总压力为 $2.66\times10^2 \sim 3.99\times10^2$ Pa。管的两端面为反射镜,组成光学谐振腔。激励是用气体放电的方式进行的,为了使气体放电,在阳极和阴极之间加上几千伏特的高压,形成的激光通过部分透光反射镜输出。这种激光器发出的激光波长为632.8 nm。

氦、氖气体中粒子数的布局反转分布是如何形成的呢? 在这两种气体的混合物中,产生受激辐射的是氖原子,氦原子只起传递能量的作用。在通常情况下,绝大多数的氦原子和氖原子都处在基态(如图11.26氦和氖的原子能级示意图所示),氦原子的能级中有两个亚稳态,氖原子有两个与氦原子的这两个亚稳态十分接近的能级1和2,并存在一个寿命极短的能级3。在激光器两电极间加上几千伏特的电压时,产生气体放电,电子在电场的作用下加速运动,与氦原子发生碰撞,使氦原子激发到两个亚稳态上。这些处于亚稳态的氦原子与处在基态的氖原子发生碰撞,并使氖原子激发到能级1和2上。由于处在能级3上的氖原子数极少,这样在能级1、2和能级3之间就形成了粒子数的反转分布。当受激辐射引起氖原子在能级1和能级3之间跃迁时,即发射波长为632.8 nm的红色激光。能级2、3间和其他能级间的跃迁所产生的辐射为红外线,采取一定的措施可以把它遏止掉。

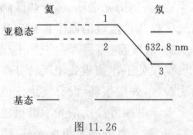

图 11.26

氦氖激光器的输出功率不大，25 cm 长的激光管输出功率为 1 mW 左右，50 cm 长的激光管输出功率为 3～10 mW。输出方式是连续输出。目前，在各种常用的激光器中，氦-氖激光器输出激光的单色性最好。因此，在各种精密测量中常采用这种激光器。此外，它还具有结构简单、使用方便、成本低等优点。

2. 红宝石激光器

红宝石激光器是最早(1960 年)制成的激光器。它的工作物质是棒状红宝石晶体，棒的两端面要求很光洁并严格平行。作为谐振腔的两个反射镜可以单独制成，也可以利用棒的两端面镀上反射膜制成。激励是利用脉冲氙灯发出强烈的光脉冲进行的。为了提高激励功率，常装有聚光器。另外，附有一套用于点燃氙灯的电源设备。为了防止红宝石温度升高，还附有冷却设备。红宝石激光器发出的是脉冲激光，它的波长为 694.3 nm。棒长为 10 cm、直径为 1 cm 的红宝石激光器，每次脉冲输出的能量为 10 J，脉冲持续时间为 1 ms，平均功率为 10 kW。

11.7.3 激光束的特性和应用

普通光源发出的光是向各个方向辐射，并随着传播距离的增加而衰减的。主要原因是这些光源发的光是组成光源的大量分子或原子在自发辐射过程中各自辐射光子。激光是入射光子经受激辐射过程被放大的产物。由于激光产生的机理与普通光源的发光不同，这就使激光具有不同于普通光的一系列性质。

1. 方向性好

激光不像普通光源向四面八方传播，而是几乎在一条直线上传播，所以我们称激光的准直性好。因为激光要在谐振腔内来回反射，若光线偏离轴线，则多次反射后终将逸出腔外，因此从部分透明的反射镜射出的激光方向性好。良好的方向性使激光成为射得最远的光，应用于测距、通信、定位方面。

2. 亮度高

一般光源发光是向很大的角度范围内辐射，如电灯泡不加约束时向四面八方辐射。激光的辐射范围在 1×10^{-3} rad(0.06°)左右，因此即使普通光源与激光光源的辐射功率相同，激光的亮度将是普通光源的上百万倍。1962 年人类第一次从地球上发出激光束射向月球，由于激光的方向性好、亮度高，加上颜色鲜红，所以能见到月球上有一红色光斑。激光的高亮度在激光切割、手术、军事上有重要应用，现正研究用高亮度的激光引发热核反应。

3. 单色性好

光的颜色取决于光的波长，通常把亮度为最大亮度一半的两个波长间的宽度定义为这条光谱线的宽度，光谱线宽度越小，光的单色性越好。普通光源发出自然光的光子频率各异，含有各种颜色，如可见光部分的颜色有七种，每种颜色的谱线宽度为 40～50 nm。激光由于受激辐射的光子频率(或波长)相同与谐振腔的选频作用，而具有很好的单色性。例如，普通光源中单色性最好的氪(Kr^{86})灯(波长为 605.7 nm)

谱线宽度为 4.7×10^{-4} nm,而氦-氖激光器输出的红色激光(波长为 632.8 nm)谱线宽度则小于 10^{-8} nm,两者相差数万倍。故激光器是目前世界上最好的单色光源。激光良好的单色性使激光在测量上优势极为明显。

4. 相干性好

自发辐射产生的普通光是非相干光,而受激辐射光子的特性使激光具有良好的相干性。

同一地点、不同时刻发出的光相干,即空间同一位置在相同时间间隔 τ_c 的光波,相位关系不随时间变化而变化,称为光的时间相干。τ_c 称为相干时间,而 $L_c=c\tau_c$ 称为相干长度。τ_c 或 L_c 越长,则光的时间相干性越好。时间相干性起因于粒子发光的间断性,由物理光学可知相干时间就是粒子发光的持续时间,而粒子在受激辐射上能级的平均寿命 τ 即粒子相应发光的持续时间,受激辐射的上能级的平均寿命很长,因此激光的时间相干性很好。

同一时刻、不同地点发出的光相干,即空间不同位置在同一时刻的光波,相位关系不随时间变化而变化,称为光的空间相干。空间相干性起因于粒子发光之间的联系,尤其是相位关系。受激辐射的光子在相位、频率、偏振方向上都相同,再加之谐振腔的选频作用,使激光束横截面上各点间有固定的相位关系,所以激光的空间相干性也很好。

激光的问世,为我们提供了最好的相干光源,促使相干技术获得飞跃发展,全息摄影才得以实现。

5. 偏振性好

受激辐射的特点表明激光束中各个光子的偏振状态相同。利用谐振腔输出端的布儒斯特窗在临界角时只允许与入射面平行的光振动通过,可输出偏振光,并可对其调整。因此激光具有良好的偏振性。

上述激光五个方面的特性彼此是相互关联的,可以概括为两大方面。

(1) 与普通光源相比,激光器所输出的光能量的特别之处不在于其大小而在于分布特性,激光能量在空间、时间以及频谱分布上的高度集中,使激光成为极强的光。

(2) 激光是单色的相干光,而普通光是非相干光。

显然,这些特性的产生都源于激光特殊的发射机制与光学谐振腔的作用。因此激光作为一种新类型的光登上科学舞台,这些特性正在不断地获得应用,已在生产、生活、国防等各个方面都有着应用,几乎成为所有现代技术依赖的手段。例如,激光通信利用信号对激光载波进行调制而传递信息,其优点是传输的信息量大,理论上红外激光可同时传送上千亿个电话。利用激光技术获得低温的方法称为激光冷却,现已可使中性气体分子达到 10^{-10} K 的极低温状态。当高功率的激光器问世后,人们在激光与物质相互作用过程中观察到非线性光学现象,如频率变换、拉曼频移、自聚焦、布里渊散射等,在自然科学研究方面得到广泛的应用。激光与能源密切相关的两方面应用是激光分离同位素和激光核聚变,高亮度的激光用于引发热核聚变,使氘和氚聚变成氦和中子后释放出大量能量。当生物组织吸收激光能量后,将会使生物体发生光-生物热效应、生物光压效应、生物光化学效应、生物电磁效应和生物刺激效应,由此引起生物遗传异变。我国已用激光照射种子培育新品种,改善品质。在医学上,可用激光做手术刀。在激光的研究与开发中作出突出贡献的学者也因其贡献而获得了诺贝尔物理学奖:1964 年,美国汤斯、苏联巴索夫和普洛霍罗夫因在激光理论上的贡献而获奖;1981 年美国肖洛因发展激光光谱学及对激光应用做出的贡献、美国布隆伯根因开拓与激光密切相关的非线性光学而两人共同获奖;1997 年美国朱棣文、科恩和飞利浦因首创用激光束将原子冷却到极低温度的方法共同获奖。

提　　要

1. 热辐射

(1) 热辐射:物体中的分子、原子因受热而向周围发射能量的现象,称为热辐射。

(2) 黑体:能吸收一切外来的电磁辐射而完全不发生反射和透射的物体。黑体的辐射本领最大,只是一种理想模型。

(3) 黑体辐射的实验规律。

① 斯忒藩-玻耳兹曼定律:
$$M(T) = \int_0^{+\infty} M_\lambda(T) d\lambda = \sigma T^4$$

式中,$\sigma = 5.67 \times 10^{-8}$ W/(m²·K⁴)称为斯忒藩-玻耳兹曼常量。

② 维恩位移定律:$\lambda_m T = b = 2.898 \times 10^{-3}$ m·K。

(4) 普朗克的量子假设:辐射黑体中的分子、原子振动时电磁辐射的能量交换只能是量子化的,即 $E = nh\nu, n = 1, 2, 3, \cdots$。

2. 光电效应　康普顿效应

1) 爱因斯坦光电效应方程

$$h\nu = \frac{1}{2}mv^2 + A$$

式中,$\frac{1}{2}mv^2$ 为光电子的最大初动能,$\frac{1}{2}mv^2 = e|U_a|$;A 为光电子离开金属表面所做逸出功,是与金属材料有关的量。

2) 康普顿效应

康普顿散射公式

$$\Delta\lambda = \lambda - \lambda_0 = \frac{h}{m_e c}(1 - \cos\varphi) = \frac{2h}{m_e c}\sin^2\frac{\varphi}{2} = 2\lambda_c \sin^2\frac{\varphi}{2}$$

式中,λ_0 为入射光的波长,λ 为散射光的波长,$h/(m_e c) = 2.43 \times 10^{-12}$ m 称为康普顿波长。

3. 物质的本性

1) 光的波粒二象性

光既有波动性又有粒子性，即

$$E = h\nu, \quad p = \frac{h}{\lambda}$$

2) 德布罗意波

以动量 p 运动的实物粒子的波的波长为

$$\lambda = \frac{h}{p}$$

式中，h 为普朗克常量，λ 称为德布罗意波长，这种和实物粒子相联系的波称为德布罗意波或物质波。

4. 玻尔的氢原子理论

(1) 氢原子光谱的实验规律

$$\tilde{\nu} = R\left(\frac{1}{m^2} - \frac{1}{n^2}\right)$$

其中，$m = 1, 2, 3, \cdots$。对每一个 m，$n = m+1, m+2, m+3, \cdots$。

(2) 玻尔理论的基本假设

① 定态假设：电子在原子中一些特定的轨道上运动，但并不辐射电磁波，相应的能量分别为 $E_1, E_2, E_3, \cdots$ 这些状态称为原子的稳定状态，简称定态。

② 频率条件：$h\nu = E_{n'} - E_n$。

③ 角动量量子化条件：$L = m_e v r = n\hbar$，$n = 1, 2, 3, \cdots$。

(3) 氢原子轨道半径和能量

$$r_n = \frac{\varepsilon_0 h^2}{\pi m_e e^2} n^2 = n^2 a_0 \quad (n = 1, 2, 3, \cdots)$$

$$E_n = -\frac{m e^4}{8 \varepsilon_0^2 h^2} \frac{1}{n^2} = \frac{E_1}{n^2} \quad (n = 1, 2, 3, \cdots)$$

式中，$a_0 = \frac{\varepsilon_0 h^2}{\pi m_e e^2} \approx 0.053 \text{ nm}$，$E_1 = -\frac{m e^4}{8 \varepsilon_0^2 h^2} \approx -13.6 \text{ eV}$。

(4) 玻尔理论的局限性：玻尔的氢原子理论只是经典理论与量子条件的混合物，并没有形成完整的理论体系。

5. 薛定谔方程

1) 不确定关系

坐标和动量的不确定关系为

$$\Delta x \Delta p_x \geqslant \frac{\hbar}{2}, \quad \Delta y \Delta p_y \geqslant \frac{\hbar}{2}, \quad \Delta z \Delta p_z \geqslant \frac{\hbar}{2}$$

时间和能量的不确定关系为

$$\Delta t \Delta E \geqslant \frac{\hbar}{2}$$

2) 波函数及其统计解释

(1) 波函数：量子力学中用波函数 ψ 全面描述微观粒子的运动状态，由 ψ 可以得知状态的全部物理性质。

(2) 一个动量为 p、能量为 E 的自由粒子的运动状态应当用一个平面波来描述，即

$$\psi = \psi_0 e^{\frac{i}{\hbar}(p \cdot r - Et)} = \psi_0 e^{\frac{i}{\hbar}(p_x x + p_y y + p_z z - Et)}$$

(3) 波函数的统计解释：在空间某处发现粒子的概率同波函数的模的平方 $|\psi|^2$ 成正比，$|\psi|^2 d\tau = \psi \psi^* d\tau$，其中，$\psi^*$ 是 ψ 的共轭复数。

(4) 波函数必须满足的条件：

① 归一化条件 $\qquad \int_{-\infty}^{+\infty} |\psi|^2 d\tau = 1$

② 波函数的标准条件，即波函数 $\psi(r,t)$ 应是 r、t 的单值、连续、有限函数；

③ 波函数满足态叠加原理 $\psi = c_1 \psi_1 + c_2 \psi_2 + \cdots$，其中 $c_1, c_2, \cdots$ 为常数。

3) 薛定谔方程

(1) 薛定谔方程的一般表达式 $\quad \left[-\dfrac{\hbar^2}{2m}\nabla^2 + V(r,t)\right]\psi(r,t) = i\hbar \dfrac{\partial}{\partial t}\psi(r,t)$

(2) 自由粒子薛定谔方程的一般形式 $\quad i\hbar \dfrac{\partial \psi(r,t)}{\partial t} = -\dfrac{\hbar^2}{2m}\nabla^2 \psi(r,t)$

(3) 定态薛定谔方程 $\quad \left(-\dfrac{\hbar^2}{2m}\nabla^2 + V\right)\psi(r) = E\psi(r)$

6. 薛定谔方程的应用举例

1) 一维无限深势阱

$$V(x) = 0, \quad 0 < x < a$$
$$V(x) = \infty, \quad x \leqslant 0, x \geqslant a$$

本征能量 $\qquad E_n = \dfrac{n^2 \pi^2 \hbar^2}{2ma^2} \quad (n=1,2,3,\cdots)$

本征波函数 $\qquad \psi_n(x) = 0 \quad (x \leqslant 0, x \geqslant a)$

$$\psi_n(x) = \sqrt{\dfrac{2}{a}} \sin\left(\dfrac{n\pi}{a}x\right) \quad (0 < x < a, n=1,2,3,\cdots)$$

2) 一维方势垒　隧道效应

一维方势垒 $\qquad V(x) = V_0, \quad 0 \leqslant x \leqslant a$

$$V(x) = 0, \quad x < 0, \quad x > a$$

粒子在能量 E 小于势垒高度 V_0 时，仍能贯穿势垒的现象，称为隧道效应。

3) 原子结构问题

(1) 四个量子数 (n, l, m_l, m_s)。

① 主量子数 n：$n = 1, 2, 3, \cdots$；

② 角量子数 l：$l = 0, 1, 2, \cdots, n-1$；

③ 磁量子数 m_l：$m_l = 0, \pm 1, \pm 2, \cdots, \pm l$；

④ 自旋磁量子数 m_s：$m_s = \pm \dfrac{1}{2}$。

(2) 原子结构的量子理论。

① 能量最小原理：在原子系统内，每个电子趋向于占据能量最低的轨道。

② 泡利不相容原理：在一个原子中，不能有两个或两个以上的电子处于同一状态。

7．激光原理

1）产生激光的基本条件

(1) 粒子数的反转分布：实现粒子数反转是产生激光的必要条件。

(2) 光学谐振腔：光学谐振腔的作用主要是产生和维持光振荡。

2）激光的特性

(1) 方向性好；

(2) 亮度高；

(3) 单色性好；

(4) 相干性好；

(5) 偏振性好。

3）激光的应用

激光在科学研究、通信、生物、医学和能源等方面都有着广泛的应用。

思 考 题

11.1 A、B为两个完全相同的物体，具有相同的温度，A周围的温度低于A，B周围的温度高于B，则A、B两物体在单位时间内辐射的能量 P_A 与 P_B（　　）。

A. $P_A = P_B$；　　B. $P_A < P_B$；　　C. $P_A > P_B$；　　D. 无法确定。

11.2 你能否估计人体热辐射的各种波长中，哪个波长的单色辐出度最大？

11.3 所有物体都能发射电磁辐射，为什么用肉眼看不见黑暗中的物体？用什么样的设备可觉察到黑暗中的物体呢？

11.4 试解释金属加热过程中为什么颜色由黑逐渐变为暗红、橘红、鲜红，直至白亮色？

11.5 有人说："光的强度越大，光子的能量就越大。"对吗？

11.6 如果在一个金属上观察到光电效应，在相同的条件下能否在另一种金属上也观察到光电效应，为什么？

11.7 在光电效应实验中，用光强相同、频率分别为 ν_1 和 ν_2 的光作伏安特性曲线。已知 $\nu_2 > \nu_1$，那么它们的伏安特性曲线应该是图11.27中的哪一个？

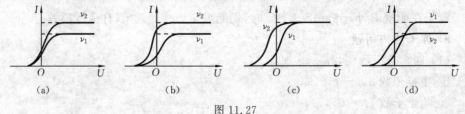

图 11.27

11.8 为什么用可见光不能观察到康普顿效应？

11.9 实物粒子的德布罗意波与电磁波、机械波有什么区别？

11.10 将波函数在空间各点的振幅同时增加 k 倍，则粒子在空间分布概率将(　　)。

A. 增加 k^2 倍；　　B. 增加 $2k$ 倍；　　C. 增加 k 倍；　　D. 不变。

11.11 对玻尔理论的下列说法中，正确的是(　　)。

A. 继承了卢瑟福的原子模型，但对原子能量和电子轨道引入了量子化假设；

B. 对经典电磁理论中关于"做加速运动的电荷要辐射电磁波"的观点提出了异议；

C. 用能量守恒与转化建立了原子发光频率与原子能量变化之间的定量关系；

D. 玻尔的两个公式是在他的理论基础上利用经典电磁理论和牛顿力学计算出来的。

11.12 下面关于玻尔理论的解释中，不正确的说法是(　　)。

A. 原子只能处于一系列不连续的状态中，每个状态都对应一定的能量；

B. 原子中，虽然核外电子不断做加速运动，但只要能量状态不改变，就不会向外辐射能量；

C. 原子从一种定态跃迁到另一种定态时，一定要辐射一定频率的光子；

D. 原子的每一个能量状态都对应一个电子轨道，并且这些轨道是不连续的。

11.13 根据玻尔理论，氢原子中量子数 n 越大，则下列说法中正确的是(　　)。

A. 电子轨道半径越大；　　B. 核外电子的速率越大；

C. 氢原子能级的能量越大；　　D. 核外电子的电势能越大。

11.14 根据玻尔的原子理论，原子中电子绕核运动的半径(　　)。

A. 可以取任意值；　　B. 可以在某一范围内取任意值；

C. 可以取一系列不连续的任意值；　　D. 是一系列不连续的特定值。

11.15 按照玻尔理论，一个氢原子中的电子从一半径为 R_a 的圆轨道自发地直接跃迁到半径为 R_b 的圆轨道上，已知 $R_a > R_b$，则在此过程中(　　)。

A. 原子要发出一系列频率的光子；　　B. 原子要吸收一系列频率的光子；

C. 原子要发出某一频率的光子；　　D. 原子要吸收某一频率的光子。

11.16 (1) 氢原子光谱中，同一谱系的各相邻谱线的间隔是否相等？

(2) 试根据氢原子的能级公式说明当量子数 n 增大时能级的变化情况，以及能级间的间距变化情况。

11.17 按玻尔理论，一个氢原子从 $n=3$ 轨道直接跃迁到 $n=1$ 轨道，这一过程中(　　)。

A. 原子要发出一系列频率的光子；　　B. 原子要吸收一系列频率的光子；

C. 原子要发出某一频率的光子；　　D. 原子要吸收某一频率的光子。

11.18 按玻尔理论，一群氢原子从 $n=3$ 轨道跃迁到 $n=1$ 轨道，这一过程中(　　)。

A. 原子要发出一系列频率的光子；　　B. 原子要吸收一系列频率的光子；

C. 原子要发出某一频率的光子；　　D. 原子要吸收某一频率的光子。

11.19 用可见光照射能否使基态氢原子受到激发？为什么？

11.20 经典波和微观粒子概率波有哪些区别？

11.21 不确定关系式 $\Delta x \cdot \Delta p_x \geq \hbar/2$ 表示在 x 方向上(　　)。

A. 粒子的位置和动量不能同时确定；　　B. 粒子的位置和动量都不能确定；

C. 粒子的动量不能确定；　　D. 粒子的位置不能确定。

11.22 列举量子力学在哪些方面改变了由玻尔理论给我们的原子图像？

11.23 试讨论泡利不相容原理的影响。

11.24 写出下列各电子态角动量的大小:
(1) 1s 态;(2) 2p 态;(3) 3d 态;(4) 4f 态。

11.25 比较受激辐射和自发辐射的特点。

11.26 实现粒子数反转要求具备什么条件?

11.27 如果在激光的工作物质中,只有基态和另一个激发态,能否实现粒子数反转?

11.28 激光与自然光相比有哪些特点?

习　题

11.1 实验测得太阳辐射波谱的 $\lambda_m = 490$ nm,若把太阳视为黑体,试计算:
(1) 太阳每单位表面积上所发射的功率;
(2) 地球表面阳光直射的单位面积上接受到的辐射功率;
(3) 地球每秒内接受的太阳辐射能(已知太阳半径 $R_S = 6.96 \times 10^8$ m,地球半径 $R_E = 6.37 \times 10^6$ m,地球到太阳的距离 $d = 1.496 \times 10^{11}$ m)。

11.2 (1) 温度为室温(20 ℃)的黑体,其单色辐出度的峰值所对应的波长是多少?
(2) 若使一黑体单色辐出度的峰值所对应的波长在红色色谱线范围内,其温度应为多少?
(3) 以上两辐出度之比为多少?

11.3 宇宙大爆炸遗留在宇宙空间的均匀背景辐射相当于温度为 3 K 的黑体辐射,试计算:
(1) 此辐射的单色辐出度的峰值波长;
(2) 地球表面接收到此辐射的功率。

11.4 已知 2000 K 时钨的辐出度与黑体的辐出度之比为 0.259。设灯泡的钨丝面积为 10 cm^2,其他能量损失不计,求维持灯丝温度所消耗的电功率。

11.5 天文学中常用热辐射定律估算恒星的半径。现观测到某恒星热辐射的峰值波长为 λ_m,辐射到地面上单位面积的功率为 P。已测得该恒星与地球间的距离为 l,若将恒星看做黑体,试求该恒星的半径(维恩常量 b 和斯忒藩-玻耳兹曼常量 σ 均为已知)。

11.6 分别求出红光($\lambda = 7 \times 10^{-5}$ cm), X 射线($\lambda = 2.5 \times 10^{-2}$ nm), γ 射线($\lambda = 1.24 \times 10^{-3}$ nm)的光子的能量、动量和质量。

11.7 波长为 0.1 nm 的 X 光在石墨上发生康普顿散射,如在 $\theta = \dfrac{\pi}{2}$ 处观察散射光。试求:
(1) 散射光的波长 λ';
(2) 反冲电子的运动方向和动能。

11.8 在康普顿散射中,若一个光子能传递给一个静止电子的最大能量为 10 keV,试求入射光子的能量。

11.9 将一束光子照射到金属铯上,用所释出的光电子去激发基态氢原子。已知光子的能量 $\varepsilon = 14.65$ eV,金属铯的逸出功 $A = 1.9$ eV,试求:
(1) 该氢原子将被激发到 n 等于多少的激发态上?
(2) 将可能观察到几条氢光谱线?

11.10 设有波长 $\lambda_0 = 1.0 \times 10^{-10}$ m 的 X 射线的光子与自由电子做弹性碰撞,散射 X 射线的

散射角 $\theta=90°$。问：

(1) 散射波长的改变量 $\Delta\lambda$ 为多少？

(2) 反冲电子得到多少动能？

(3) 在碰撞中，光子的能量损失了多少？

11.11 若一个电子的动能等于它的静能，试求该电子的速率和德布罗意波长。

11.12 从铝中移出一个电子需要 4.2 eV 的能量，今有波长为 200 nm 的光投射到铝表面。试问：

(1) 由此发射出来的光电子的最大动能是多少？

(2) 遏止电势差为多大？

(3) 铝的截止（红限）波长有多大？

11.13 已知一对正、负电子绕其共同的质心转动会暂时形成类似于氢原子结构的正电子素（正电子是负电子的反粒子，它的质量与负电子一样，电荷和电子等值反号）。试求：

(1) 正电子素与氢原子的里德伯常量之比；

(2) 正电子素的电离能；

(3) 正电子素共振线（第一激发态向基态跃迁的光谱线）的波长。

11.14 当基态氢原子被 12.5 eV 的光子激发后，其电子的轨道半径将增加多少倍？

11.15 在基态氢原子被外来单色光激发后发出的巴耳末线系中，仅观察到三条谱线，试求：

(1) 外来光的波长；

(2) 这三条谱线的波长。

11.16 氢原子光谱的巴耳末线系中，有一光谱线的波长为 434 nm，试求：

(1) 与这一谱线相应的光子能量为多少 eV？

(2) 该谱线是氢原子由能级 E_n 跃迁到能级 E_k 产生的，n 和 k 各为多少？

(3) 最高能级为 E_n 的大量氢原子，最多可以发射几个线系，共几条谱线？

请在氢原子能级图中表示出来，并说明波长最短的是哪一条谱线。

11.17 用玻尔氢原子理论判断，氢原子巴耳末系（向第 1 激发态跃迁而发射的谱线系）中最小波长与最大波长之比为多少？

11.18 设粒子在一维空间运动，其状态可用波函数描述为

$$\psi(x,t)=0 \quad (x\leqslant -b/2, x\geqslant b/2)$$

$$\psi(x,t)=A\exp\left(-\frac{\mathrm{i}E}{\hbar}t\right)\cos\left(\frac{\pi x}{b}\right) \quad (-b/2\leqslant x\leqslant b/2)$$

式中，A 为任意常数，E 和 b 均为确定的常数。求：

(1) 归一化的波函数；

(2) 概率密度 W。

11.19 一粒子沿 x 方向运动，其波函数为 $\psi(x)=C\dfrac{1}{1+\mathrm{i}x}$ $(-\infty<x<+\infty)$，试求：

(1) 归一化常数 C；

(2) 发现粒子概率密度最大的位置；

(3) 在 $x=0$ 到 $x=1$ 之间粒子出现的概率。

11.20 一细胞的线度为 10^{-5} m，其中一个粒子的质量 $m=10^{-14}$ g，按一维无限深势阱计算，该粒子 $n_1=100$ 和 $n_2=101$ 的能量和两能级差各为多少？

11.21 一电子被限制在宽度为 1.0×10^{-10} m 的一维无限深势阱中运动。试求：

(1) 欲使电子从基态跃迁到第一激发态所需的能量；

(2) 在基态时，电子处于 0.9×10^{-11} m 与 1.1×10^{-11} m 之间的概率。

11.22 原子内电子的量子态由 n、l、m_l、m_s 四个量子数表征。

(1) 当 n、l、m_l 一定时，不同的量子态数目是多少？

(2) 当 n、l 一定时，不同的量子态数目是多少？

(3) 当 n 一定时，不同的量子态数目是多少？

11.23 已知 Ne 原子的某一激发态和基态的能量差 $E_2 - E_1 = 16.7$ eV，试计算 $T = 300$ K 时在热平衡条件下，处于两能级上的原子数的比。

11.24 (1) 计算氢原子第一激发态 $E_2(n=2)$ 与基态 $E_1(n=1)$ 之间的能量差，以 eV 为单位；

(2) 设火焰(温度为 2 700 K)中含有 10^{23} 个氢原子，如果火焰中氢原子能级按玻耳兹曼分布律分布，求氢原子处于能级 E_2 的原子个数 n_2；

(3) 设火焰中每秒放射的光子数为 $10^8 n_2$，求发光的功率，用 W 为单位。

第 12 章 狭义相对论简介

12.1 经典力学的时空观

12.1.1 伽利略变换 经典力学相对性原理

在经典力学中,牛顿定律的表述形式只适用于惯性系。惯性系定义为牛顿惯性定律成立的参考系。相对于某惯性系做匀速直线运动的另一参考系也是惯性系。在两个惯性系之间适用伽利略变换。

设 S 和 S' 为两惯性系,S' 系以速度 $\boldsymbol{v}$ 相对 S 系做匀速直线运动。为简单起见,采取如图 12.1 所示的两坐标系,x' 轴与 x 轴重合,S' 系相对于 S 系沿 x 轴的正方向以速率 v 运动,y' 轴平行于 y 轴,z' 轴平行于 z 轴,在两坐标原点重合时,两原点的时钟同时拨到零,$t = t' = 0$。设在时刻 t,图中的点 P 发生一个事件,则在两惯性系中点 P 满足伽利略坐标变换公式。

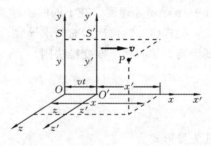

图 12.1

$$\begin{cases} x' = x - vt \\ y' = y \\ z' = z \end{cases} \tag{12.1}$$

若在惯性系 S' 沿 x' 轴放置一根细棒,两端点在两个惯性系中的坐标分别为 x'_1、x'_2 和 x_1、x_2,则它们的关系可由下式给出

$$x_1 = x'_1 + vt, \quad x_2 = x'_2 + vt$$

于是有
$$x_2 - x_1 = x'_2 - x'_1$$

由此可见在两个惯性参考系分别测量同一个物体的长度时,所得到的测量值是相同的,与两惯性参考系的相对速度无关,并且与时间坐标无关。也就是说,经典力学认为,空间的量度是绝对的,与参考系无关,并且与时间是相互孤立的。

此外,在经典力学中,时间的量度也是绝对的,与参考系无关。点 P 发生的一个事件在 S' 系中所经历的时间间隔与在 S 系中所经历的时间间隔是相同的。也就是说,不论是谁测量,时间间隔都是相同的。于是,把经典力学的绝对时间考虑进去,两惯性参考系的重合时刻作为两惯性参考系计时的起点,则式(12.1)可写为

$$\begin{cases} x' = x - vt \\ y' = y \\ z' = z \\ t' = t \end{cases} \quad (12.2)$$

这个变换式称为伽利略变换式。它以数学形式表现了经典力学的时空观。

现在把式(12.2)中关于坐标的三式对时间求一阶导数,就得到经典力学的速度变换法则

$$\begin{cases} u'_x = u_x - v \\ u'_y = u_y \\ u'_z = u_z \end{cases} \quad (12.3)$$

其中,u'_x、u'_y、u'_z 是点 P 对于 S' 系的速度分量,u_x、u_y、u_z 是点 P 对于 S 系的速度分量。式(12.3)称为伽利略速度变换式,可表示为

$$\boldsymbol{u'} = \boldsymbol{u} - \boldsymbol{v} \quad (12.4)$$

其中,$\boldsymbol{v}$ 是牵连速度。在不同的惯性系中质点的速度是不同的。

把式(12.3)再次对时间求导数,并考虑到两惯性系相对运动速度是常矢量,就得到经典力学的加速度变换法则

$$\begin{cases} a'_x = a_x \\ a'_y = a_y \\ a'_z = a_z \end{cases} \quad (12.5)$$

其矢量形式为

$$\boldsymbol{a'} = \boldsymbol{a} \quad (12.6)$$

式(12.6)表明,在惯性系 S 和 S' 系中,点 P 的加速度是相同的,就是说在伽利略变换中,对所有的惯性系而言,加速度是个不变量。如果再假设质点的质量是与运动状态无关的常量,在两个惯性系中,牛顿运动定律的形式是相同的,即

$$\boldsymbol{F} = m\boldsymbol{a}, \quad \boldsymbol{F'} = m\boldsymbol{a'}$$

在两个惯性系中,牛顿运动方程的形式不变。基于牛顿第二定律和牛顿第三定律在伽利略变换下具有不变形式,也可导出质点的动量定理、动能定理和角动量定理在不同惯性系中其规律形式不变,这就是经典力学的相对性原理,形成了经典力学的完整体系。应当指出,经典力学的相对性原理,在宏观、低速情况下,是与实验结果相一致的。

12.1.2 经典力学的时空观

回顾以上的讨论,绝对时间间隔和绝对杆长在经典力学中具有极其重要的地位。显然,经典力学认为空间是物质运动的场所,与其中的物质完全无关并且是独立存在、绝对静止的。因此,经典力学的时空观可以看做由表示空间的坐标系与静静流淌的时间轴组合而成。如果不考虑时间轴,则对于惯性参考系而言,就应该存在一个绝对静止的惯性参考系,称为绝对参考系。因此,寻找到绝对参考系就成为物理学家验

证经典力学时空观正确与否的一个有力证据,迈克耳孙-莫雷实验就是寻找绝对参考系的一个实验。

对于经典力学的时空观而言,物体的长度是不会随惯性系改变而变化的;对于一个惯性系,两事件是同时发生的,从另一个惯性系来看,两事件也是同时发生的,并且事件持续的时间也是相同的。

*12.2 迈克耳孙-莫雷实验

12.2.1 寻找以太的努力

正如前面所讨论的一样,对于低速运动的物体而言,伽利略变换和经典力学相对性原理是符合实际情况的。那么,就应该存在一个绝对静止的空间,也就是绝对参考系,并可以期望自然定律的表述在这个参考系中最简单。但是,经典力学相对性不符合这种观念,它告诉我们,力学定律的表述在所有惯性参考系中都是相同的,也就是说,利用力学现象是无法找到绝对参考系的。于是人们期望力学以外的物理现象能提供这种绝对参考系。

19世纪的物理学家,认为光是在一种特殊介质中传播的振动,并把这种介质称为以太。他们认为,以太充满整个空间(即使是真空也不例外),并且可以渗透到一切物质的内部中去。在相对以太静止的参考系中,光速在各个方向都是相同的,也就是说,光在以太中的传播速率是各向同性的。如果真的存在这种以太,就可把它当作绝对参考系。

如何寻找这种以太呢？测量我们相对于它的绝对速度,只要测到了这个速度,也就测到了以太。又如何测量我们的绝对速度呢？测量光速就行了。我们把光在以太中的传播速率记为 c,若我们沿光传播的方向相对于以太有速率 v,则测得光相对于我们的速率为 c_R,应有

$$c_R = c - v$$

反之,若我们逆着光传播的方向运动,则测得光相对于我们的速率为 c_L,应有

$$c_L = c + v$$

通过两次测量,就可算出 c 和 v。

地球就是一个这样的运动参考系。地球在以太中运动,应能感受到迎面吹来的"以太风"。在19世纪最后一二十年中,科学家做过许多实验寻找以太风,都得到否定的结果。实验发现,光速与地球公转的速度无关。其中最重要而且在概念上最直截了当的就是迈克耳孙和莫雷所做的实验。

12.2.2 迈克耳孙-莫雷实验

迈克耳孙-莫雷的实验装置如图12.2所示。光从光源 S 发出,经过半透半反镜

M_S 后分成两部分,一部分反射到平面镜 M_2 上,再由 M_2 反射回到 M_S 到达望远镜 T;另一部分则透过 M_S 到达 M_1,再由 M_1 反射回到 M_S 到达望远镜 T。假定 M_S 到 M_1 和 M_2 的距离都是 l,如果 M_1 和 M_2 间不严格垂直,则在望远镜 T 的目镜中将看到干涉条纹。干涉的情况,取决于两部分光汇合前的光程差。

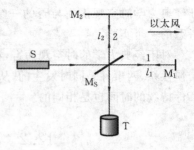

图 12.2

设仪器随地球公转以速率 v 相对于以太运动,则固定在地球上的整个装置作为运动参考系 S' 就相对于绝对参考系 S 以 v 运动。从 S' 系来看,光从 M_S 到 M_1 的速率为 $c+v$,而光从 M_1 到 M_S 的速率为 $c-v$。于是从 S' 系来看,这一部分光所需的时间为

$$t_1 = \frac{l}{c-v} + \frac{l}{c+v} = \frac{2l}{c\left(1-\frac{v^2}{c^2}\right)} \approx \frac{2l}{c}\left(1+\frac{v^2}{c^2}\right)$$

其中,考虑到 v 远远小于 c。

另外,如图 12.3 所示,从 S' 系来看,光从 M_S 到 M_2 和 M_2 到 M_S 的速率均为 $\sqrt{c^2-v^2}$,所以,这一部分光所需的时间为

$$t_2 = \frac{2l}{\sqrt{c^2-v^2}} \approx \frac{2l}{c}\left(1+\frac{v^2}{2c^2}\right)$$

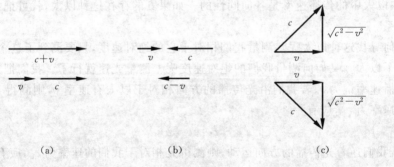

(a)　　　　　　　(b)　　　　　　　(c)

图 12.3

(a) 光顺着以太风方向传播; (b) 光逆着以太风方向传播; (c) 光相对于地球的速度垂直于以太风的方向

于是,两光束的光程差为

$$\delta = c\Delta t = l\frac{v^2}{c^2}$$

如把整个仪器在水平面内转过 $90°$,这个差值将变号,则前后两次的光程差为 2δ,因而干涉条纹的位移正比于 $2l\frac{v^2}{c^2}$。这个效应非常精细,为了在转动中避免振动引起的误差,将仪器装在一块漂浮于水银面上的重石板上;为了增大 l 值,利用了多次反射,达到 $l\approx 11\text{ m}$,或 2×10^7 个钠黄光的波长。如果 v 取地球的公转速率,则有

$$2l\frac{v^2}{c^2} = 2l \times 10^{-8} = 0.4 \text{ 个钠黄光的波长}$$

故预期干涉条纹应该移动 0.4 条。然而，实验结果仅仅观察到 0.01 条条纹的移动，而干涉仪的精度也是 0.01 条条纹，这显然是由于实验误差引起的结果，而非由于存在以太所引起的干涉条纹的移动。

迈克耳孙-莫雷实验是 19 世纪最出色的实验之一。它的原理很简单，但导致了一场后果深远的科学革命。因此在以后的一个多世纪中，被重复做过许多次。当然做了一些变动，用了不同波长的光，如星光、激光器发出的高度单色光；改变实验地点，如在高山上、在地面下；改变实验时间，如在不同的季节。我们可以说，在一定精度内，c 的变化为零，测不到以太风。确切地说，光的速率在逆流和顺流时相等，偏差小于 10 m/s。如果以太不存在，则意味着绝对参考系不存在。

12.3 狭义相对论的基本原理

1. 放弃以太的观点

要想改变人们头脑中已经形成的观念，绝不是一件容易的事。在将近 20 年的时间里，尽管迈克耳孙-莫雷实验以及其后探索以太的许多实验都得到的是否定的结果，科学家们为了保留以太的观念，仍然做了很多努力。不过到了 1900 年情况已经很清楚，以太很难检测到。失望之余，有远见卓识的大科学家开始正视这一现实。爱因斯坦就是其中的一位。

爱因斯坦独立得到了以太不存在的结论，而且表达得更为明确和透彻。他在 1905 年的论文中写道："引入以太是多余的，因为我这里提到的观念将不需要具有特殊性质的绝对静止的空间。"

没有了以太，就意味着光波并不是一种实在的波动。光波究竟是什么呢？光的量子理论表明，光由具有一定能量和动量的光子所组成，光波只是用于计算光子出现概率的数学上的波。

放弃以太的观念，就为爱因斯坦相对性原理的提出清除了观念上的障碍。

2. 爱因斯坦相对性原理

撇开了以太的观念，就可以从积极的方面来理解迈克耳孙-莫雷实验的结果。真空中的光速与测量它的参考系无关，在两个做相对运动的惯性参考系中测量到的光速相同。我们可以把这一性质简单说成光速不变性。

根据光的电磁理论，c 也是一切电磁辐射在真空中传播的速率，即

$$c = \frac{1}{\sqrt{\varepsilon_0 \mu_0}}$$

式中，ε_0 是真空电容率，μ_0 是真空磁导率。所以，光速不变性意味着电磁规律的表述也不依赖惯性参考系的选择，即不可能通过电磁和光学现象来测量绝对参考系，也就

是说,相对性不仅适用于力学,也适用于电磁现象和光学现象。这样推广了的相对性原理称为爱因斯坦相对性原理,简称为相对性原理。

爱因斯坦指出,有两个事实支持相对性原理。首先,相对性原理在力学现象的领域有效的程度相当高;其次,并没有找到绝对参考系。

3. 狭义相对论的基本原理

狭义相对论建立了一套全新的时空结构。整个理论建立在两个基本假设,即爱因斯坦相对性原理和光速不变原理之上。

1) 爱因斯坦相对性原理

在所有的惯性参考系中,物理定律都具有相同的表述形式,即所有的惯性参考系对运动的描述都是等效的,不存在绝对静止的参考系。显然,爱因斯坦相对性原理是经典力学相对性原理的推广,把力学规律的等价性推广到所有物理规律的等价性。

2) 光速不变原理

在所有的惯性参考系中,真空中的光速都是相同的。因此,迈克耳孙-莫雷实验不可能出现干涉条纹的移动。

这两个基本假设是相互关联的。一方面,光速是电磁和光学定律的一个基本部分,在这个意义上,可以把光速不变原理看成相对性原理的一个特例,包含在第一个假设中;另一方面,正是由于有了光速不变原理,才有可能把经典力学相对性原理推广到爱因斯坦相对性原理。

应当指出,爱因斯坦提出的狭义相对论的基本原理,是与伽利略变换相矛盾的。当然,狭义相对论的两条基本原理的正确性,最终由导出的结果与实验事实是否相符来判定。

12.4 狭义相对论的时空观

12.4.1 必须修改经典力学的时空观

经典力学的绝对时空观是先验的,并没有经过实验的严格检验。因为它与日常生活的经验相符,人们自然接受了这种观念。

光速不变性为时空的定义、测量和检验提供了一种客观且现实的方法。我们就可能对时空观念进行科学的分析和研究。这种分析迫使我们放弃绝对时空观,而选择相对的时空观,这就是相对论的时空观。

相对论时空观认为时间和空间都是相对的,与观测者的运动情况有关。这种观念是相对性原理和光速不变性的必然结果。速率的测量牵扯到时间和长度的测量。要使相对运动的两个观测者测量的光速相同,则他们对时间和长度的测量都是不相同的。

光速是相当高的,日常生活中没有遇到速度可与光速相比的物体,所以我们没有这方面的经验,因此在分析相对论的问题时只能根据普遍原理和实验事实,不可被日常生活经验引入歧途。

12.4.2 同时的相对性

1. 同时的概念

在测量长度时,要考虑到同时性。何谓同时?日常生活中,无论何地,只要是北京时间相同,即使两人一个在北京,一个在西安,我们也认为是同时的。但这种方法是先验的。在狭义相对论中,我们可以用一个理想实验来讨论同时性。

设想有一列车厢相对于地面做匀速直线运动,有两个观测者,S 在站台上(即 S 系),S' 在车厢中(即 S' 系),如图 12.4 所示。假设 S' 在驶过 S 时开了车厢中间的灯。在 S' 系中,S' 会看到灯光同时到达车厢的头尾,因为灯光向前和向后的速率均为 c。而站台上的 S 看来,灯光向前和向后的速率也均为 c,但是车厢向前运动有速率 v,所以灯光传到车厢头比传到车厢尾要多走一段距离,因此灯光到达车厢的头尾的时间是不同的,先到车厢尾,后到车厢头。

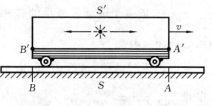

图 12.4

所以,在 S' 系同时发生的两个事件,在 S 系却是不同时的,发生在不同的时刻。也就是说,同时性的概念是相对的,与观测者有关。

2. 时间的延缓(爱因斯坦膨胀)

在狭义相对论中,时标也是相对的,钟的快慢也与观测者有关。下面讨论一个理想实验。

假设运动车厢的 S' 系的钟放在车厢地板上,用一束光的往返时间来刻度。这束光从地板发出,相对于车厢竖直向上,到达车厢顶的正上方后,被镜子反射回地板。设 S' 钟走过的这段时间为 T_0,地板到车顶的高度为 h,则 S' 系会得到关系

$$2h = cT_0$$

下面再从静止的地面来看整个过程。在观察者 S 看来,由于车厢以速率 v 向前运动,光将沿着一等腰三角形的两腰传播,走过的距离为 $2l$,l 为腰长,如图 12.5 所示。于是,我们由此得到 S 系的关系

$$2l = cT$$

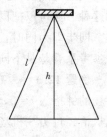

图 12.5

其中,T 是 S 测量的光束传播的时间。上面两式比较,光速都是 c,而 l 大于 h,所以 S 系测量的时间 T 大于 S' 系测量的时间 T_0,也就是说,S 发现 S' 的钟慢了。

等腰三角形的底边是车厢在这段时间驶过的路程 vT,可以得到

$$l^2 = h^2 + \left(\frac{1}{2}vT\right)^2$$

把 $h = cT_0/2$ 和 $l = cT/2$ 代入,得到

$$T = \frac{T_0}{\sqrt{1-v^2/c^2}} \qquad (12.7)$$

式(12.7)表明,在 S' 系中所记录的时间间隔,小于在 S 系中所记录的时间间隔,也就是说,从静止的观测者看来,运动的时钟变慢了。或者说,运动参考系的时间膨胀了,这称为时间延缓效应。时钟变慢的因子是 $\sqrt{1-v^2/c^2}$,时间膨胀的因子是 $\frac{1}{\sqrt{1-v^2/c^2}}$,依赖于运动参考系的速率。$T_0$ 是与钟相对静止的观测者测量的时间,称为钟的固有时间。

考虑到相对运动,从 S' 看来,由于 S 相对于他运动了,所以 S 的时钟变慢了,因子也是 $\frac{1}{\sqrt{1-v^2/c^2}}$。

由于日常生活中的速度比光速小很多,膨胀因子接近于 1,因此我们很难有这样的经验。

3. 钟的同步

在上面的实验中,为了测量运动的钟,原则上要有两个钟,一个放在光束的起点,一个放在光束的终点。怎样校准这两个钟使它们同步呢?

我们不能把它们移到一起调同步后再分开,这样就存在相对运动,而相对运动会破坏它们的同步性。我们只能在它们中间传递信号,可以用光作这个信号。光速是已知的,只要测量距离,就可以进行校准同步了。

例如,像我们前面讨论同时的相对性那样,选取两点的中点,从中点发出光,在这两点接受光信号,当接受到光信号时,把两点的时钟拨到相同的时刻。这样,两个钟就是同步的了。当然,对钟的方法有很多,并且结果是一致的。又如,我们可以先测量两点之间的距离 d,然后从起点向终点发出一束光,如果发光时起点的时刻为 t_1,当光到达终点的时刻把钟的时间拨到 $t_2 = t_1 + d/c$ 即可,这样也把两个钟对准了。利用这种方法可以把同一参考系中不同地点的钟都对准,使它们同步。

同步即为同时,所以同步也是相对的。在一个参考系中已经校准同步的钟,在另一参考系看却是不同步的。

例题 12.1 一高速飞机的速率是光速的 60%。当它经过一机场时,飞行员看到机场的钟指为 $t=0$,他立即把自己的钟拨为 $t'=0$。后来当他的钟为 $t'=800$ μs 时,飞机恰经过另一机场,又看到一个钟,问这个钟的时间是多少?假定机场的两个钟是同步的。

解
$$t = \frac{t'}{\sqrt{1-v^2/c^2}} = \frac{800}{\sqrt{1-0.6^2}} \text{ μs} = 1\,000 \text{ μs}$$

12.4.3 长度的相对性

1. 定性的讨论

下面来测量 S 系和 S' 系的车厢的长度。对于 S' 系来说，测量长度要简单得多，只要 S' 拿着尺子从车厢头部量到车厢尾部，就可以测量出车厢的长度 L_0 了。这个长度因为是相对于车厢相对静止的参考系测量得到的，所以把它称为车厢的固有长度。

但是，对于 S 系来说，这种测量方法实施起来就不那么容易了。我们不能把车厢停下来，也不能跟着车厢一起运动，更不能登上车厢去量，这样都和 S' 测量的情况一样了。因此我们需要用其他的方法来测量。对于长度的测量来说，应该是同时把尺子的两端和物体的两端对齐，再读数。于是，S 可以在某一时刻同时记录下车厢头部和尾部经过车站的位置，然后再利用尺子测量车站上两点之间的距离，就可以测量车厢的长度 L 了。

这两个长度会不会相等呢？考虑到测量过程中的同时性，而同时又是相对的。从 S 看来，车厢的头尾和车站上的两点是同时对齐的，所以两点之间的距离就是车厢的长度。但是，从 S' 看来，车站上两点的时钟都没有对准，车站向后掠过，车站上车尾那一点处的钟比车头那一点处的钟要慢一些，也就是说，从 S' 看来，S 的测量过程中，车厢头先对齐，而车厢尾后对齐，所以车厢的长度要比 S 测量的要长。

这就说明了，长度也是相对的，相对运动的两个观测者看法不同，测量的结果也是不同的，并且静止观测者看到的运动物体的长度缩短了。

2. 洛伦兹收缩

对于两个观测者得到的车厢的长度有什么联系呢？如何来比较他们测量的车厢的长度，需要一个相同的标准。可以选取他们的相对运动速率 v 来作为这种标准，因为根据相对性原理，如果 S 看到 S' 的速率为 v，则 S' 看到 S 的速率一定也为 v。

对于地面观测者 S 只要记录车厢头和车厢尾先后驶过车站上一点的时间 T_0，就可以得到他测量的车厢长度 L，即

$$L = vT_0$$

这里的 T_0 是这一点的钟的固有时间。

同样的，车厢上的观测者 S' 看到车站向后掠过，他只要记录车站同一点先后掠过车厢头和车厢尾的时间 T，就可以得到他测量的车厢长度 L_0，即

$$L_0 = vT$$

这里 T 是 S' 测量这一点的钟的时间。

比较他们的结果，可以得到

$$\frac{L}{L_0} = \frac{T_0}{T}$$

代入时间膨胀公式，最后得到

$$L = L_0 \sqrt{1 - v^2/c^2} \tag{12.8}$$

这是相对论的另一个著名的方程。从式(12.8)可以看到,对于静止观测者而言,运动的物体的长度缩短了。缩短的因子是$\sqrt{1-v^2/c^2}$,与相对运动的速率有关,我们把这种缩短称为洛伦兹收缩。

如果尺子垂直于运动方向,同样可以使用上面的方法得到尺子的长度不变,与运动速率无关,也就是说洛伦兹收缩只发生在与运动平行的方向。

我们知道,在经典物理学中车厢的长度是绝对的,与惯性参考系的运动无关。而在相对论中,不同的惯性系测量的长度却是不同的。当物体相对于观测者静止时,其长度的测量值最大;对于其他的惯性系中的观测者,测量的长度值要变小,与相对运动速率v有关。

从表面来看,物体的相对收缩不符合日常经验,但是在日常生活中,我们遇到的速率最大值一般为千米每秒,而它与光速的比值的数量级为10^{-5},则长度的收缩因子的数量级为10^{-10},可以略去不计。

从上面的讨论来看,狭义相对论认为时间和长度的量度与惯性系的选择有关,时空是联系在一起的,不存在孤立的时间和空间。时空与运动紧紧联系在一起,深刻地反映了时空的性质。

例题 12.2　一根米尺以$0.6c$的速率沿与长度平行的方向运动,问地面的观测者测得其长度是多少?

解　$$l=1\times\sqrt{1-v^2/c^2}=\sqrt{1-0.6^2}\text{ m}=0.8\text{ m}$$

12.5　洛伦兹变换

12.5.1　洛伦兹坐标变换

伽利略变换显然不符合狭义相对论的时空观,因此需要寻找满足狭义相对论的变换式,一般把它称为洛伦兹变换。

考虑静止坐标系S和运动坐标系S'。假设它们起始时刻重合,S'沿x轴匀速运动,速率为v,如图12.1所示。如果有一事件发生在点P,从惯性系S测得时刻为t,空间坐标为x,y,z;从惯性系S'测得时刻为t',空间坐标为x',y',z'。这两组时空坐标之间的关系就满足洛伦兹变换,即

$$\begin{cases} x'=\dfrac{x-vt}{\sqrt{1-v^2/c^2}} \\ y'=y \\ z'=z \\ t'=\dfrac{t-\dfrac{v}{c^2}x}{\sqrt{1-v^2/c^2}} \end{cases} \quad (12.9)$$

这就是洛伦兹坐标变换式,相对论的时空观完全包括在这一组方程中。式(12.9)中令 $\beta = v/c, \gamma = 1/\sqrt{1-\beta^2}$,则这组方程可改写为

$$\begin{cases} x' = \gamma(x - vt) \\ y' = y \\ z' = z \\ t' = \gamma\left(t - \dfrac{v}{c^2}x\right) \end{cases} \quad (12.10)$$

可以从式(12.10)中解得洛伦兹逆变换,即

$$\begin{cases} x = \dfrac{x' + vt'}{\sqrt{1 - v^2/c^2}} = \gamma(x' + vt') \\ y = y' \\ z = z' \\ t = \dfrac{t' + \dfrac{v}{c^2}x'}{\sqrt{1 - v^2/c^2}} = \gamma\left(t' + \dfrac{v}{c^2}x'\right) \end{cases} \quad (12.11)$$

在洛伦兹坐标变换中,时间依赖于空间的坐标,这与伽利略变换迥然不同。但是,当 β 远远小于 1 时,洛伦兹变换就成为伽利略变换,给出经典力学的时空观。

12.5.2 洛伦兹速度变换

利用洛伦兹坐标变换可以得到洛伦兹速度变换,来代替伽利略速度变换。

如果车厢相对地面的速度为 v_1,并且观测者 S'' 以速度 v_2 相对车厢向前运动,则 S'' 相对地面的速度是多少呢?

利用洛伦兹逆变换对时间求导,就可以得到

$$v = \frac{\mathrm{d}x}{\mathrm{d}t} = \frac{v_1 + v_2}{1 + v_1 v_2/c^2}$$

这就是相对论中与运动平行的速度变换公式,与伽利略速度变换不同。首先,它比伽利略速度变换给出的 $v_1 + v_2$ 要小;其次,若 v_1、v_2 都比 c 小,则 v 也比 c 小,这说明了 c 是极限速度,用速度变换得不到超过光速的速度;最后,若 $v_2 = c$,也就是用光代替车厢中的 S'',则有 $v = c$,这就是光速不变性,光速相对车厢速度为 c,相对地面速度也为 c。

例题 12.3 一艘以 $0.90c$ 速率相对地球运动的飞船,被另一艘以 $0.95c$ 速率相对地球运动的飞船所超过。两艘飞船上的观测者测得它们之间的相对速率是多少?

解 在速度变换公式中代入相对地球运动的速率,有

$$0.95 = \frac{0.90 + \beta_2}{1 + 0.90\beta_2}$$

从而解得 $\beta_2 = 0.345$,即 $v_2 = 0.345c$,比由伽利略速度变换得到的 $0.05c$ 约大了 6 倍。

*12.6 支持洛伦兹变换的实验

12.6.1 地球上的 μ 子流

μ^- 可以由衰变产生,也可以通过高能碰撞产生。然后它会衰变为电子和中微子。

$$\mu^- \to e^- + \bar{\gamma}_e + \gamma_\mu$$

在 μ 子的参考系中,它的产生和衰变发生在同一点,测得 μ 子的平均寿命大约是 2×10^{-6} s。

在大气上层,高能宇宙射线与原子碰撞产生的 μ 子速度极高,接近光速。如果按平均寿命计算,则它们通过的平均路程只有 600 m。但是,地球的大气约为 100 km 厚,所以它们应该在到达地面之前基本上衰变消失在大气中了。而实际上地面的宇宙射线 μ 子流高达 500 个/(s·m^2)。这些 μ 子流引发生物突变,从而影响人类的进化。为什么这些宇宙射线 μ 子流能够穿过大气到达地面呢?这就是由于时间膨胀效应,地面参考系测得的 μ 子的运动寿命比静止寿命长得多。

12.6.2 π 介子的寿命

实验测得 π 介子的固有寿命为 26.0×10^{-9} s。在实验室中,当速率为 $0.913c$ 时,测得其寿命为 63.7×10^{-9} s。这些数据切实符合时间膨胀公式,$T_0 = 63.7\times \sqrt{1-0.913^2}$ s $= 26.0$ s,与测量得到的固有寿命结果一致。

12.6.3 斯坦辐直线加速器中的电子

电子在斯坦辐直线加速器中沿一根两英里长的真空管道飞行,被电磁场反复加速。随着电子速率越来越接近光速,所增加的速率越来越少,无法等于光速。这直接验证了洛伦兹速度叠加法则。

斯坦辐直线加速器可以把电子的能量加到 20 GeV。当把电子的能量加到 10 GeV 时,电子的速率达到 $(1-0.13\times 10^{-8})c$,只比光速小 0.39 m/s。再增加另一半能量 10 GeV,在以这个速率运动的参考系中,几乎可以使电子的速率增加 3×10^8 m/s。但是在实验室参考系中,只能使电子的速率增加 0.29 m/s,使电子速率比光速小 0.10 m/s。

有意思的是,在以这个速率随电子运动的参考系中,两英里长的加速器仅有三英寸。在这种高速运动的参考系中,通常关于时间、空间和速度的概念都不适用了。

12.6.4 双胞胎效应

假设有一对双胞胎甲与乙,甲留在地球上,而乙乘飞船去旅行。根据时间膨胀效应,甲看到乙的钟变慢了,因此乙将变得比甲年轻;但是,乙看到甲钟变慢了,因此甲将变得比乙年轻。这正是相对论的观点。当乙旅行回来他们再次相会时,谁更年轻呢?

当然,如果他们年龄有差别,也是很小的。现在我们还不可能做这种实际观测。不过我们利用原子钟做了等效的实验。把两个校准的原子钟一个放在实验室,一个乘飞机绕地球飞行,然后拿回实验室与第一个比较,走得慢的那个就"年轻"。实验的结果表明,飞行过的原子钟慢一点,约 10^{-7} s,但确实慢了。

但是问题的解释并不是这么简单的。之所以会有这样的差别,是因为甲、乙两人的情况并不是完全对称的。乙飞离地面又飞回来,经历了明显的加速与减速过程,已不能当成惯性系。并且随着地球引力场随高度的不同对钟有影响,这是广义相对论效应。甲在地球参考系,基本上是惯性系,可以用相对论。但是地球有自转,使地球参考系偏离了惯性系,向心加速度对钟也会有影响,这也是广义相对论效应。

这个问题在相对论建立之初提出时,称为双胞胎佯谬,只能在理论上讨论,被当作一个训练相对论思维的理想实验。现在已做过等效实验,所以应称为双胞胎效应。

12.7 狭义相对论的动量和能量

12.7.1 动量与速度的关系

在经典力学中,一个由多个质点组成的系统其动量的表达为

$$p = \sum p_i = \sum m_i v_i$$

在系统所受合外力为零的情况下,系统的总动量是守恒的,即

$$\sum m_i v_i = 常矢量$$

在经典力学中,质点的质量是与参考系无关的,是不依赖于速度的常量,因此,经典力学的动量守恒定律是建立在伽利略速度变换和质量与速度无关的基础上的。

但是,在狭义相对论中,速度变换是遵守洛伦兹变换的,如果要使动量守恒表达式依然保持不变,就必须对动量的表达式进行修改,质点动量的表达式应改为

$$p = \frac{m_0 v}{\sqrt{1-v^2/c^2}} = \gamma m_0 v$$

式中,m_0 为质点的静止质量。这就是相对论动量表达式。当质点的速度远远小于光速时,γ 约等于 1,$p \approx m_0 v$,也就与经典力学动量表达式相同。

为了保持动量的基本定义,上式改写为

$$p = m v \tag{12.12}$$

其中,$m = \gamma m_0 = \dfrac{m_0}{\sqrt{1-v^2/c^2}}$。可见,在狭义相对论中,质量随着速度的变化而变化,是与速度有关的,称为相对论质量,而 m_0 称为静止质量。当速度远远小于光速时,相对论质量近似等于静止质量,即 $m \approx m_0$,可以认为质点的质量为常量,则经典力学依然适用。

图 12.6 给出了质量的变化与速度变化的关系。一般来说,宏观物体的运动速度比光速小得多,其质量变化不大,可以略去质量的改变。但是,对于微观粒子,如电子、质子、介子等,它们的速度可以与光速接近,其质量与静止质量有显著不同。

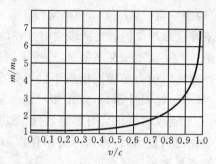

图 12.6

12.7.2 狭义相对论力学的基本方程

当力 F 作用于质点时,可得

$$F = \frac{dp}{dt} = \frac{d}{dt}(mv) = \frac{d}{dt}\left[\frac{m_0 v}{(1-\beta^2)^{1/2}}\right] \tag{12.13}$$

式(12.13)即为相对论力学的基本方程。显然,如果合外力为零,则系统的总动量为一守恒量,即相对论下的动量守恒定律。

当运动速度远小于光速时,可得到经典力学的牛顿第二定律。这表明,质点的质量可视为常量,系统的总动量为一守恒量,即经典力学的动量守恒定律。

总之,相对论的动量、质量、力学方程和动量守恒定律具有普遍意义,而经典力学则是相对论力学在物体低速运动条件下的近似。

12.7.3 质量与能量的关系

同经典力学一样,元功定义为 $dA = F \cdot dr$。为了讨论简单,设质点做一维运动,起始静止,在力 F 作用下速度变为 v,则其所具有的动能等于力所做的功,即

$$E_k = \int F_x dx = \int \frac{dp}{dt} dx = \int v dp$$

利用分部积分,得

$$E_k = pv - \int_0^v p dv = \frac{m_0 v^2}{\sqrt{1-v^2/c^2}} - \int_0^v \frac{m_0 v}{\sqrt{1-v^2/c^2}} dv$$

积分后,得

$$E_k = \frac{m_0 v^2}{\sqrt{1-v^2/c^2}} + m_0 c^2 \sqrt{1-v^2/c^2} - m_0 c^2 = mc^2 - m_0 c^2 \tag{12.14}$$

这是相对论动能的表达式,当速度远小于光速的极限情况下,可得

$$E_k \approx m_0(1+v^2/2c^2)c^2 - m_0c^2 = \frac{1}{2}m_0v^2$$

这正是经典力学动能的表达式。可见,经典力学动能的表达式是相对论动能的表达式在速度远小于光速的极限情况下的近似。

对于相对论动能的表达式又可写为

$$mc^2 = E_k + m_0c^2$$

爱因斯坦认为 mc^2 是质点运动时具有的总能量,而 m_0c^2 为质点静止时具有的能量,这样物体的动能即为总能量与静能量之差。从相对论的观点,质点的能量可表示为

$$E = mc^2 \tag{12.15}$$

这就是质能方程式。它是狭义相对论的一个重要结论,具有重要意义。质量与能量有着密切的联系。一方面,它揭示了粒子能量与惯性的内在联系:具有能量,就具有惯性;能量越大,惯性越大。这是一个全新的结论,它不仅在经典力学中找不到相应的概念,而且其意义超出了力学的范围,把力学的惯性赋予了所有的物理现象。如光的惯性,光具有能量,因而具有惯性,所以被光照射的物体受到来自光的压强,这个精细的效应已经被实验证实。另外,由于光具有惯性,会受到引力的吸引,所以光线在经过太阳附近时发生微小的偏转。另一方面,质能方程式揭示了质量与能量的等价性:具有一定质量,就具有一定的能量;质量越大,能量也越大。当然,这并不是说粒子的质量总可以变为能量。静能量 m_0c^2 仅仅表示与静质量 m_0 等价的能量有多大,至于能否互相转化还要看具体的物理情况。

在日常生活中,系统的能量变化很容易测量,但其质量变化却极微小,不易测量。如,1 kg 水从 20 ℃ 加热到 70 ℃ 所增加的能量为 $\Delta E = 4.18 \times 10^3 \times 50$ J $= 2.09 \times 10^5$ J,而质量的变化只增加了 $\Delta m = \Delta E/c^2 = 2.3 \times 10^{-12}$ kg。

*12.7.4 动量与能量的关系

在相对论中,质点的总能量和动量可表示为

$$E = mc^2 = \frac{m_0c^2}{\sqrt{1-v^2/c^2}}, \quad p = mv = \frac{m_0v}{\sqrt{1-v^2/c^2}}$$

从这两个公式中消去速度 v,可以得到

$$(mc^2)^2 = (m_0c^2)^2 + p^2c^2 \tag{12.16}$$

这就是相对论动量与能量的关系式。它可以用一个直角三角形来表示,与动量相联系的能量 pc 和静能量 m_0c^2 分别为两个直角边,总能量 E 为斜边,简称动质能三角形,如图 12.7 所示。底边 m_0c^2 是不变量,与参考系无关;斜边 E 随高 pc 的改变而改变,两者都与参考系有关。对于速度远小于光速的经典情况,动量项的能量很小,有 $E \approx m_0c^2$;对于速度接近光速的相对论情况,动量项的能量很大,有 $E \approx pc$。

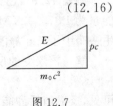

图 12.7

在经典力学中，质量是物质的基本属性。没有质量，也就没有动量和能量。但是，在相对论中情况就不同了。质点总能量

$$E = mc^2 = \frac{m_0 c^2}{\sqrt{1-v^2/c^2}}$$

可写为

$$E \cdot \sqrt{1-v^2/c^2} = m_0 c^2$$

如果静质量为零，即 $m_0 = 0$，则

$$E \cdot \sqrt{1-v^2/c^2} = 0$$

为了满足这个条件，并不一定要求 $E=0$，只要 $v=c$ 也可以。所以，一个静质量为零的粒子，只要以光速运动，就可以具有能量 E，从而可以被观测到；反之，一个静质量为零的粒子，如果被观测到，它一定以光速运动。所以，静质量为零的粒子的能量具有动能的特征。零质量粒子的能量与动量的关系为 $E=pc$。早在相对论建立之前，电磁辐射实验就发现了这个关系。

光子具有能量和动量，并且以光速运动，而从来没有观测到静止的光子，所以光子的静止质量为零。同样，在放射性衰变中发现的中微子也是一种零质量粒子，而我们确实还没有发现静止的中微子。引力子是理论上预言的与万有引力相联系的零质量粒子，但是在实验中尚没有发现。所有零质量粒子都是以速率 c 运动的。之所以把 c 称为光速，而没有称为中微子速或引力子速，完全是历史造成的，并不意味光的物理地位更特殊。

上面我们叙述了狭义相对论的时空观和相对论力学的一些重要结论。它揭示了空间和时间之间，时空和运动物质之间的深刻联系，更客观、更真实地反映了自然的规律。

例题 12.4 已知电子的静能量为 0.511 MeV，当它具有动能 3.00 MeV 时，求其动量的大小。

解
$$E = E_k + m_0 c^2 = (3.00 + 0.511) \text{ MeV} = 3.511 \text{ MeV}$$
$$pc = \sqrt{E^2 - (m_0 c^2)^2} = \sqrt{3.511^2 - 0.511^2} \text{ MeV} = 3.47 \text{ MeV}$$

则
$$p = 3.47 \text{ MeV}/c。$$

注意 在 MeV/c 中"c"是表示光速的符号，而不是数值。在核物理中经常用"MeV/c"作为动量的单位。

例题 12.5 已知一个氚核($^3_1$H，静能量为 2 808.944 MeV)和一个氘核($^2_1$H，静能量为 1 875.628 MeV)可以聚变为一个氦核($^4_2$He，静能量为 3 727.409 MeV)，并产生一个中子($^1_0$n，静能量为 939.573 MeV)。求这个核聚变有多少能量释放出来？

解 核聚变的反应式为

$$^2_1\text{H} + ^3_1\text{H} \rightarrow ^4_2\text{He} + ^1_0\text{n}$$

可见，反应前后静能量减少了

$$\Delta E = (1\ 875.628 + 2\ 808.944 - 3\ 727.409 - 939.573) \text{ MeV} = 17.59 \text{ MeV}$$

这个核反应就发生在太阳内部的聚变过程中，因此，太阳不断辐射能量使其质量不断减小。

提 要

1. 狭义相对论的基本原理

光速不变原理和狭义相对论的相对性原理。

2. 狭义相对论的时空观

同时的相对性、长度收缩和时间延缓。

$$L = L_0 \sqrt{1 - v^2/c^2}, \quad T = \frac{T_0}{\sqrt{1 - v^2/c^2}}$$

3. 狭义相对论的数学工具

洛伦兹变换

$$\begin{cases} x' = \dfrac{x - vt}{\sqrt{1 - v^2/c^2}} \\ y' = y \\ z' = z \\ t' = \dfrac{t - \dfrac{v}{c^2} x}{\sqrt{1 - v^2/c^2}} \end{cases}$$

4. 狭义相对论的实验基础

迈克耳孙-莫雷实验。

5. 狭义相对论的动量和能量

(1) 质量与速度的关系：$m = \dfrac{m_0}{\sqrt{1 - v^2/c^2}}$

(2) 动量与速度的关系：$\boldsymbol{p} = m\boldsymbol{v}$

(3) 狭义相对论力学的基本方程：$\boldsymbol{F} = \dfrac{\mathrm{d}\boldsymbol{p}}{\mathrm{d}t} = \dfrac{\mathrm{d}}{\mathrm{d}t}(m\boldsymbol{v})$

(4) 质量与能量的关系：$E = mc^2$

(5) 动量与能量的关系：$E^2 = E_0^2 + p^2 c^2$

思 考 题

12.1 物体可以被加速到光速吗？

12.2 假设在某一惯性系光速为 c，那么，是否存在另一个惯性系光速不等于 c？

12.3 对于双胞胎效应你怎么看？

12.4 在高速运动的飞船上看到地面上的物体的形状与地面上看到地面上的物体的形状是一样的吗？

12.5 一个长度大于隧道长度的列车在高速运动的过程中能"装"在隧道中吗？

12.6 一飞机以 1 000 m/s 的平均速度相对地面飞行,当乘客下机后,需要因时间延缓而调表吗?

12.7 在经典电磁理论中,波长和频率有下述关系 $\lambda\nu=c$。从狭义相对论来看,此式是否依然成立?

12.8 在什么情况下,$E=pc$ 成立?

12.9 在相对论中粒子的动能等于 $\frac{1}{2}mv^2$ 吗?

12.10 一粒子以多大的速度运动才能使得其质量为静质量的 10 倍?

12.11 俗话说"天上一日,地上一年",那么,天相对于地的运动速度为多少?

12.12 若一粒子的速率由 0.5×10^8 m/s 增加到 1.0×10^8 m/s,该粒子的动量是否增加到 2 倍?其动能是否增加到 4 倍?

习　题

12.1 下列说法正确的是(　　)。
A. 相互作用的粒子系统在某一惯性系动量守恒,在另一惯性系动量可能不守恒;
B. 在真空中,光的速度与光的频率、光源的运动状态无关;
C. 在真空中,光在任何惯性系中沿任何方向的传播速率都为 c;
D. 相互作用的粒子系统的静质量守恒。

12.2 判断下列叙述正确的是(　　)。
A. 在一个惯性系中,两个同时的事件,在另一惯性系一定是同时事件;
B. 在一个惯性系中,两个同时的事件,在另一惯性系一定是不同时事件;
C. 在一个惯性系中,两个同时又同地的事件,在另一惯性系一定是同时同地事件;
D. 在一个惯性系中,两个同时不同地的事件,在另一惯性系一定是同时不同地事件。

12.3 一列火车长 0.30 km,以 100 km/h 速度行驶,地面观察者发现两个闪电同时击中车两端,车上的观察者测得的时间间隔为多少?

12.4 到达地面的宇宙射线 μ 子的平均速率至少多大?假设它们垂直穿过 100 km 大气层,μ 子的静止寿命为 2.2×10^{-6} s。

12.5 设在正、负电子对撞机中,正、负电子各以 $0.90c$ 的速度相向飞行,则它们的相对速度为多少?

12.6 一光子火箭,相对地球以速率 $0.95c$ 做直线运动,若静止时火箭的长度为 15 m,问以地球为参考系,此时火箭有多长?

12.7 一长为 1 m 的棒静止放在 Oxy 平面内,在 S 系的观察者测得棒与 Ox 轴成 $45°$ 角,若 S' 系以速率 $\sqrt{3}c/2$ 沿 Ox 轴相对 S 系运动,则在 S' 系的观察者看到棒与 $O'x'$ 轴的夹角是多少?

12.8 已知电子的静能量为 0.511 MeV,当它具有动能 3.00 MeV 时的动量是多少?

12.9 若一电子总能量为 5.00 MeV,求该电子的动能、动量和速率。

12.10 一个中性 π^0 介子静止时衰变为两个光子,π^0 介子的质量为 135.0 MeV/c^2,求每个光子的动能和动量。

12.11 如果将电子由速率为 $0.80c$ 加速到 $0.90c$,需对它做多少功?

12.12 粒子速度多大时,动能等于静能量?

附录 数学基础

附录 A 一元函数微分学

1. 导数与微分

在高中阶段,为了便于研究和讨论函数的增减性和极值(最值),我们已经学习了函数的导数,下面再对其作简要概述。

对于给定函数 $y=f(x)$,定义其在点 x 的导数为

$$y' = \lim_{\Delta x \to 0} \frac{\Delta y}{\Delta x}$$

记为 $f'(x)$ 或 $\dfrac{\mathrm{d}y}{\mathrm{d}x}$。

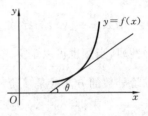

图 A.1

其几何意义是函数曲线在点 x 处切线的斜率,如图 A.1 所示,即 $\tan\theta = f'(x)$。

如果赋予变量 x、y 以物理意义,则导数的普遍意义是 y 对 x 的变化率,如我们熟悉的速度的定义——位矢 $\boldsymbol{r}$ 对时间 t 的变化率,其数学表达式就是 $\boldsymbol{v} = \dfrac{\mathrm{d}\boldsymbol{r}}{\mathrm{d}t}$。

基本初等函数的导数公式如下。

(1) $(c)' = 0$,c 为常数;

(2) $(x^\mu)' = \mu x^{\mu-1}$;

(3) $(a^x)' = a^x \ln a$,$(\mathrm{e}^x)' = \mathrm{e}^x$;

(4) $(\log_a x)' = \dfrac{1}{x \ln a}$,$(\ln x)' = \dfrac{1}{x}$;

(5) $(\sin x)' = \cos x$;

(6) $(\cos x)' = -\sin x$;

(7) $(\tan x)' = \sec^2 x$;

(8) $(\cot x)' = -\csc^2 x$;

(9) $(\arcsin x)' = \dfrac{1}{\sqrt{1-x^2}}$;

(10) $(\arccos x)' = -\dfrac{1}{\sqrt{1-x^2}}$;

(11) $(\arctan x)' = \dfrac{1}{1+x^2}$;

(12) $(\text{arccot}\,x)' = -\dfrac{1}{1+x^2}$。

设函数 u、v 均是对 x 可导的，则导数运算有如下法则。

(1) $(u \pm v)' = u' \pm v'$；

(2) $(uv)' = u'v + uv'$，$(cu)' = cu'$，c 为常数；

(3) $\left(\dfrac{u}{v}\right)' = \dfrac{u'v - uv'}{v^2}$，其中 $v \neq 0$。

对于形如 $y = f[g(x)]$ 的复合函数（嵌套函数），存在链导法则，即如果 $y = f(u)$ 和 $u = g(x)$ 的导数均存在，则有

$$y'_x = y'_u \cdot u'_x$$

或写成

$$\frac{\mathrm{d}y}{\mathrm{d}x} = \frac{\mathrm{d}y}{\mathrm{d}u}\frac{\mathrm{d}u}{\mathrm{d}x}$$

函数 $y = f(x)$ 的导数 $f'(x)$ 在一般情况下仍是 x 的函数，可以继续讨论它的各种性质，当然也可以定义它的导数，这便是二阶导数，记为 $f''(x)$ 或 $\dfrac{\mathrm{d}^2 y}{\mathrm{d}x^2}$。求一个函数二阶导数的方法就是一阶一阶地求，所用公式和法则与一阶函数相同。

一般来讲，Δx、Δy 表示的是 x、y 有限大小的增量，而无限小的增量记为 $\mathrm{d}x$、$\mathrm{d}y$，分别称为变量 x 和 y 的微分，且有 $\mathrm{d}y = y'\mathrm{d}x$ 或 $\mathrm{d}y = f'(x)\mathrm{d}x$。

2. 导数的应用

导数的应用十分广泛，这里仅举一例来展现其功能。

我们描绘函数 $y = \mathrm{e}^{-x^2}$ 的图形（其中有些概念可参考数学书）。

(1) 函数的定义域为 $(-\infty, +\infty)$，且 $y > 0$，故图形在上半平面内。

(2) $y = \mathrm{e}^{-x^2}$ 是偶函数，图形关于 y 轴对称。

(3) 曲线 $y = \mathrm{e}^{-x^2}$ 与 y 轴的交点为 $(0, 1)$。

(4) 因 $\lim\limits_{x \to \infty} \mathrm{e}^{-x^2} = 0$，故 $y = 0$ 是一条水平渐近线。

(5) $y' = -2x\mathrm{e}^{-x^2}$，令 $y' = 0$ 得驻点 $x = 0$。

(6) $y'' = 2(2x^2 - 1)\mathrm{e}^{-x^2}$，令 $y'' = 0$ 得 $x = \pm 1/\sqrt{2}$。

列表如下：

x	0	$(0, 1/\sqrt{2})$	$1/\sqrt{2}$	$(1/\sqrt{2}, +\infty)$
y'	0	$-$	$-$	$-$
y''	$-$	$-$	0	$+$
y	极大值 1	凸	拐点	凹

根据上述信息，画出该函数的曲线，如图 A.2 所示。

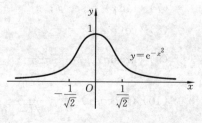

图 A.2

附录 B 一元函数积分学

1. 不定积分

导数作为一种对函数的运算，存在着一种不完全对称的逆运算，这就是不定积分。已知某一函数 $F(x)$ 的导数是 $f(x)$，即 $F'(x)=f(x)$，则称 $F(x)$ 为 $f(x)$ 的一个原函数。可以看出，如果 $F(x)$ 为 $f(x)$ 的一个原函数，则 $F(x)+C$（C 为任意常数）也是 $f(x)$ 的原函数，因为 $[F(x)+C]'=f(x)$。

$F(x)+C$ 称为 $f(x)$ 的原函数族，寻找一已知函数原函数族的运算称为不定积分，记为

$$\int f(x)\mathrm{d}x = F(x)+C$$

由不定积分的定义可知其性质

(1) $\left[\int f(x)\mathrm{d}x\right]' = f(x)$，

(2) $\int F'(x)\mathrm{d}x = F(x)+C$，

以及运算法则

(1) $\int kf(x)\mathrm{d}x = k\int f(x)\mathrm{d}x$（$k$ 为常数），

(2) $\int [f(x)\pm g(x)]\mathrm{d}x = \int f(x)\mathrm{d}x \pm \int g(x)\mathrm{d}x$。

不定积分的基本公式也可由导数的基本公式直接写出：

(1) $\int \mathrm{d}x = x+C$；

(2) $\int x^\mu \mathrm{d}x = \dfrac{x^{\mu+1}}{\mu+1}+C$ ($\mu \neq -1$)；

(3) $\int \dfrac{1}{x}\mathrm{d}x = \ln x + C$；

(4) $\int a^x \mathrm{d}x = \dfrac{a^x}{\ln a}+C$，$\int e^x \mathrm{d}x = e^x + C$；

(5) $\int \sin x \mathrm{d}x = -\cos x + C$；

(6) $\int \cos x \mathrm{d}x = \sin x + C$；

(7) $\int \sec^2 x \mathrm{d}x = \tan x + C$；

(8) $\int \csc^2 x \mathrm{d}x = -\cot x + C$；

(9) $\int \dfrac{1}{\sqrt{1-x^2}}\mathrm{d}x = \arcsin x + C$；

(10) $\int \dfrac{1}{1+x^2}\mathrm{d}x = \arctan x + C$。

仅由基本公式和法则，能够求的原函数很少，对于形如 $\int u(x)v(x)\mathrm{d}x$ 的不定积分，有换元积分法和分部积分法，这里不再介绍，需要时可查阅相应的数学书籍。

2. 定积分

定积分与不定积分尽管仅一字之差，意义却相差甚远，但就数学形式而言，两者存在紧密的联系。

设函数 $f(x)$ 在 $[a,b]$ 上有定义，其函数曲线如图 B.1 所示，那么如何求 $y=f(x)$，$y=0$，$x=a$ 和 $x=b$ 所围的曲边梯形的面积呢？这里极限的思想再一次得以体现。

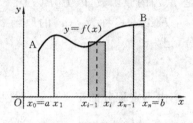

图 B.1

如图 B.1 所示，将区间 $[a,b]$ 分成 n 段，每一分割点依次为 $x_0=a,x_1,\cdots,x_i,\cdots,x_n=b$，原曲边梯形被分割成 n 个小的曲边梯形，第 i 个曲边梯形的面积近似为 $S_i \approx f(x_i)(x_i - x_{i-1}) = f(x_i)\Delta x_i$。可以看出，分割得越细，这种近似程度越好。当分割得无限细时，即 $(\Delta x_i)_{\max} \to 0$ 时，所有（无限）小曲边梯形面积的和就严格等于大曲边梯形的面积，即 $S = \lim\limits_{(\Delta x_i)_{\max} \to 0} \sum\limits_i f(x_i)\Delta x_i$，这种运算就是定积分，记为

$$S = \int_a^b f(x)\mathrm{d}x$$

其中，$f(x)$ 称为被积函数，x 称为积分变量，b、a 分别称为积分的上、下限。

由定积分的几何意义可以看出定积分具有如下性质：

(1) $\int_a^b f(x)\mathrm{d}x = -\int_b^a f(x)\mathrm{d}x$（规定）；

(2) $\int_a^b [f(x) \pm g(x)]\mathrm{d}x = \int_a^b f(x)\mathrm{d}x \pm \int_a^b g(x)\mathrm{d}x$；

(3) $\int_a^b f(x)\mathrm{d}x = \int_a^c f(x)\mathrm{d}x + \int_c^b f(x)\mathrm{d}x$；

(4) 如果在 $[a,b]$ 上有 $f(x) \geqslant g(x)$，则 $\int_a^b f(x)\mathrm{d}x \geqslant \int_a^b g(x)\mathrm{d}x$。

如果让 x 和 $f(x)$ 表示不同的物理量，则其定积分对应相应的物理量，例如，x 表示时间，$f(x)$ 表示速度，$s = \int_a^b f(x)\mathrm{d}x$ 则是物体在 a 到 b 时间内做变速直线运动的位移。可见定积分在物理学中有巨大的应用潜力。但前面的定义中分割、求和、取极限的做法太烦琐，有没有较简单的方法呢？牛顿 - 莱布尼兹公式给出了定积分和不定积分的数学关系。

牛顿 - 莱布尼兹公式：如果 $F(x)$ 为 $f(x)$ 的一个原函数，则

$$\int_a^b f(x)\mathrm{d}x = F(x)\Big|_a^b = F(b) - F(a)$$

附录C 矢 量

1. 矢量及其运算法则

既有大小又有方向且加法遵从平行四边形法则的量称为矢量,记为 A。矢量的大小称为矢量的模,记作 A,即 $A=|A|$,$a=\dfrac{A}{A}$ 称为 A 的单位矢量,是一个方向与 A 相同、模为1的矢量。

矢量的基本性质是平移不变性。

两矢量间的夹角 θ 规定为 $0 \leqslant \theta \leqslant \pi$,当 $\theta=0$ 时称两矢量平行,$\theta=\pi$ 时称两矢量反平行。

矢量的基本运算法则有如下几种。

1)矢量加法

$$A+B=C$$

两个矢量的和仍是一个矢量,三个矢量之间满足平行四边形法则或三角形法则,如图C.1所示。

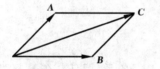 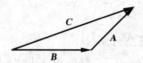

图 C.1

多个矢量相加可以看成两矢量相加的累积,从图C.1不难看出,这时使用三角形法则要方便得多。

$A-B$ 可以看成是 A 与 $-B$ 的和,其中矢量 $-B$ 是与 B 大小相等、方向相反的矢量。

2)矢量的数乘

$$kA=C$$

C 的模为 A 的 k 倍,其中 k 为一实数。

3)矢量的点乘

$$A \cdot B = AB\cos\theta$$

其中,A、B 分别是 A、B 的模,θ 是 A、B 间的夹角,可见两矢量的点乘是一标量。

点乘的性质:

(1) 交换律　$A \cdot B = B \cdot A$,　$A^2 = A \cdot A = A^2$;

(2) 分配率　$A \cdot (B+C) = A \cdot B + A \cdot C$;

(3) 结合律　$k(A \cdot B) = (kA) \cdot B$。

4) 矢量的矢积（叉乘）

$$A \times B = C$$

其中，$|C| = AB\sin\theta$，C 的方向满足右手螺旋法则（右手定则），即伸出右手，拇指与其余四指垂直，令四指方向指向 A，并沿 θ 方向（小于 180°）握向 B，则拇指方向即为 C 的方向，如图 C.2 所示。两矢量的叉乘仍为一矢量。

叉乘的性质：

(1) $A \times A = 0$；

(2) $A \times B = -B \times A$；

(3) $A \times (B + C) = A \times B + A \times C$；

(4) $(kA) \times B = k(A \times B)$。

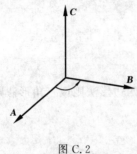
图 C.2

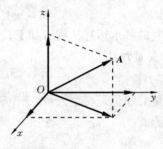
图 C.3

2. 矢量的正交分解

直角坐标系 (x, y, z) 对所有矢量构成一完备系，即任一矢量都可以由三个相互垂直的矢量和表示。用 i、j、k 分别表示 x、y、z 方向的单位矢量，则任一矢量 A 可写成

$$A = A_x i + A_y j + A_z k$$

如图 C.3 所示，其中 $A_x i$、$A_y j$、$A_z k$ 分别称 A 在 x、y、z 方向的分量。

由于

$$A_x = A \cdot i, \quad A_y = A \cdot j, \quad A_z = A \cdot k$$

所以 A_x、A_y、A_z 分别称 A 在 x、y、z 方向的投影。

如

$$A = A_x i + A_y j + A_z k$$
$$B = B_x i + B_y j + B_z k$$

则

$$A \pm B = (A_x \pm B_x)i + (A_y \pm B_y)j + (A_z \pm B_z)k$$
$$A \cdot B = A_x B_x + A_y B_y + A_z B_z$$
$$A \times B = (A_y B_z - A_z B_y)i + (A_z B_x - A_x B_z)j + (A_x B_y - A_y B_x)k$$
$$= \begin{vmatrix} i & j & k \\ A_x & A_y & A_z \\ B_x & B_y & B_z \end{vmatrix}$$

可见，将矢量进行正交分解后更加便于计算。

3. 矢量的导数

1）定义

设矢量 A 是标量 t 的函数，即

$$A(t) = A_x(t)\boldsymbol{i} + A_y(t)\boldsymbol{j} + A_z(t)\boldsymbol{k}$$

则

$$\frac{\mathrm{d}\boldsymbol{A}}{\mathrm{d}t} = \lim_{\Delta t \to 0} \frac{\Delta \boldsymbol{A}}{\Delta t} = \lim_{\Delta t \to 0} \frac{\boldsymbol{A}(t+\Delta t) - \boldsymbol{A}(t)}{\Delta t}$$

如果该极限存在，则称 $\dfrac{\mathrm{d}\boldsymbol{A}}{\mathrm{d}t}$ 为矢量 $\boldsymbol{A}$ 对变量 t 的导数，$\dfrac{\mathrm{d}\boldsymbol{A}}{\mathrm{d}t}$ 仍为一矢量。显然有

$$\frac{\mathrm{d}\boldsymbol{A}}{\mathrm{d}t} = \frac{\mathrm{d}A_x}{\mathrm{d}t}\boldsymbol{i} + \frac{\mathrm{d}A_y}{\mathrm{d}t}\boldsymbol{j} + \frac{\mathrm{d}A_z}{\mathrm{d}t}\boldsymbol{k}$$

2）运算法则

(1) $\dfrac{\mathrm{d}}{\mathrm{d}t}(\boldsymbol{A} \pm \boldsymbol{B}) = \dfrac{\mathrm{d}}{\mathrm{d}t}\boldsymbol{A} \pm \dfrac{\mathrm{d}}{\mathrm{d}t}\boldsymbol{B}$；

(2) $\dfrac{\mathrm{d}}{\mathrm{d}t}(f\boldsymbol{A}) = f\dfrac{\mathrm{d}\boldsymbol{A}}{\mathrm{d}t} + \dfrac{\mathrm{d}f}{\mathrm{d}t}\boldsymbol{A}$，其中 f 是一标量函数；

(3) $\dfrac{\mathrm{d}}{\mathrm{d}t}(\boldsymbol{A} \cdot \boldsymbol{B}) = \dfrac{\mathrm{d}\boldsymbol{A}}{\mathrm{d}t} \cdot \boldsymbol{B} + \boldsymbol{A} \cdot \dfrac{\mathrm{d}\boldsymbol{B}}{\mathrm{d}t}$；

(4) $\dfrac{\mathrm{d}}{\mathrm{d}t}(\boldsymbol{A} \times \boldsymbol{B}) = \dfrac{\mathrm{d}\boldsymbol{A}}{\mathrm{d}t} \times \boldsymbol{B} + \boldsymbol{A} \times \dfrac{\mathrm{d}\boldsymbol{B}}{\mathrm{d}t}$。

习题参考答案

第7章

7.1 (1) 2.44×10^{25} m^{-3}； (2) 0.08 kg/m^3； (3) 6.21×10^{-21} J； (4) 4.14×10^{-21} J；
(5) 3.45×10^{-9} m

7.2 5.65×10^{-21} J, 2.64×10^{-20} J, 7.5×10^3 ℃

7.3 25%

7.4 5

7.5 $\dfrac{4}{\pi}\cdot\dfrac{1}{\bar{v}}$

7.6 (1) Ⅰ对应氧气的速率分布曲线，Ⅱ对应氢气的速率分布曲线，$(v_p)_{O_2}=500$ m/s，
$(v_p)_{H_2}=2\,000$ m/s；

(2) 481 K

7.7 $\dfrac{1}{2}kT$

7.8 (1) $f(v)=\begin{cases}\dfrac{a}{v_0}v & (0<v<v_0)\\ 2a-\dfrac{a}{v_0}v & (v_0\leqslant v\leqslant 2v_0)\\ 0 & (v>2v_0)\end{cases}$

(2) $a=\dfrac{1}{v_0}$； (3) $v_p=v_0$； (4) $\bar{v}=v_0$； (5) $\dfrac{7}{8}N$

7.9 (1) $A=\dfrac{3N}{4\pi v_F^3}$

7.10 (1) $3.65v_0$； (2) $3.99v_0$； (3) $3v_0$

7.11 (1) 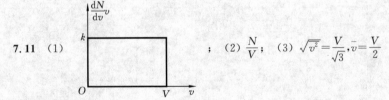； (2) $\dfrac{N}{V}$； (3) $\sqrt{\overline{v^2}}=\dfrac{V}{\sqrt{3}}$, $\bar{v}=\dfrac{V}{2}$

7.12 1∶4∶16

7.13 平均速率变为 $2\bar{v_0}$，平均碰撞频率变为 $2\overline{Z_0}$，$\bar{\lambda}$ 不变

7.14 6.06 Pa

7.15 (1) 1.67； (2) $\overline{\lambda'_{N_2}}=5.5\times10^{-7}$ m，$\overline{Z_{N_2}}=8.56\times10^{8}$ s^{-1}

第8章

8.1 B
8.2 D
8.3 D
8.4 D

习题参考答案

8.5　$1'\to 2$ 绝热过程　$Q'=0, \Delta E=-A'$；
　　　$1\to 2$ 过程　$|A'|<|A|, Q<0$；
　　　$1''\to 2$ 过程　$|A'|>|A''|, Q>0$

8.6　A

8.7　A

8.8　B

8.9　A

8.10　B

8.11　D

8.12　C

8.13　D

8.14　C

8.15　A

8.16　B

8.17　(1) $Q=\Delta E\approx 623$ J, $A=0$；　(2) $\Delta E\approx 623$ J, $A\approx 416$ J, $Q\approx 1039$ J

8.18　(1) $A=\dfrac{a^2}{V_1}-\dfrac{a^2}{V_2}$；　(2) $\dfrac{T_1}{T_2}=\dfrac{V_2}{V_1}$

8.19　(1) $Q_{12}=3\,739.5$ J, $A=0$；　(2) $\Delta E=-1\,807.425$ J, $Q_{23}=0, A=-\Delta E=1\,807.425$ J；
　　　(3) $A=-1\,288.05$ J, $Q_{31}=-3\,220.125$ J；　(4) $\eta=13.9\%$

8.20　$\dfrac{m}{M}=\dfrac{pV}{RT}=\dfrac{1}{3}, Q_V=692.5$ J, $Q_p\approx 970$ J

8.21　$n=9.6$

8.22　(1) $Q=\Delta E=2C_V\Delta T, \Delta T=24$ K, $T=297$ K；
　　　(2) $Q_T=A_T=\dfrac{m}{M}RT_0\ln\dfrac{V_2}{V_1}, V_2=0.0558$ m³, $p_2=0.803$ atm；
　　　(3) $Q_p=\dfrac{m}{M}C_p\Delta T, V_2=V_1+\Delta V=0.0924$ m³, $T=290.2$ K

8.23　(1) $1\to 2: \Delta E_{12}=\dfrac{5}{2}RT_1, A_{12}=\dfrac{1}{2}RT_1, Q_{12}=\Delta E_{12}+A_{12}=3RT_1$；
　　　$2\to 3: Q_{23}=0, \Delta E_{23}=-\dfrac{5}{2}RT_1, A_{23}=-\Delta E_{23}=5RT/2$；
　　　$3\to 1: \Delta E_{31}=0, A_{31}=-RT_1\ln 8, Q_{31}=\Delta E_{31}+A_{31}=-RT_1\ln 8$；
　　　(2) $\eta=1-\dfrac{Q_2}{Q_1}=1-\dfrac{|Q_{31}|}{Q_{12}}, \eta\approx 30.7\%$

8.24　略

8.25　$P=1.6\times 10^5$ W, $P'=3.6\times 10^5$ W

8.26　(1) $A_{AB}=200$ J, $\Delta E_{AB}=750$ J, $Q_{AB}=950$ J；$A_{BC}=0, \Delta E_{BC}=-600$ J, $Q_{BC}=-600$ J；
　　　$A_{CA}=-100$ J, $\Delta E_{CA}=-150$ J, $Q_{CA}=-250$ J；
　　　(2) $A=100$ J, $Q=100$ J；
　　　(3) $Q_{吸}=Q_{ab}=950$ J, $Q_{放}=Q_{BC}+Q_{CA}=-850$ J, $\eta=1-\dfrac{|Q_{放}|}{Q_{吸}}=10.5\%$

8.27　$\eta=25\%$

8.28 $\eta_0=70\%$,$\eta_1=72.7\%$,$\eta_2=80\%$,效率各增加了 2.7% 及 10%

8.29 人：$\Delta S_1=-2.58\times10^4$ J/K,
环境：$\Delta S_2=2.93\times10^4$ J/K,
$\Delta S=\Delta S_1+\Delta S_2=3.5\times10^3$ J/K

8.30 (1) $S=k\ln\sqrt{\dfrac{2}{N\pi}}-\dfrac{2k}{N}\left(n-\dfrac{N}{2}\right)^2$; (2) $\Delta S=S_{1/2}-S_0=\dfrac{N}{2}k$;

(3) $\Delta S=\dfrac{6\times10^{23}\times1.38\times10^{-23}}{2}$ J/K $=4.14$ J/K

8.31 $\Delta S=C_{V,m}\ln\dfrac{(T_A+T_B)^2}{4T_AT_B}$

第 9 章

9.1 (1) 0.02 m,50 Hz,100π,0.02 s;$\dfrac{\pi}{3}$; (2) $100\pi+\dfrac{\pi}{3}$,$200\pi+\dfrac{\pi}{3}$,$1\,000\pi+\dfrac{\pi}{3}$; (3) 略

9.2 (1) $x=A\cos(\omega t+\pi)$; (2) $x=A\cos\left(\omega t-\dfrac{\pi}{2}\right)$; (3) $x=A\cos\left(\omega t+\dfrac{2\pi}{3}\right)$

9.3 (1) $x=0.04\cos\left(\dfrac{2}{5}\pi t+\pi\right)$; (2) $t=\dfrac{5}{3}$ s

9.4 (1) 略; (2) $y=0.1\cos(10t+\pi)$

9.5 (1) $T=\dfrac{2}{3}\pi$; (2) $\pm 2\sqrt{21}$ cm

9.6 (1) $\omega=4\pi$,$T=0.5$ s,$A=0.05$ m,$\varphi=\dfrac{\pi}{3}$;

(2) $v=-0.2\pi\sin\left(4\pi t+\dfrac{\pi}{3}\right)$,$a=-0.8\pi^2\cos\left(4\pi t+\dfrac{\pi}{3}\right)$;

(3) $2\pi^2\times10^{-3}$ J; (4) $\pi^2\times10^{-3}$ J,$\pi^2\times10^{-3}$ J

9.7 (1) $A=0.08$ m; (2) $x=\pm 0.04\sqrt{2}$ m; (3) $v=\pm 0.8$ m/s

9.8 (1) $x=5\sqrt{2}\cos\left(\dfrac{\pi}{4}t-\dfrac{3\pi}{4}\right)$ cm; (2) 3.93×10^{-2} m/s

9.9 (1) $\dfrac{mg}{k}\sqrt{1+\dfrac{kv_0^2}{(M+m)g^2}}$,$2\pi\sqrt{\dfrac{M+m}{k}}$; (2) $\sqrt{\dfrac{M+m}{k}}\arctan\left(\dfrac{v_0}{g}\sqrt{\dfrac{k}{M+m}}\right)$

9.10 $T_1=T_2=2\pi\sqrt{\dfrac{m+M}{k}}$,$A_1=A_0$,$E_1=E_0$;$A_2=\sqrt{\dfrac{M}{m+M}}A_0<A_0$,$E_2=\dfrac{M}{m+M}E_0<E_0$

9.11 (1) $-\dfrac{\pi}{2}$,7.99×10^{-2} rad; (2) $\dfrac{\pi}{2}$

9.12 (1) 0.078 cm,84°48′; (2) 135°,225°

9.13 1 cm,$\dfrac{\pi}{6}$

9.14 84°16′

9.15 $\omega_1=47.9$ rad/s,$\omega_2=52.1$ rad/s,$T\approx 1.5$ s

9.16 $y=\dfrac{4x^2}{A}-2A$,抛物线

9.17 (1) 17 m,0.017 m,72.5 m,0.072 5 m; (2) $3.9\times10^{14}\sim 7.5\times10^{14}$ Hz

9.18 (1) 0.05 m,5 Hz,0.5 m,2.5 m/s; (2) 0.5π m/s,$5\pi^2$ m/s²; (3) 9.2π

9.19 (1) 0.02 m, 0.3 m, 100 Hz, 30 m/s； (2) $-\dfrac{2\pi}{3}$

9.20 (1) $y=5\cos\left(200\pi t-\dfrac{\pi}{2}\right)$； (2) $y=5\cos\left[200\pi\left(t-\dfrac{x}{400}\right)-\dfrac{\pi}{2}\right]$

9.21 在 AB 之间 $x=2k+15, k=0,\pm 1,\cdots,\pm 7$

9.22 略

9.23 6.4×10^{-2} J/m³, 21.8 W/m²

9.24 (1) 1.58×10^5 W/m²； (2) 3.79×10^3 J

9.25 (1) 0.01 m, 37.5 m/s； (2) 0.157 m； (3) -8.08 m/s

9.26 10^4

9.27 (1) 2.0 Hz, 2 m, 4 m/s； (2) $x=(k+0.5)$ m, $k=0,\pm 1,\pm 2,\cdots$；
(3) $x=k$ (m), $k=0,\pm 1,\pm 2,\cdots$

第 10 章

10.1 700 nm, 红光

10.2 1.5

10.3 5.17×10^{-3} mm

10.4 2.16 mm

10.5 5.74°

10.6 214 nm

10.7 606 nm

10.8 480.0 nm, 400.0 nm

10.9 65.9 nm

10.10 暗条纹, 1.178×10^{-6} m

10.11 212 条, 141 条

10.12 1.1×10^{-5} K⁻¹

10.13 517.9 nm

10.14 1.38

10.15 (1) 8 条, 明环； (2) 随中心点厚度减小, 对应的干涉图样明暗交替变化

10.16 546.0 nm

10.17 1.001 6

10.18 4.2 μm

10.19 700 nm

10.20 0.5 mm

10.21 6.0 mm, 3.0 mm

10.22 1.47 mm, 0.575 m

10.23 1.22 cm

10.24 0.06 mm

10.25 0.055 mm

10.26 556.32 m

10.27 15.0 cm

10.28　10 000 条

10.29　500 nm,第 3 级

10.30　4.5 mm,1.5 cm

10.31　592 nm

10.32　3.0 μm,2.25 μm

10.33　38.7°

10.34　$4I$

10.35　$\dfrac{I}{8}, \dfrac{9}{32}I$

10.36　1∶3

10.37　56.3°,33.7°

10.38　41.6°,48.4°

第 11 章

11.1　(1) 6.87×10^{7} W/m²；(2) 1.49×10^{3} W/m²；(3) 1.90×10^{17} J

11.2　(1) 9 890 nm；(2) 4.46×10^{3} K；(3) 5.37×10^{4}

11.3　(1) 9.66×10^{-4} m；(2) 2.34×10^{9} W

11.4　235 W

11.5　$r = \dfrac{l\lambda_{m}^{2}}{b^{2}}\sqrt{\dfrac{P}{\sigma}}$

11.6　红光:2.84×10^{-19} J,9.47×10^{-28} kg·m/s,3.16×10^{-36} kg；

　　　X 射线:7.956×10^{-15} J,2.65×10^{-23} kg·m/s,8.84×10^{-32} kg；

　　　γ 射线:1.6×10^{-13} J,5.35×10^{-22} kg·m/s,1.78×10^{-30} kg

11.7　(1) 0.10243 nm；(2) 44.31°,295 eV

11.8　55.8 keV

11.9　(1) 4；(2) 6

11.10　(1) 2.43×10^{-12} m；(2) 295 eV；(3) 295 eV

11.11　$0.866c$,1.40×10^{-3} nm

11.12　(1) 2.0 eV；(2) 2.0 eV；(3) 0.296 μm

11.13　(1) $\dfrac{1}{2}$；(2) 6.8 eV；(3) 243 nm

11.14　9

11.15　(1) 95.3 nm；(2) 435 nm,485 nm,658 nm

11.16　(1) 2.86 eV；(2) 5,2；(3) 4,10(图略)

11.17　$\dfrac{5}{9}$

11.18　(1) $\sqrt{\dfrac{2}{b}}\exp\left(-\dfrac{\mathrm{i}E}{\hbar}t\right)\cos\left(\dfrac{\pi x}{b}\right)$；(2) $\begin{cases}\dfrac{2}{b}\cos^{2}\left(\dfrac{\pi x}{b}\right) & \left(-\dfrac{b}{2}\leqslant x\leqslant\dfrac{b}{2}\right)\\ 0 & \left(x\leqslant-\dfrac{b}{2},x\geqslant\dfrac{b}{2}\right)\end{cases}$

11.19　(1) $\dfrac{1}{\sqrt{\pi}}$；(2) 0；(3) 25%

11.20 5.49×10^{-37} J,5.60×10^{-37} J,1.1×10^{-38} J

11.21 (1) 113 eV； (2) 0.38％

11.22 略

11.23 $1/e^{645}$

11.24 (1) 10.2 eV； (2) 8×10^3； (3) 1.31×10^{-6} W

第 12 章

12.1 (2)、(3)

12.2 (3)

12.3 9.26×10^{-14} s

12.4 $0.99998c$

12.5 $0.994c$

12.6 4.68 m

12.7 63.43°

12.8 3.47 MeV/c

12.9 4.489 MeV,2.66×10^{-21} kg·m/s,$0.995c$

12.10 67.5 MeV,67.5 MeV/c

12.11 3.21×10^2 keV

12.12 $0.866c$

参 考 文 献

[1] 尹国盛,张果义.大学物理精要[M].郑州:河南科学技术出版社,1997.
[2] 尹国盛,夏晓智.大学物理简明教程(上)[M].武汉:华中科技大学出版社,2009.
[3] 尹国盛,郑海务.大学物理简明教程(下)[M].武汉:华中科技大学出版社,2009.
[4] 尹国盛,杨毅.大学物理(上册)[M].北京:机械工业出版社,2010.
[5] 尹国盛,彭成晓.大学物理(下册)[M].北京:机械工业出版社,2010.
[6] 尹国盛,杨毅.大学物理基础教程(全一册)[M].北京:机械工业出版社,2011.
[7] 尹国盛,党玉敬,杨毅.大学物理思考题和习题选解[M].北京:机械工业出版社,2011.
[8] 程守洙,江之永.普通物理学[M].5版.北京:高等教育出版社,1998.
[9] 程守洙,江之永.普通物理学[M].6版.北京:高等教育出版社,2006.
[10] 马文蔚.物理学教程[M].北京:高等教育出版社,2002.
[11] 东南大学等七所工科院校.物理学[M].5版.北京:高等教育出版社,2006.
[12] 张三慧.大学物理学[M].2版.北京:清华大学出版社,2000.
[13] 张三慧.大学物理学[M].3版.北京:清华大学出版社,2008.
[14] 毛骏健,顾牡.大学物理学[M].北京:高等教育出版社,2006.
[15] 陆果.基础物理学教程[M].2版.北京:高等教育出版社,2006.
[16] 夏兆阳.大学物理教程[M].北京:高等教育出版社,2004.
[17] 姚乾凯,梁富增,贾瑜,等.大学物理教程[M].郑州:郑州大学出版社,2007.
[18] 漆安慎,杜婵英.力学[M].北京:高等教育出版社,1997.
[19] 李椿,章立源,钱尚武.热学[M].2版.北京:高等教育出版社,2008.
[20] 秦允豪.热学[M].2版.北京:高等教育出版社,2004.
[21] 梁灿彬,秦光戎,梁竹健.电磁学[M].2版.北京:高等教育出版社,2004.
[22] 母国光,战元龄.光学[M].2版.北京:高等教育出版社,2009.
[23] 赵凯华.光学[M].北京:高等教育出版社,2004.
[24] 钟锡华.现代光学基础[M].北京:北京大学出版社,2003.
[25] 姚启均.光学教程[M].3版.北京:高等教育出版社,2002.
[26] 姚启均.光学教程[M].4版.北京:高等教育出版社,2008.
[27] 杨福家.原子物理学[M].2版.北京:高等教育出版社,2004.
[28] 蔡伯濂.狭义相对论[M].北京:高等教育出版社,1991.
[29] 郭奕玲,沈慧君.物理学史[M].2版.北京:清华大学出版社,2005.
[30] 曾谨言.量子力学[M].北京:科学出版社,1981.
[31] 周世勋.量子力学[M].上海:上海科技出版社,1961.

[32] 尹国盛,顾玉宗,黄明举,等.非线性光学及其若干新进展[J].物理,2002,31(11):708~712.
[33] 尹国盛.无外力场和密度梯度情况下的玻尔兹曼 H 定理[J].河南大学学报,2002,32(1):24~25.
[34] 尹国盛.素质教育与师德建设[J].河南大学学报,2002,32(4):66~67.
[35] 尹国盛.中学物理与大学物理的关系[J].河南大学学报,2001,31(8):177.
[36] 尹国盛,李卓,张果义.等离子体的准电中性[J].广西物理,2002,23(2):4~6.
[37] 尹国盛.推导麦克斯韦速度分布函数的一种方法[J].广西物理,2002,23(4):18~19.
[38] 尹国盛.多普勒效应的研究[J].广西物理,2003,24(3):33~34.
[39] 尹国盛.理想费米气体的热力学性质[J].商丘师院学报,2002,18(5):15~18.
[40] 尹国盛,夏晓智,黄明举.光学精品课程建设的探索与实践[J].高等教育研究,2007(9):145~149.
[41] 刘广元,尹国盛.硕士研究生入学考试普通物理试题研究[J].高等教育研究,2010(14):206~219.
[42] 王素莲,尹国盛,等.大学物理与中学物理课程静电场部分的衔接研究[J].高等教育研究,2011(16):153~158.
[43] 李若平,尹国盛,等.大学物理教学中如何加强与中学物理的衔接[J].高等教育研究,2011(16):197~202.
[44] 李若平,尹国盛,等.将优秀科幻作品融入大学课堂[J].物理与工程,2011(3):52~54.
[45] 郑海务,尹国盛,等.大学物理课程和中学物理课程近代物理部分的衔接研究[J].物理与工程,2011(5):45~48.
[46] 苗文学,尹国盛,等.大学物理课程和中学物理课程振动和波部分的衔接研究[J].物理通报,2011(8):19~22.
[47] 夏志广,尹国盛,等.大学物理课程和中学物理课程力学部分的衔接研究[J].物理通报,2011(9):8~11.
[48] 吕良军,尹国盛,等.例析 Matlab 融入电磁学教学课堂[J].物理通报,2011(11):16~19.
[49] 张光彪,尹国盛,等.大学物理与中学物理课程衔接个例研究——电磁感应和电磁波部分[J].物理通报,2011(12):13~15.
[50] 韩春柏,尹国盛,等.电磁波谱在印刷行业的实际应用[J].物理通报,2011(12):114~116.
[51] 吕良军,尹国盛,等.道路最优照明的研究[J].河南科学,2011,29(2):141~144.
[52] 刘广生,尹国盛,等.对理工科类非物理专业大学物理教学的探索[J].广西物理,2010,31(4):52~54.

[53] 任凤竹,尹国盛,等.立足学校特色,把握时代脉搏[J].科技创新导报,2011(3):187.

[54] 赵改换,尹国盛,等.一种寻找质数分布规律的新方法[J].河南科学,2012,30(3):31～36.

[55] 刘广生,尹国盛,等.关于大学物理中熵的教学探讨与思考[J].科技创新导报,2012(4):132～134.

[56] 高丽珍,尹国盛,等.大学物理与中学物理课程量子光学部分的衔接研究[J].科技创新导报,2012(4):182.

[57] 高海燕,尹国盛,等.大学物理与中学物理课程光学部分的衔接研究[J].科技创新导报,2012(7):124～125.

[58] 康缈,尹国盛,等.大学物理课程与高中物理课程的衔接研究——近代物理部分(2)[J].科技创新导报,2012(7):126～128.

[59] 郑斌,尹国盛,等.大学物理和中学物理课程波动光学部分的衔接研究[J].科技创新导报,2012(7):129～130.

[60] 苗文学,尹国盛,等.体育运动中的抛体运动[J].科技创新导报,2012(7):215～216.

[61] 郝振莉,尹国盛,等.大学物理与中学物理课程热学部分的衔接研究[J].中国科教创新导刊,2012(2):47～50.

[62] 韩春柏,尹国盛,等.静电场理论在印刷行业的实际应用[J].河南科学,2012,30(2):1～4.

[63] 杨毅,尹国盛,等.大学物理与中学物理在教学内容与教学方法上的衔接[J].物理通报,2012(4):31～33.

[64] 郑海务,尹国盛,等.提高物理及相关专业本科毕业论文质量的研究与实践[J].河南农业,2012(4):19～20.

[65] 赵慧玲,尹国盛,等.融合文理,科学发展,发挥文科物理的素质教育功能[J].中国外资,2012(4):281～282.

[66] 教育部高等学校物理学与天文学教学指导委员会物理基础课程教学指导分委员会.理工科类大学物理课程教学基本要求(2010年版)[M].北京:高等教育出版社,2011.